HTML5+CSS3+JavaScript
网页设计入门与应用

刘爱江　靳智良　编　著

清华大学出版社
北　京

内 容 简 介

本书从网站基础开始，结合大量案例，全面、翔实地介绍了使用HTML5+CSS3+JavaScript开发Web前端页面的具体方法与步骤，引导读者从零开始，一步步掌握Web开发的全过程。本书通过一个个鲜活、典型的实例来讲解每个语法，力求达到理论知识与实践操作完美结合的效果。

本书共分为15章，主要包括HTML入门、HTML5新增布局元素、HTML5表单验证、文件上传、绘图和多媒体、数据存储、CSS3新增选择器、CSS3布局属性和动画效果、JavaScript基础语法、事件处理和DOM操作等内容。最后一章通过打地鼠、贪吃蛇、小猫笑脸和图片轮播4个综合案例，介绍了Web前端设计的完整过程。

本书可作为普通高校计算机及相关专业教材、高职高专教材，也可供从事网页设计与制作、网站开发、网页编程等行业人员参考阅读。

图书在版编目(CIP)数据

HTML5+CSS3+JavaScript 网页设计入门与应用 / 刘爱江，靳智良编著. —北京：清华大学出版社，2019

ISBN 978-7-302-51563-0

Ⅰ. ①H… Ⅱ. ①刘… ②靳… Ⅲ. ①超文本标记语言—程序设计②网页制作工具③JAVA语言—程序设计 Ⅳ. ①TP312.8②TP393.092.2

中国版本图书馆CIP数据核字(2018)第257236号

责任编辑：韩宜波
封面设计：李　坤
责任校对：吴春华
责任印制：杨　艳

出版发行：清华大学出版社
　　　　　网　　址：http://www.tup.com.cn，http://www.wqbook.com
　　　　　地　　址：北京清华大学学研大厦A座　　　　　邮　　编：100084
　　　　　社 总 机：010-62770175　　　　　　　　　　邮　　购：010-62786544
　　　　　投稿与读者服务：010-62776969，c-service@tup.tsinghua.edu.cn
　　　　　质量反馈：010-62772015，zhiliang@tup.tsinghua.edu.cn
印 装 者：清华大学印刷厂
经　　销：全国新华书店
开　　本：190mm×260mm　　　　印　　张：26.5　　　　字　　数：644千字
版　　次：2019年4月第1版　　　　印　　次：2019年4月第1次印刷
定　　价：68.00元

产品编号：075318-01

◎ 前言

随着网络带宽的飞速提升和网络技术的不断发展，获取数据的方式也比以前快捷得多，而网页是最重要的表现形式之一。这几年虽然新技术层出不穷，并且日新月异，但有一点是肯定的，不管是采用什么技术设计的网站，用户在客户端通过打开浏览器看到的网页都是静态网页，都是由 HTML、JavaScript 和 CSS 技术构成的，所以如果想从事网页设计或从事网站管理相关工作，就必须学习 HTML、JavaScript 和 CSS 技术，哪怕只是简单地了解，因为 HTML、JavaScript 和 CSS 技术是网页制作技术的基础和核心。

本书紧密围绕网页设计师在制作网页过程中的实际需要和应该掌握的技术，全面介绍了使用 HTML、CSS、JavaScript 进行网页设计和制作各方面的内容和技巧。本书在讲解时采用了最新的 HTML5 规范和 CSS3 标准，并以 Chrome 浏览器为主要测试环境。

📖 本书内容

全书共分 15 章，主要内容如下。

📁 **第 1 章** 初步认识 HTML5 和 CSS3。本章首先带领读者了解网页设计的基础知识和 Web 标准布局知识，然后介绍从 HTML 到 XHTML 再到 HTML5 的过渡，之后对 HTML5 的语法做了详细介绍，最后介绍了 CSS3 的优缺点、新增特性以及性能测试方法。

📁 **第 2 章** HTML5 网页结构。本章主要介绍 HTML5 中新增的与网页结构相关的元素，包括头部元素、结构元素、语义元素、节点元素、交互元素以及新增全局属性。

📁 **第 3 章** HTML5 表单应用。本章主要介绍 HTML5 中新增的表单输入类型、表单属性、表单元素和表单验证方式。

📁 **第 4 章** HTML5 多媒体应用。本章主要介绍使用 HTML5 新增的 video 元素和 audio 元素播放视频和音频。

📁 **第 5 章** HTML5 绘图应用。本章主要介绍使用 canvas 元素绘制各种图形，如绘制三角形、文本、渐变和阴影等，以及操作图形的各种方法，如平移、缩放和坐标转换等。

📁 **第 6 章** HTML5 数据存储。本章主要介绍 HTML5 中新增的两种数据存储方式，即 Web 存储和本地数据库存储。

📁 **第 7 章** 文件和离线应用。本章将从文件和离线两个方面展开对 HTML5 新特性的讲解，主要包括允许选择多个文件、读取文件的信息和内容、实现文件上传以及判断是否在线等。

📁 **第 8 章** HTML5 高级开发。本章从 4 个方面讲解 HTML5 的高级特性，分别是拖放操作、跨文档通信、多线程和地理位置。

📁 **第 9 章** CSS3 选择器。本章主要介绍 CSS3 新增选择器的使用，如属性选择器、伪类选择器和伪对象选择器等。

📁 **第 10 章** CSS3 新增的基本属性。本章主要介绍 CSS3 中新增加的背景、边框、字体、颜色等相关属性，例如与背景有关的 background-clip、background-size、background-origin 属性，与边框有关的 border-radius、box-shadow、border-image 属性等。

📁 **第 11 章** 变形、过渡和动画。本章主要介绍 CSS3 的动画功能，包括变形效果、过渡效果和动画帧等。

📁 **第 12 章** CSS3 新增的高级属性。本章主要介绍 CSS3 中新增加的其他属性，例如多列布局属性、盒模型布局属性、渐变属性等。

第 13 章　JavaScript 脚本编程快速入门。本章主要介绍 JavaScript 的基础知识，包括 JavaScript 语言的语法规则、运算符、流程控制语句、对话框语句、函数以及常用对象的用法等内容。

第 14 章　JavaScript 事件和 DOM。本章主要介绍原始事件模型和标准事件模型，以及 DOM 操作节点的方法，如遍历、插入、复制、替换和删除等。

第 15 章　综合案例。本章通过打地鼠、贪吃蛇、小猫笑脸和图片轮播 4 个综合案例，介绍了 Web 前端设计的完整过程。

本书特色

本书采用大量的实例进行讲解，力求通过实际操作使读者更容易地制作前端页面、设计页面样式和操作页面脚本。本书难度适中，内容由浅入深，实用性强，覆盖面广，条理清晰。

知识点全

本书紧紧围绕前端的 HTML5、CSS3 和 JavaScript 展开讲解，具有很强的逻辑性和系统性。

实例丰富

各章实例短小却又能体现出知识点，让读者很轻松地学习，并能灵活地应用到实际的软件项目中。

应用广泛

对于精选案例，给出了详细步骤，结构清晰简明，分析深入浅出，而且有些程序能够直接在项目中使用，避免读者进行二次开发。

基于理论，注重实践

本书在讲述理论知识的过程中，在合适位置安排了综合应用实例或者小型应用程序，将理论应用到实践中，可以提高读者的实际应用能力，巩固开发基础知识。

贴心的提示

为了便于读者阅读，全书还穿插着一些技巧、提示等小贴士，体例约定如下。

提示：通常是一些贴心的提醒，或者是让读者加深印象，或者是提供建议，或者是解决问题的方法。

注意：提出学习过程中需要特别注意的一些知识点和内容，或者相关信息。

技巧：通过简短的文字，指出知识点在应用时的一些小窍门。

读者对象

本书内容简明易懂，有丰富的案例和习题，既可作为在校大学生学习使用前端网页设计的参考资料，也适合作为高等院校相关专业的教学参考书，还可以作为非计算机专业学生学习 HTML+CSS+JavaScript 的参考书。

本书由刘爱江、靳智良编著，参与本书编写及设计工作的还有郑志荣、侯艳书、刘利利、侯政洪、肖进、李海燕、侯政云、祝红涛、崔再喜、贺春雷等，在此表示感谢。在本书的编写过程中，我们力求精益求精，但难免存在一些不足之处，敬请广大读者批评指正。

编　者

目录

第 4 章 HTML5 多媒体应用

第 5 章 HTML5 绘图应用

第 6 章 HTML5 数据存储

第 7 章 文件和离线应用

第 8 章 HTML5 高级开发

第 9 章 CSS3 选择器

第 10 章　CSS3 新增的基本属性

第 11 章　变形、过渡和动画

第 12 章　CSS3 新增的高级属性

第 13 章　JavaScript 脚本编程快速入门

第 14 章　JavaScript 事件和 DOM

第 15 章　综合案例

练习题答案

第1章

初步认识 HTML5 和 CSS3

从 2010 年开始，HTML5 和 CSS3 一直是互联网技术中最受关注的两个话题，特别是在 2010 年的互联网大会上把前端技术的发展分为 3 个阶段：第一个阶段是以 Web 1.0 为主的网络阶段，前端主流技术是 HTML 和 CSS；第二个阶段是 Web 2.0 的 Ajax 应用阶段，前端主流技术是 JavaScript、DOM 和异步数据请求；第三个阶段是 HTML5 和 CSS3 的 Web App 应用阶段。第三个阶段的 HTML5 和 CSS3 相辅相成，使互联网进入一个崭新的时代。

本章首先带领读者了解网页设计的基础知识和 Web 标准布局知识，然后介绍从 HTML 到 XHTML 再到 HTML5 的过渡，之后对 HTML5 的语法做了详细介绍，最后介绍了 CSS3 的优缺点、新增特性以及性能测试方法。

 本章学习要点

◎ 理解网页和网站的概念
◎ 了解网站制作和设计流程
◎ 了解 Web 标准和 CSS 布局标准
◎ 了解 HTML5 的发展历史
◎ 掌握 HTML5 的 DOCTYPE 声明和编码类型
◎ 掌握测试浏览器对 HTML5 支持情况的方法
◎ 了解 CSS3 的新增特性
◎ 掌握测试浏览器对 CSS3 支持情况的方法

1.1 认识网页和网站

网页和网站是相互关联的两个因素，两者之间相互作用，共同推动了互联网技术的飞速发展。本节将对网页和网站的基本概念进行简要说明。

1.1.1 网页

网页和网站是有差别的，例如平常说的搜狐、新浪和网易等都是网站，而网易上的一篇文学类文章就是一个网页。从严格意义上讲，网页（Web Page）是网站中使用HTML等标记语言编写而成的单个文档。它是网站中的信息载体。一个典型的网页由以下几个元素构成。

1. 文本

文本是网页中最重要的信息，在网页中可以通过字体、大小、颜色、底纹、边框等来设置文本的属性。在网页概念中的文本是指文字字符，但不是图片中的文字。在网页制作中，可以方便地为文本设置各种字体、大小和颜色。

2. 图像

图像是页面中最重要的构成部分，图像就是网页中的图，如明星图片和自然风光图片。在网页中只有加入图像后才能使页面达到完美的显示效果，可见图像在网页中的重要性。在网页设计中用到的图片一般为JPG和GIF格式。

3. 超链接

超链接是指从一个网页指向另一个目的端的链接，是从文本、图片、图形或图像映射到全球广域网上的网页或文件的指针。在因特网上，超链接是网页之间和Web站点主要的导航方法。由此可见，超链接是一个神奇的功能，移动鼠标就可以逛遍全世界。

4. 表格

表格大家都知道，如日常生活中经常见到的小如值日轮流表，大到国家统计局的统计表。表格是传统网页排版的灵魂，即使CSS标准推出后也能够继续发挥不可估量的作用。通过表格可以精确地控制各种网页元素在网页中的位置。

5. 表单

表单的作用很重要，它是用来收集站点访问者信息的域集，是站点服务器处理的一组数据输入域。当访问者单击按钮或图形提交表单后，数据就会被传送到服务器。表单网页可以用来收集浏览者的意见和建议，以实现浏览者与站点之间的互动。

6. Flash 动画

Flash一经推出便迅速成为最重要的Web动画形式之一。Flash利用自身所具有的关键帧补间、运动路径、动画蒙版、形状变形和洋葱皮等动画特性，不仅可以制作Flash电影，而且可以把动画输出为不同格式的视频文件。

7. 框架

框架是网页中一种重要的组织形式，它能够将相互关联的多个网页的内容组织在一个浏览器窗口中显示。框架网页是一种特殊的HTML网页，它能够将浏览器视窗分为不同的框架，每一个框架可显示一个不同的网页。

如图1-1所示就是由上述元素构成的典型网页，为浏览者呈现出绚丽的界面效果。在本书后面的章节将和读者一起来领略HTML5的神奇，共同开始我们的网页设计神奇之旅。

首页　推荐　新时代　新闻　国际　娱乐　视频　财经　体育　军事　直播　汽车　房产　科技

- 石径斜(xia)还是石径斜(xie)?专家:读法已有规范
- 两轿车司机斗气 前车驾驶员持刀威胁对方被行拘
- 宝马轿车高速强行并道 后方货车急刹货箱掉落

时间财经

- 郎酒渠道压货百亿虚火三度 IPO 高不成低不就
- 红包"失灵":30亿补贴7809万个红包硬出微视"死穴"?
- A股牛市悬疑:券商称这是大

中国最高水准酥油花展再现"佛前花开"　2/5

"年度最惨小学生"出炉

百万豪车被划成"大花猫"

印度空军再出飞行事故

一图读懂 | 牢记习近平总书记谆谆教诲 做好党的新闻舆论工作

赵会杰:感谢好时代 过去梦都不敢梦的都实现了 ｜ 打赢脱贫硬仗须有硬作风

最高检:未成年人受侵害 任何人都有权介入保护

国务院:2020年实现所有贫困县脱贫摘帽 ｜ 税务总局:将打出减税降费"组合拳"
2018中国旅游收入近6万亿 高端游走红 ｜ 故宫晒账本:营业额超1500家A股公司
银行员工称帮领导代笔获奖 回应:将追责 ｜ 高校现28人"豪华寝室" 学生:当猪养

图 1-1　网页示例

1.1.2　网站

　　简单来说，网站（Web Site）就是多个网页的集合，即根据一定的规则，将用于展示特定内容的相关网页，通过超链接构成一个整体。通俗地讲，网站就像因特网上的布告栏一样，人们可以通过网站发布资讯，或者利用网站提供相关的网络服务。人们可以通过网页浏览器访问网站，获取自己需要的资讯或者享受网络服务。常见的网站有搜狐、新浪、雅虎等。

　　一个典型网站的内容结构如图 1-2 所示。网站内容结构中的各种元素在服务器上保存在不同的文件夹内，典型的目录结构如图 1-3 所示。

图 1-2　内容结构　　　　　　　　　　图 1-3　目录结构

1.1.3　网站制作流程

　　设计师和企业决策者是制作网站的关键人物，所以要以决策者决定做网站的那一刻作为制作网站的开始。网站制作的基本流程如下。

HTML5+CSS3+JavaScript　网页设计

01 初始商讨：决策者确定站点的整体定位和主题，明确建立网站的真正目的，并确定网站的发布时机。

02 需求分析：充分考虑用户的需求和站点拥有者的需求，确定当前的业务流程。重点分析浏览用户的思维方式，并对竞争对手的信息进行分析。

03 综合内容：确定各个页面所要展示的信息，进行页面划分。

04 页面布局，设计页面：根据页面内容进行对应的页面设计，在规划的页面上使内容合理地展现出来。

05 测试：对每个设计好的分页进行浏览测试，最后要对整个网站的页面进行整体测试。

在设计一个网站的时候，应该遵循"合理、简约、美观、大方"四个原则。也就是说，复杂的不一定是最好的，合理的才是最好的。网站设计的基本原则如下。

（1）网页内容要便于阅读。

（2）站点内容要精、专和及时更新。

（3）注重整体的色彩搭配。

（4）考虑带宽因素。

（5）适当考虑不同浏览器、不同分辨率的情况。

1.1.4　网页设计流程

网页和网站技术是互联网技术的基础，通过合理的操作流程可以快速地制作出美观大方的站点。

01 确定主题：主题要明确，例如要在网页中显示某款产品的神奇功效，就不能以公司简介为主题。

02 准备素材资料：根据页面选择的主题准备好素材，例如某款产品的图片。

03 规划页面布局：根据前两步确定的主题和准备的资料进行页面规划，确定页面的总体布局。此工作可以通过画草图的方法实现，也可以在 Dreamweaver 编辑器工具里直接规划。

04 插入素材资料：将处理过的素材和资料插入布局后的页面的指定位置。

05 添加页面链接：根据整体站点的需求，在页面上添加超链接，实现站点页面的跨度访问。

06 页面美化：将上面完成的页面进行整体美化处理。例如，利用 CSS 将表格线细化，设置文字和颜色，对图片进行滤镜和搭配处理等操作。

1.1.5　发布站点

发布站点的具体操作流程如下。

01 申请域名：选择合理、有效的域名。

02 选择主机：根据站点的状况确定主机的部署方式和配置。

03 选择硬件：如果需要站点体现出更为强大的功能，可以配置特定的设备。

04 软件选择：选择与硬件相配套的软件，例如服务器的操作系统和安全软件等。

05 网站推广：充分利用搜索引擎和发布广告的方式对网站进行宣传。

制作网站的最后一步是维护。和传统产品一样，设计师也需要做一些售后服务的工作，也就是对网站进行定期维护。

1.2　Web 标准布局介绍

　　无论做什么事情都需要遵循一定的标准和规则，设计网页同样如此。随着网络技术的飞速发展，各种应用类型的站点纷纷建立。因为网络的无限性和共享性，以及各种设计软件的推出，多样化的站点展示方式不断涌现。为保证设计的站点信息能完整地展现在用户面前，Web 标准技术便应运而生。

1.2.1　当前的 Web 开发标准

　　Web 标准是所有站点在建设时必须遵循的一系列硬性规范。从页面构成来看，网页主要由三部分组成：结构（Structure）、表现（Presentation）和行为（Behavior），所以对应的 Web 标准由以下三方面构成。

　　（1）结构化标准语言。

　　当前使用的结构化标准语言是 HTML 和 XHTML，下面将对这两种语言进行简要介绍。

　　HTML 是构成 Web 页面的主要工具，是用来表示网上信息的符号标记语言。将需要表达的信息按某种规则写成 HTML 文件，通过专用的浏览器将这些 HTML 代码翻译成可以识别的信息，就是所见到的网页。HTML 语言是制作网页的基础，是初学者必须掌握的内容。当前的最新版本是 HTML5。

　　XHTML 是根据 XML 标准建立的标识语言，是一种由 HTML 向 XML 过渡的语言。

　　（2）表现性标准语言。

　　目前网页的表现性语言是 CSS（Cascading Style Sheets，层叠样式表），当前最新的 CSS 规范是 CSS3。通过 CSS 可以对网页进行布局，控制网页的表现形式。CSS 可以与 XHTML 语言相结合，实现页面表现和结构的完整分离，提高站点的实用性和维护效率。

　　（3）行为标准。

　　当前网页的行为标准是 DOM（Document Object Model，文档对象模型）和 ECMAScript。根据 W3C DOM 规范，DOM 是一种与浏览器、平台和语言相关的接口，使得用户可以访问页面其他的标准组件。DOM 解决了 Netscaped 的 JavaScript 和 Microsoft 的 JavaScript 之间的冲突。为 Web 设计师和开发者提供了一个标准的方法，让他们来访问自己站点中的数据、脚本和表现层对象。从本质上讲，DOM 是一种文档对象模型，是建立在网页和 Script 及程序语言之间的桥梁。

　　上述标准大部分由 W3C 组织起草和发布，也有一些是其他标准组织制定的标准，比如 ECMA 的 ECMAScript 标准。

提示

　　ECMAScript 是 ECMA（European Computer Manufacturers Association）制定的标准脚本语言（JavaScript）。

1.2.2　为什么使用 Web 标准

　　Web 标准就是网页业界的 ISO 标准，推出 Web 标准的主要目的是让各种技术都遵循这个规范来设计、制作并发展，这样所有的站点才能以完整、标准的格式展现出来。具体来说，使用 Web 标准的主要目的如下。

HTML5+CSS3+JavaScript 网页设计

- 提供最多利益给最多的网站用户，包括世界各地的用户。
- 保证任何网站文档都能够长期有效，不必在软件升级后进行修改。
- 可以大大简化代码，降低站点建设成本。
- 让网站更容易使用，能适应更多的不同用户和更多的网络设备。因为硬件制造商也按照此标准推出自己的产品。
- 当浏览器版本更新，或者出现新的网络交互设备时，可以确保所有应用能够继续正确执行。

使用 Web 标准后，对浏览用户的具体意义如下。

- 页面内容可以被更多的用户所访问。
- 页面内容能被更广泛的设备所访问。

- 用户能够通过样式选择定制自己的表现界面。
- 使文件的下载与页面显示速度更快。

使用 Web 标准后，不仅可以为浏览用户带来多元化的浏览展示，而且可以为站点拥有者和维护人员带来极大的方便。具体意义如下。

- 带宽要求降低，降低了站点成本。
- 使用更少的代码和组件，使站点更加容易维护。
- 更容易被搜索引擎搜索到。
- 使改版工作更加方便，不再需要变动页面内容。
- 能够直接提供打印版本，不需要另行复制打印内容。
- 大大提高了站点的易用性。

1.2.3 CSS 布局标准

作为一个站点页面设计人员，必须严格遵循前面介绍的标准，使页面完美地展现在用户面前。在推出 Web 标准以前，站点网页是用 <table> 元素来布局的。从本质上看来，传统的 <table> 元素布局和现在的 CSS 布局所遵循的是截然不同的思维模式。下面将介绍传统布局和 CSS 布局的区别，并着重说明标准布局的重要意义。

1. 传统页面布局

传统的页面布局方法是使用表格元素 <table>，具体实现方法如下。

（1）使用 <table> 元素的单元格根据需要将页面划分为不同区域，并且在划分后的单元格内可以继续嵌套其他的表格内容。

（2）利用 <table> 元素的属性来控制内容的具体位置，如 algin 和 valgin。

2. 标准布局

在 Web 标准布局的页面中，表现部分和结构部分是各自独立的。结构部分是用 HTML 或 XHTML 编写的，而表现部分是用可以调用的 CSS 文件实现的。这样，实现了页面结构和表现内容的分离，方便了页面维护。例如，下面的代码使用了标准布局。

```
<html>
<head>
<meta http-equiv="Content-Type" content="text/html; charset=gb2312">
<title> 无标题文档 </title>
<link href="style.css" type="text/css" rel="stylesheet"/>            <!-- 调用样式代码 -->
</head>
<body>
<table width="600" height="200" border="0" align="center">
  <tr><td><div class="unnamed1"> 语文 </div></td></tr>            <!-- 使用样式 -->
```

```
        <tr><td><div class="unnamed1"> 数学 </div></td></tr>
        <tr><td><div class="unnamed1"> 英语 </div></td></tr>
        <tr><td><div class="unnamed1"> 体育 </div></td></tr>
        <tr><td><div class="unnamed1"> 德育 </div></td></tr>
    </table>
    </body>
    </html>
```

style.css 文件的具体代码如下。

```
.unnamed1 {
    background-position: center;
    text-align:center;


    color:#CC0000;
}
```

从上述演示代码中可以清楚地看出，使用 CSS 标准样式后，结构部分和表现部分已经完全分离了。如果想继续修改文字的颜色为 green，则只需对 CSS 文件中的 color 值进行修改。如果整个站点的页面都调用此 CSS 文件，则只需改变此样式的某个属性值，整个站点的此属性元素都会被修改。

所以说使用标准样式后，实现页面结构和表现的分离，对站点设计具有重大意义。这主要体现在以下几个方面。

- 由于页面的表现部分由样式文件独立控制，所以使站点的改版工作变得更加轻松自如。
- 由于页面内容可以使用不同的样式文件，所以使页面内容能够完全适应各种应用设备。
- 可以充分结合 XHTML 的清晰结构，实现建议的数据处理。
- 可以根据 XHTML 的明确语意，轻松实现搜索工作。

1.3　HTML 与 HTML5

HTML 的全称是 HyperText Markup Language（超文本标记语言），它是互联网上应用最广泛的标记语言。注意，初学者不要把 HTML 语言和 Java、C# 等编程语言混淆起来（把 HTML 想得很复杂），HTML 只是一种标记语言。简单地说，HTML 文件就是普通文本加上 HTML 标记，只是不同的标记能表示不同的效果。

1.3.1　HTML 的发展历史

HTML 自诞生以来就显得"很不正规"，因为 1991 年年底推出的 HTML，作为最早的 HTML 并没有任何严格的定义。直到 1993 年，IETF（Internet Enginnering Task Force，互联网工程工作小组）才发布 HTML 规范的草案。在 HTML 语言的发展历史中，主要经历了以下版本。

- HTML 1.0：1993 年 6 月由 IETF 发布第一个 HTML 工作草案。
- HTML 2.0：1995 年 11 月作为 RFC 1866 发布。
- HTML 3.2：1996 年 1 月由 W3C 组织发布，是 HTML 文档第一个被广泛使用的标准。
- HTML 4.0：1997 年 12 月由 W3C 组织发布，也是 W3C 推荐标准。
- HTML 4.01：1999 年由 W3C 组织发布，是 HTML 文档另一个重要的广泛使用的标准。

HTML5+CSS3+JavaScript　网页设计

- XHTML 1.0：发布于 2000 年 1 月，是 W3C 组织推荐标准，后来经过修订于 2002 年 8 月重新发布。

在 HTML 3.2 以前，HTML 的发展极为混乱，各软件厂商经常自行增加 HTML 标记，而各浏览器厂商为了保持最好的兼容性，总是尽力支持各种 HTML 标记。在 HTML 发展历史上，广为人知的就是 HTML 3.2 和 HTML 4.01。

在早期的 HTML 发展历史中，由于 HTML 从未执行严格的规范，而且各浏览器对各种错误的 HTML 极为"宽容"，这就导致 HTML 显得极为混乱。例如，下面是一段 HTML 代码。

```
<ol>
    <li> 语文
    <li> 数学
    <li> 英语
</ol>
```

虽然上面是一段极不规范的 HTML 代码，但是随便使用任何浏览器来浏览它，都会看到一个"有序列表"的效果，如图 1-4 所示。

图 1-4　Chrome 和 IE 中浏览 HTML 的效果

从图 1-4 中可以看出，<ol> 标记和 <li> 标记在浏览器中可以呈现特定效果，这就是 HTML 文档的作用。通过在文本文件中嵌入 HTML 标记，这些标记告诉浏览器如何显示页面，从而使 HTML 文件呈现出丰富的表现效果。

⚠️ 注意

修改 HTML 文档内容后，浏览器并不会自动更新该文档的显示，我们必须用浏览器重新打开该文档，或者通过浏览器的刷新功能重新加载该文档，这样浏览器才会显示 HTML 文档的最新改变。

1.3.2　HTML 4.01 和 XHTML

XHTML 的全称是 eXtensible HyperText Markup Language（可扩展的超文本标记语言），XHTML 和 HTML 4.01 具有很好的兼容性，而且 XHTML 具有更严格、更纯净的 HTML 代码。前面介绍过，由于 HTML 已经发展到极度混乱的程度，所以 W3C 组织制定了 XHTML。它的目标是逐步取代原有的 HTML，也就是说 XHTML 是最新版的 HTML 规范。

我们习惯上认为 HTML 是一种结构化的文档，但实际上 HTML 的语法非常自由、宽容（主要是各浏览器纵容的结果），所以如下的 HTML 代码也是正确的。

```
<html>
<head>
<title> 混乱的 HTML 文档 </title>
```

```
<body>
<h3> 混乱的 HTML 文档
```

在上述代码中有 4 个标签没有正确结束，这显然违背了 HTML 结构化文档的规则。但是使用浏览器来浏览该文档时，依然可以看到正确的结果，这就是 HTML 不规范的地方。而 XHTML 致力于消除这种不规范，XHTML 要求 HTML 文档首先必须是一份 XML 文档，即一个 XHTML 文档要满足 XML 的以下 4 个基本规则。

- 整个文档有且只有一个根元素。
- 每个元素都由开始标签和结束标签组成（例如 <h2> 是开始标签，</h2> 是结束标签），除非使用非空元素语法（例如，
 元素就是空元素语法）。
- 元素与元素之间应该合理嵌套。例如，"<p><h2> 规范的文档结构 </h2></p>"可以很明显地看出 h2 元素是 p 元素的子元素，这就是合理嵌套；但是像"<p><h2> 规范的文档结构 </p></h2>"这种写法就是不合理嵌套。
- 元素的属性必须有属性值，而且属性值应该使用引号（可以是单引号或者双引号）括起来。

通常，客户端的浏览器可以很好地处理各种不规范的 HTML 文档。但是运行在移动端的浏览器就没有足够的能力来处理这些糟糕的标记结构。为此，W3C 建议使用 XML 规范来约束 HTML 文档，将 HTML 和 XML 的长处加以整合，从而得到现在看到的 XHTML 标记语言。

XHTML 可以被所有支持 XML 的设备读取，在其他浏览器升级到支持 XML 之前，XHTML 强制 HTML 文档具有更加良好的结构，从而保证这些文档可以被所有的浏览器解释执行。

1.3.3　HTML 和 XHTML 文档类型定义

从表面上看，HTML 和 XHTML 显得杂乱无章，但实际上 W3C 为 HTML 和 XHTML 制定了严格的语义结构。W3C 组织使用 DTD（Document Type Definition，文档类型定义）来定义 HTML 和 XHTML 的语义结构，包括 HTML 文档中可以出现哪些元素，各元素支持哪些属性等。

【例 1-1】

打开 HTML 4.01 的 DTD 文档 http://www.w3.org/TR/html401/loose.dtd，在该文档中可以看到以下代码片段。

```
<!ELEMENT BODY O O (%flow;)* +(INS|DEL) -- document body -->
<!ATTLIST BODY
  %attrs;                          -- %coreattrs, %i18n, %events --
  onload          %Script;  #IMPLIED    -- the document has been loaded --
  onunload        %Script;  #IMPLIED    -- the document has been removed --
  background      %URI;     #IMPLIED    -- texture tile for document
                                           background --
  %bodycolors;                     -- bgcolor, text, link, vlink, alink --
  >
```

这段 DTD 代码定义了 BODY 元素可以支持 %attrs 指定的各种通用属性；除此之外，BODY 元素还可以指定 onload、onunload、background、bgcolor、text、link、vlink 和 alink 这些属性。

HTML5+CSS3+JavaScript　网页设计

⚠ 注意

在 HTML 语言中经常会把元素称为标签，但实际上按标准说法应该称为元素。例如，例 1-1 的 DTD 片段使用 ELEMENT 来定义 BODY 元素（不区分大小写）。

BODY 元素能接受的子元素由 %flow 来决定，它是一个参数实体引用。%flow 参数的实体定义如下：

```
<!ENTITY %flow "%block; | %inline;">
```

其中，%block 也是一个参数实体引用，它代表换行"块模型"的 HTML 元素。%block 参数的实体定义如下：

```
<!ENTITY % block
    "P | %heading; | %list; | %preformatted; | DL | DIV | CENTER |
    NOSCRIPT | NOFRAMES | BLOCKQUOTE | FORM | ISINDEX | HR |
    TABLE | FIELDSET | ADDRESS">
```

其中，%inline 也是一个参数实体引用，它代表不换行"内联模型"的 HTML 元素。%inline 参数的实体定义如下：

```
<!ENTITY % inline "#PCDATA | %fontstyle; | %phrase; | %special; | %formctrl;">
```

【例 1-2】

用 http://www.w3.org/TR/xhtml1/DTD/ xhtml1-transitional.dtd 地址打开 XHTML 1.0 的 DTD 文档，在该文档中可以看到以下 BODY 元素的定义代码：

```
<!ELEMENT body %Flow;>
<!ATTLIST body
    %attrs;
    onload      %Script;    #IMPLIED
    onunload    %Script;    #IMPLIED
    background  %URI;       #IMPLIED
    bgcolor     %Color;     #IMPLIED
    text        %Color;     #IMPLIED
    link        %Color;     #IMPLIED
    vlink       %Color;     #IMPLIED
    alink       %Color;     #IMPLIED
    >
```

上述 DTD 代码同样定义了 BODY 元素可以包含哪些子元素，BODY 元素除了支持 %attrs 指定的各种通用属性外，还可以指定 onload、onunload、background、bgcolor、text、link、vlink 和 alink 这些属性。

BODY 元素可包含的子元素由 %flow 参数实体引用定义，%flow 参数的实体定义如下：

```
<!ENTITY % flow "(#PCDATA | %block; | form | %inline; | %misc;)*">
```

通过对比例 1-1 和例 1-2 不难发现，HTML 4.01 与 XHTML 基本相似，只是 HTML 4.01 允许元素使用大写字母，而 XHTML 则要求所有元素、属性都必须是小写字母。

无论是 HTML 4.01 还是 XHTML，它们都以 DTD 作为语义结束。也就是说，它们都有严格的规范标准，但实际上很少有页面完全遵守 HTML 1.0 或者 XHTML 规范。在这样的背景下，WHATWG（Web Hypertext Application Technology Working Group，Web 超文本应用技术工作组）制定了一个新的 HTML 标准——HTML5。

1.3.4　从 XHTML 到 HTML5

虽然 W3C 努力为 HTML 制定规范，但由于绝大部分编写 HTML 页面的人员并没有受过专业训练，他们对 HTML 规范、XHTML 规范也不甚了解，所以他们制作的 HTML 网页绝大部分都没有遵守 HTML 规范。大量调查表明，即使在一些比较正规的网站中，也很少有网站能通过 HTML 规范验证。

尽管互联网上绝大部分 HTML 页面都不符合规范，但各种浏览器却可以正常解析、显示这些页面，在这样的局面下，HTML 页面的开发者甚至感觉不到遵守 HTML 规范的意义。于是出现了一种尴尬的局面：一方面，W3C 组织努力呼吁大家应该制作符合规范的 HTML 页面；另一方面，HTML 开发者根本不理会这种呼吁（因为浏览器为不规范的 HTML 页面做了处理，使其能正常显示）。

现有的 HTML 页面大量存在以下 4 种不符合规范的内容。

- 元素标签大小写混杂。例如 <span>Hello</SpAn>，这里的结束标签与开始标签大小写不匹配。
- 元素没有合理结束。例如，只有开始标签没有结束标签。
- 元素中使用了属性，但没有指定属性值。例如，<input type='text' disabled>。
- 为元素的属性指定值时未加引号。例如，<input type=text >。

可能是出于"存在即是合理"的考虑，WHATWG 组织开始制定一种"妥协式"的规范——HTML5。既然互联网上大量存在上面 4 种不符合规范的内容，而且制作者很少遵守这些规范，因此 HTML5 干脆承认它们是符合规范的。

由于 HTML5 规范十分宽松，因此 HTML5 甚至不再提供文档类型定义。到 2008 年，WHATWG 的努力终于被 W3C 认可，W3C 已经制定了 HTML5 草案。

1.3.5　HTML5 的优势

从 HTML 4.01、XHTML 到 HTML5，并不是一种革命性的升级，而是一种规范向习惯的妥协。因此，一方面，HTML5 并不会带给开发人员过多的冲击，他们从 HTML 4.01 过渡到 HTML5 非常轻松。另一方面，HTML5 增加了很多非常实用的新功能，这些新功能将吸引开发人员投入 HTML5 的怀抱。

1. 解决跨浏览器问题

对具有实际开发经验的前端开发人员来说，跨浏览器问题绝对是一个永恒的"噩梦"。明明在一个浏览器上可以正常运行的 HTML+CSS+JavaScript 页面，换一个浏览器就会出现很多问题，如页面布局错乱，JavaScript 运行出错等。因此，很多前端开发人员在开发 HTML+CSS+JavaScript 页面时，往往会先判断客户端浏览器，然后根据不同浏览器编写不同的页面代码。

HTML5 的出现可能会改变这种局面，目前各种主流浏览器，如 Internet Explorer、Firefox、Safari、Chrome 和 Opera，都表现出对 HTML5 的极大支持。

- **Internet Explorer**　2010 年 3 月，微软宣布从 Internet Explorer 9 开始全面支持 HTML5、CSS3 和 SVG 等新规范。
- **Chrome**　Google 一直以来都在积极推动 HTML5 的发展。
- **Firefox**　从 Firefox 4 开始一直积极支持 HTML5 的规范，包括全新的 HTML5 语法分析、视频和音频播放等。
- **Opera**　从 Opera 10 开始每一次版本升级都支持最全的 HTML5 规范。

- **Safari** 从 Safari 5 开始全面支持 HTML5 规范，如 HTML5 拖放、视频和音频播放等。

在 HTML5 以前，各浏览器对 HTML、JavaScript 的支持很不统一，同一个页面在不同浏览器中的表现不同。HTML5 的目标是详细分析各浏览器所具有的功能，以此为基础制定一个通用规范，并要求各浏览器厂家能支持这个通用标准。目前来看，除 Internet Explorer 的兼容性较弱之外，其他浏览器都能统一地遵守 HTML5 规范。

2. 部分代替原来的 JavaScript

HTML5 增加了一些非常实用的功能，这些功能有的可以部分代替 JavaScript，使用这些功能只需要为标签增加一些属性即可。

【例 1-3】

假设要在页面打开之后立即让一个单行文本框获取输入焦点。在 HTML5 以前，可能需要借助 JavaScript 来实现，示例代码如下：

```
姓名：<input type="text" name="name" id="name"/><br/>
年龄：<input type="text" name="age" id="age"/><br/>
<script type="text/javascript">
  document.getElementById('name').focus();
</script>
```

如果使用 HTML5，则只需要为单行文本框添加 autofocus 属性即可。修改后的代码如下：

```
姓名：<input type="text" name="name" id="name"/><br/>
年龄：<input type="text" name="age" id="age" autofocus/><br/>
```

对比上面两段代码，不难发现使用 HTML5 之后代码要简洁很多。除了这里介绍的可用于自动获得焦点的 autofocus 属性之外，HTML5 还支持其他一些属性，如输入校验，以前必须通过 JavaScript 来实现，现在只需要一个 HTML5 属性即可。

3. 更明确的语义结构

在 HTML5 以前，如果要定义一个文档块结构只能通过 div 元素来实现。如下是一个文档块的典型结构。

```
<div id="header"></div>
<div id="nav"></div>
<div id="article">
    <div id="section"></div>
</div>
<div id="aside"></div>
<div id="footer"></div>
```

在上面的块结构中，所有的块元素都采用 div 元素来实现。通过为不同的 div 元素设置不同的 id 来表示不同的含义。由于整个代码全部是 div 元素，导致缺乏明确的语义元素，对搜索引擎和移动设备支持也不友好。

HTML5 为页面布局提供了更加明确的语义元素。如下是使用 HTML5 后的页面结构。

```
<header></header>
<nav></nav>
<article>
    <section></section>
</article>
<aside></aside>
<footer></footer>
```

通过对比不难发现，应用 HTML5 后页面结构变得更加清晰，语义也更明确。除此之外，以前的 HTML 中会使用 em 元素表示 "被强调" 的内容，但内容是哪一种强调 em 元素却无法表达。在 HTML5 则提供了更多的语义强调元素，如 time 元素用于强调被标记的内容是日期或时间，mark 元素用于强调被标记的文本等。

4.　增强 Web 应用程序的功能

一直以来，HTML 页面的功能都被限制了。客户端从服务器下载 HTML 页面数据，浏览器负责呈现这些 HTML 页面数据。出于对客户端安全性的考虑，以前的 HTML 在安全性方面确实做得足够安全。这样一来，我们必须通过 JavaScript 或者插件等其他方式来增加 HTML 的功能。换句话来说，HTML 对 Web 程序而言功能太单薄了，比如上传文件时想同时选择多个文件都不行。为了弥补这些不足，HTML5 规范增加了很多新的 API，各种浏览器正在努力实现这些 API 功能，因此使用 HTML5 开发 Web 应用将会更加轻松。

 # 1.4　HTML5 语法的变化

众所周知，HTML5 并不是对 HTML4 和 XHTML 的革命性升级，也就是说原来的 HTML 页面和 XHTML 页面同样可用。下面分别从 DOCTYPE 声明、命名空间声明、编码类型和文档媒体类型等几个方面介绍 HTML5 的语法。

1.4.1　DOCTYPE 声明

HTML5 的 HTML 语法要求文档必须声明 DOCTYPE，以确保浏览器可以在标准模式下展示页面。HTML 早期版本的声明，HTML 是建立在 SGML 基础上的，因此通过 DOCTYPE 声明时需要关联引用一个相对应的 DTD。

HTML 4.01 版本的 DOCTYPE 声明如下：

```
<!DOCTYPE HTML PUBLIC "-//W3C//DTD HTML 4.01//EN" "http://www.w3.org/TR/html4/strict.dtd">
```

XHTML 版本的 DOCTYPE 声明如下：

```
<!DOCTYPE html PUBLIC "-//W3C//DTD XHTML 1.0 Transitional//EN"
"http://www.w3.org/TR/xhtml1/DTD/xhtml1-transitional.dtd">
```

HTML5 和之前的版本不一样，它仅仅需要用 DOCTYPE 声明就可以告诉文档启用的是 HTML5 语法标准，浏览器会为其做剩余工作。HTML5 中 DOCTYPE 的声明代码如下：

```
<!DOCTYPE html>
```

1.4.2　命名空间声明

HTML5 不需要再像 HTML4 中那样为 html 元素添加命名空间。例如，在 HTML4 中声明 html 元素时的代码如下：

```
<html xmlns="http://www.w3.org/1999/xhtml" lang="zh-cn">
```

HTML5+CSS3+JavaScript 网页设计

HTML4 中的 xmlns 属性在 XHTML 中是必需的，它没有任何实际效果，但是出于验证的原因，在把 HTML 转换为 XHTML 的过程中是很有帮助的。在 HTML5 中没有理由这么做，但是仍然可以定义此属性的值，并且此属性的值只有一个。HTML5 可以直接通过以下代码声明文档。

```
<html lang="zh-cn">
```

另外，HTML5 新增加了一个名称为 manifest 的属性，此属性的值指向一个 URL 地址，表示脱机使用时定义的缓存信息。

1.4.3 编码类型

HTML4 需要使用 <meta> 标记指定文件中的编码类型，代码如下：

```
<meta http-equiv="Content-Type" content="text/html; charset=UTF-8" />
```

从 HTML5 开始，对于文档的编码类型推荐使用 UTF-8，而且 HTML5 可以直接通过为 <meta> 标记追加 charset 属性的方式来指定字符编码，代码如下：

```
<meta charset="UTF-8" />
```

HTML5 也可以使用 HTML4 的编码方式，上述两种方式都有效，但是它们不能混合使用。例如，下面这种编码方式就是错误的。

```
<meta charset="UTF-8" http-equiv="Content-Type" content="text/html; charset=UTF-8" />
```

虽然 HTML5 兼容了 HTML4 的 meta 元素的语法，但是在 HTML5 中并不推荐使用。如表 1-1 所示为 HTML4 和 HTML5 对此标记属性的支持情况。在该表中，"√"表示此版本支持某属性，而"×"则表示不支持某属性。

表 1-1　HTML4 和 HTML5 对 <meta> 标记属性的支持

属　　性	值	说　　明	HTML4	HTML5
charset	character/encoding	定义文档的字符编码	×	√
content	some_text	定义与 http-equiv 或 name 属性相关的元信息	√	√
http-equiv	content-type/expires/refresh/set-cookie	把 content 属性关联到 HTTP 头部	√	√
name	author/description/keywords/generator/revised/others	把 content 属性关联到一个名称	√	√
scheme	some_text	定义用于翻译 content 属性值的格式	√	×

【例 1-4】

下面分别通过为 <meta> 标记的属性指定不同的值来实现不同的内容设置。

`01` 将 name 属性的值指定为 keywords，可以定义针对搜索引擎的关键词，代码如下：

```
<meta name="keywords" content="HTML, CSS, XML, XHTML, JavaScript" />
```

02 将 name 属性的值指定为 description，可以定义对页面的描述，代码如下：

```
<meta name="description" content=" 免费的 web 技术教程。" />
```

03 将 name 属性的值指定为 revised，可以定义页面的最新版本，代码如下：

```
<meta name="revised" content="David, 2018/8/8/" />
```

04 设置 http-equiv 属性的值为 refresh，指定每 5 秒钟刷新一次页面，代码如下：

```
<meta http-equiv="refresh" content="5" />
```

1.4.4　文档媒体类型

HTML5 定义的 HTML 语法大部分兼容 HTML4 和 XHTML1，但是也有一部分不兼容。大多数 HTML 文档都是保存为 "text/html" 媒体类型。HTML5 为 HTML 语法定义了详细的解析规则（包括错误处理），用户必须遵守这些规则将它保存为 "text/html" 媒体类型。

【例 1-5】

下面的代码是一个符合 HTML5 语法规范的例子。

```
<!doctype html>
<html>
    <head>
            <meta charset="UTF-8">
            <title>Example document</title>
    </head>
    <body>
            <p>Example paragraph</p>
    </body>
</html>
```

HTML5 为 HTML 语法定义了一个 "text/

"html-standboxed" 媒体类型，以便可以管理不信任的内容。其他能够用于 HTML5 的语法是 XML，它兼容 XHTML1，使用 XML 语法需要将文档保存为 XML 媒体类型，并且要根据 XML 的规范设置命名空间，该命名空间是 http://www.w3.org/1999/xhtml。

【例 1-6】

下面的代码符合 HTML5 中的 XML 语法规范，需要注意的是，XML 文档必须保存为 XML 媒体类型，例如 "application/xhtml+xml" 或者 "application/xml"，代码如下：

```
<?xml version="1.0" encoding="UTF-8"?>
<html xmlns="http://www.w3.org/1999/
    xhtml">
    <head>
            <title>Example document</title>
    </head>
    <body>
            <p>Example paragraph</p>
    </body>
</html>
```

1.4.5　HTML5 兼容 HTML

HTML5 的语法是为了保证与之前的 HTML 语法达到最大限度的兼容而设计的。例如，在使用 <p> 标记时，可以不为它添加结束标记，这种情况在 HTML5 中也是允许的，不会将它当作错误处理，但是明确规定了这种情况如何处理。

针对上述问题，下面分别从可省略的标记、具有布尔值的属性和引号的省略三个方面介绍 HTML5 如何确保与之前版本的 HTML 兼容。

1. 可省略的标记

具体来划分，可以将 HTML5 中的标记分为"不允许写结束标记""可以省略结束标记"和"开始标记与结束标记均可省略"三种类型。下面针对这三种类型列出一个清单。

（1）不允许写结束标记。

"不允许写结束标记"是指不允许使用开始标记与结束标记将元素括起来，只允许使用 < 标记 /> 的形式进行书写。例如，
 不能写成
</br>，当然 HTML5 也支持之前的
 这种形式。

HTML 中不允许写结束标记的元素包括：area、base、br、col、command、embed、hr、img、input、keygen、link、meta、param、source、track 和 wbr。

（2）可以省略结束标记。

"可以省略结束标记"是指结束标记可有可无，可以存在，也可以不存在。HTML 中可以省略结束标记的元素包括：li、dt、dd、p、rt、rp、optgroup、option、colgroup、thead、tbody、tfoot、tr、td 和 th。

（3）开始标记与结束标记均可省略。

"开始标记和结束标记均可省略"是指元素可以完全被忽略，即使标记被省略了，它还是以隐式的方式存在。例如，将 body 元素的开始标记和结束标记都省略时，它实际上还是在文档中存在。HTML 中开始标记和结束标记都可省略的元素包括：html、head、body、colgroup 和 tbody。

2. 具有布尔值的属性

布尔值是一个逻辑值，即真（true）/假（false）值，disabled 和 readonly 属性的值都是布尔值。对于具有布尔值的属性，只写属性而不指定属性值时，表示属性值为 true；如果想要将属性值设置为 false，那么可以不使用该属性。

总体来说，如果要将具有布尔值的属性值设置为 true，有以下四种方法。

- 只写属性不写属性值。
- 将属性的属性值指定为 true。
- 将属性值指定为空字符串。
- 将属性值指定为当前属性，即属性值等于属性名。
- 不罗列某个属性，即不写某个属性。

【例 1-7】

以复选框为例，下面分别通过五种方式指定布尔属性的值。主要代码如下：

```html
<!-- 只写属性不写属性值，结果为 true-->
<input type="checkbox" name="list1" value=" 北京 " checked /> 北京
<!-- 直接将属性的值指定为 true -->
<input type="checkbox" name="list1" value=" 云南 " checked="true" /> 云南
<!-- 属性值等于属性名，结果为 true -->
<input type="checkbox" name="list1" value=" 杭州 " checked="checked" /> 杭州
<!-- 属性值等于空字符串，结果为 true -->
<input type="checkbox" name="list1" value=" 海南 " checked="" /> 海南
<!-- 不写属性，结果为 false -->
<input type="checkbox" name="list1" value=" 其他地方 " /> 其他地方
```

3. 引号的省略

在 HTML 中为属性指定属性值时，属性值两边既可以用双引号，也可以用单引号。HTML5 在此基础上进行了更改，当属性值不包括空字符串、<、>、=、单引号、双引号和空格等字符时，属性值两边的引号可以省略。

例如，下面几行代码的效果是相同的。

```html
<input type="text" value="abc" />
<input type=password value=abc />
<input type='radio' value='abc' />
```

【例 1-8】

使用前面介绍的 HTML5 新语法创建第一个页面，具体步骤如下。

01 新建一个 HTML 页面，使用 HTML5 的语法指定页面的 DOCTYPE 声明。代码如下：

```
<!DOCTYPE html>
```

02 使用 html 标记的不带命名空间形式，并指定 lang 属性为 zh-cn。代码如下：

```
<html lang="zh-cn">
```

03 指定当前页面的字符集编码为 utf-8，这也是 HTML5 推荐的页面编码。代码如下：

```
<meta charset="utf-8" />
```

04 使用 title 元素将页面的标题设置为 "HTML5 教程"。代码如下：

```
<title> HTML 5 教程 </title>
```

05 使用 h1 元素定义一个文字为 "HTML 5 教程" 的标题。代码如下：

```
<h1>HTML 5 教程 </h1>
```

06 使用 ul 元素创建一个列表，然后向其中添加一些带有结束标记的 li 项。代码如下：

```
<ul>
    <li>1．HTML 5 中最新的鲜为人知的酷特性 </li>
```

```
    <li>2．HTML 5 新特性与技巧 </li>
    <li>3．细谈 HTML 5 新增的元素 </li>
    <li>4．HTML 5 技术概览 </li>
</ul>
```

07 创建一条水平线，这里使用 <hr/> 形式，因为该元素不可写结束标记。代码如下：

```
<hr/>
```

08 使用 h4 元素定义一个文字为 "专题：HTML5 下一代 Web 开发标准详解" 的标题。代码如下：

```
<h4> 专题：HTML 5 下一代 Web 开发标准详解 </h4>
```

09 创建一个段落，添加一个选中的 "订阅" 复选框。代码如下：

```
<p><input type="checkbox" checked/> 订 阅 </p>
```

10 使用换行标记进行换行，再添加一个文本。代码如下：

```
<br/> 查看所有教程
```

11 经过上面几步之后，第一个使用 HTML5 新语法创建的网页就制作完成了，接下来需要打开支持 HTML5 的浏览器进行测试。图 1-5 为 Chrome 浏览器运行效果，图 1-6 为 Firefox 浏览器运行效果。

图 1-5　Chrome 浏览器运行效果

图 1-6　Firefox 浏览器运行效果

HTML5+CSS3+JavaScript　网页设计

17

1.5 实践案例：浏览器 HTML5 性能测试

虽然目前主流的浏览器都支持 HTML5，但并不是所有的浏览器都提供了对 HTML5 的全面支持。有些浏览器支持 HTML5 大部分的属性和元素，而有些浏览器不支持或者只支持 HTML5 少量的元素和属性。

因此在使用 HTML5 开发网页时，必须有一款或者多款浏览器以方便测试。下面介绍测试浏览器对 HTML5 支持情况的方法。

01 打开任意一个浏览器，在地址栏中输入 html5test.com 后按回车键（即 Enter 键）即可查看当前浏览器的 HTML5 性能分数，如图 1-7 所示。

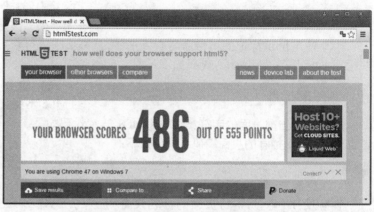

图 1-7 Chrome 47 浏览器对 HTML5 的支持情况

从图 1-7 中可以看出浏览器得分 486（满分 555），当前是在 Windows 7 操作系统中使用 Chrome 浏览器，该浏览器的版本号是 47。

02 向下拖动图 1-7 中的滚动条，查看浏览器对 HTML5 的具体支持情况。图 1-8 显示了 Chrome 浏览器对 Web Components、Responsive images 和 2D Graphics 的支持情况。

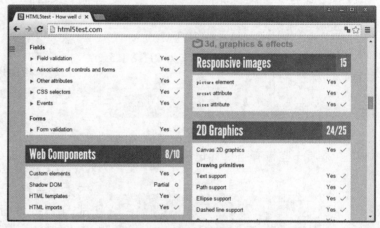

图 1-8 Chrome 浏览器对 HTML5 的具体支持

从图 1-8 中可以看出，对于 Web Components 部分的内容来说得分是 8 分（共 10 分），单击打开某些菜单项可以查看该浏览器的得分详情，例如部分支持 Shadow DOM 等。对于 Responsive images 部分来说得分 15 分（共 10 分），表示当前浏览器支持 Responsive images 的所有功能。

试一试

图 1-8 只是显示了 Chrome 浏览器对 HTML5 支持情况的部分截图，该测试网站还可以查看对 video 元素、输入内容、离线应用、文件以及 3D 和 2D 图形的支持情况，这里不再显示具体的效果，读者可以登录该网站进行测试和查看。

03 单击图 1-7 中的 other browsers 菜单项可以查看其他浏览器的得分以及之前旧版本的得分，如图 1-9 所示。

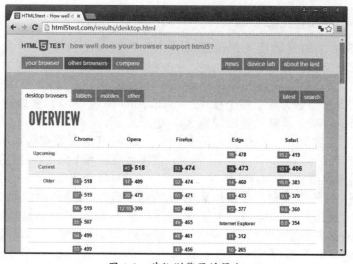

图 1-9　其他浏览器的得分

在图 1-9 中可以比较 Chrome 浏览器、Opera 浏览器、Firefox 浏览器、Edge 浏览器以及 Safari 浏览器的支持情况，Current 表示当前最新版本的得分，Older 表示旧版本的得分。

04　单击导航中的 compare 链接，在进入的页面中可针对浏览器进行详细对比。如图 1-10 所示为 Chrome 58、Firefox 53 和 Safari 10.2 三个浏览器之间的对比效果。在对比列表中，Yes 表示支持、No 表示不支持、Disabled 表示不可用、Partial 表示部分支持。

图 1-10　浏览器对比

 # 1.6　CSS3 简介

CSS（Cascading Style Sheet，层叠样式表）从诞生以来，就凭借其自身简单的语法、绚丽的效果和无与伦比的灵活性，为 Web 的发展做出了不可磨灭的贡献。目前所使用的 CSS3 是从 CSS2 规范扩展而来的，并且将 CSS 划分为更多的模块，结构更加灵活。

HTML5+CSS3+JavaScript　网页设计

1.6.1　什么是 CSS3

CSS3 是 CSS 技术的升级版本，也是对 CSS2 的扩展，它新增加了许多强大的功能，但是，它不再像 CSS2 那样只是一个单一的规范。CSS3 把 CSS 规范划分成了多个模块，每个模块都是 CSS 的某个子集的独立规范，例如选择器、文本或者背景。每个模块都有自己独立的创作者和时间表。

CSS3 的发展速度很快，2001 年 5 月 23 日，W3C 完成了 CSS3 的工作草案。在该草案中制定了 CSS3 的发展路线图，详细列出了所有的模块，并计划在未来逐步进行规范。

2002 年 5 月 15 日发布了 CSS3 中规范文本行模型的 Line 模块；同年，还发布了具有列表样式和新增边框功能的 Lists 模块和 Border 模块。

2003 年依次发布了 CSS3 中的 Generated and Replaced Content 模块、Syntax 模块、Hyperlink Presentation 模块，它们分别表示生成和更换内容、演示效果和新定义的 CSS 语法规则。

2004 年 2 月和 12 月发布了重新定义超链接表示规则和语音"样式"规则的模块。

2005 年 12 月 15 日发布 Cascading and inheritance 模块，它重新定义了 CSS 层叠和继承规则。

2007 年先后发布了重新定义的 CSS 基本盒模型规则和 CSS 的风格定位规则。

2009 年新定义了许多新的模块，包括 CSS 的动画模型、3D 转换模型、字体模型、图像内容显示模型、灵活的框布局模型、视图模型、动画过滤效果模型以及 2D 转换模型等。

2010 年 4 月发布了模板布局模型和分页媒体内容模型，同年 10 月又发布了文本模型和修订的边框和背景模型。

CSS3 的优势远远不止于能让页面看起来酷绚异常。大多数情况下，使用 CSS3 不仅容易开发和修改页面，减少页面的加载时间，同时还能增强网站的可访问性和可用性，使网站能够适配更多的设备，甚至还可以优化网站的搜索结果排名。

1.6.2　CSS3 的优缺点

CSS3 已经完成了多个模块的开发，它给设计者和开发者带来了全新的体验。CSS3 将完全向后兼容，因此，没有必要修改现在的设计来让它们继续运作，网络浏览器也将继续支持 CSS2。CSS3 主要的影响是可以使用新的可用的选择器和属性，这些选择器和属性允许开发者实现新的设计效果（例如渐变和动画），而且还可以使用更加简单的方式实现已有的效果（例如背景和分栏）。

有学者曾预言"CSS3 和 HTML5 将改变未来的 Web 世界"。广大开发者已经通过实践证明了 CSS3 和 HTML5 的强大。虽然目前 CSS3 和 HTML5 还没有完全普及，浏览器的支持也在初级实验阶段，这正是需要读者积极学习和实践的时候，只有这样才不会落伍，才不会被淘汰。

CSS3 在为开发者带来全新体验的同时，还存在着一些不足。开发者在使用时应该扬长避短，这样才能更好地理解和学习 CSS3。

（1）落伍的 IE 浏览器。

CSS3 新增的许多功能在 IE 浏览器中无法看到效果，但是随着 IE 浏览器新版本的发布，它对 CSS3 和 HTML5 的支持功能也在增加。出于安全性考虑，应该尽量避免将这些新功能用于重要的设计中，同时也应该做到，当这些效果不起作用时有替代的解决方案。

（2）验证问题和代码冗余。

目前的 CSS3 规范并不是最终版本，不同的浏览器都在使用各自的私有属性（例如 Chrome 浏览器使用"-webkit-"，Opera 浏览器使用"-o-"）实现新功能，这可能会为 CSS 验证埋下隐患。同时，这还会使 CSS 代码显得十分冗余。

（3）反面效果。

设计页面时不一定要使用 CSS3 的新增属性，不恰当的使用可能会带来一些反面效果，阴影效果就是一个例子。

1.6.3 CSS3 的新增特性

CSS3 相比于 CSS2 有许多不同，模块化细分的同时也增加了新的功能。例如，增加了新的属性，为某些已有的属性增加了值，添加了新的选择器等。

1. 半透明度的效果

用传统方式显示颜色时可以使用 RGB()、十六进制数值（格式是 #RRGGBB）或者直接使用颜色名称，而 CSS3 中增加了对颜色的设置属性，还可以控制色调、饱和度、亮度和透明度，它们已经成为 CSS3 的一大亮点。

CSS3 中新增的与颜色相关的样式有多个，例如使用 RGBA 和 HSLA 模式设置透明度、HSL 设置颜色以及 opacity 设置不透明度。

2. 字体与文本样式

CSS3 对显示文本和字体的样式进行了更新，添加了很多新的属性，使 CSS 的功能更加强大。例如，实现文本阴影的 text-shadow 属性，文本溢出时是否省略内容的 text-overflow 属性，指定换行或断开的 word-wrap 属性。另外，还专门提供了 @font-face 属性，它允许在网页中使用服务器端安装的字体。

3. 强大的选择器

CSS3 为了使开发者可以更加精确地定位页面中的特定值，新增加了许多选择器。

- **属性选择器** 包括 E[att^="val"]、E[att$="val"] 和 E[att*="val"] 三种。其中 E 表示元素，att^="val" 表示具有 att 属性，且值以 val 开头的元素；att$="val" 表示具有 att 属性，且值以 $ 结尾的元素，att*="val" 表示具有 att 属性，且值中含有 val 的元素。
- **结构化伪类选择器** CSS3 中新增加了许多伪类选择器，具体说明如下。
  - ◆ **E:root** 匹配文档的根元素，在 HTML 中根元素永远是 html。
  - ◆ **E:nth-child(n)** 匹配父元素中的第 n 个子元素 E。

- ◆ **E:nth-last-child(n)** 匹配父元素中的倒数第 n 个子元素 E。
- ◆ **E:nth-of-type(n)** 匹配同类型中的第 n 个同级兄弟元素 E。
- ◆ **E:nth-last-of-type(n)** 匹配同类型中的倒数第 n 个同级兄弟元素 E。
- ◆ **E:last-child** 匹配父元素中的最后一个 E 元素。
- ◆ **E:first-of-type** 匹配同级兄弟元素中的第一个 E 元素。
- ◆ **E:only-child** 匹配属于父元素中唯一子元素的 E。
- ◆ **E:only-of-type** 匹配属于同类型中唯一兄弟元素的 E。
- ◆ **E:empty** 匹配没有任何子元素（包括 text 节点）的元素 E。

- **UI 元素状态伪类选择器** UI 元素状态伪类选择器与结构化伪类选择器一样，指定的样式只有当元素处于某种状态时才起作用，在默认状态下不起作用。
  - ◆ **E:enabled** 匹配所有用户界面（form 表单）中处于可用状态的 E 元素。
  - ◆ **E:disabled** 匹配所有用户界面（form 表单）中处于不可用状态的 E 元素。
  - ◆ **E:checked** 匹配所有用户界面（form 表单）中处于选中状态的元素 E。
  - ◆ **E:selection** 匹配 E 元素中被用户选中或处于高亮状态的部分。

- **否定伪类** CSS3 中新增了 E:not(s) 选择器，匹配所有未匹配简单选择符 s 的元素 E。
- **目标伪类** CSS3 中新增了 E:target 选择器，匹配相关 URL 指向的 E 元素。
- **通用兄弟元素选择器** 兄弟选择器用来指定位于同一个父元素之中的某个元素，其后的所有其他种类的兄弟元素均可使用该样式。CSS3 中新增加了

21

E~F 兄弟选择器，它们表示匹配 E 元素到 F 元素的样式。

4. 内容属性

CSS 中可以使用 :before 和 :after 伪类元素结合 content 属性在对象之前或者之后显示内容。CSS3 对设置内容的 content 属性重新进行了定义，基本语法如下：

```
content:normal | string | attr() | uri() |
counter()
```

5. 盒布局和样式布局

盒子模型可以轻松创建适应浏览器窗口的流动布局或者自适应字体大小的布局，它为开发者提供了一种非常灵活的布局方式。样式布局是对网页中的文字或其他内容设置的一些基本样式。CSS3 新增加了许多与它们有关的属性，大体上分为以下三类。

（1）盒布局属性。

CSS3 对 CSS2 中的盒模型布局属性进行了重新定义，说明如下。

- **overflow** 检索或设置当对象的内容超过其指定高度及宽度时如何管理内容。
- **overflow-x** 检索或设置当对象的内容超过其指定宽度时如何管理内容。
- **overflow-y** 检索或设置当对象的内容超过其指定高度时如何管理内容。
- **display** 设置或检索对象是否显示及如何显示。

CSS3 在 CSS2 的基础上提出了弹性盒模型的概念。为了适应弹性盒模型的表现需要，新增加了 8 个属性，如下所示。

- **box-align** 定义子元素在盒子内垂直方向上的空间分配方式。
- **box-direction** 定义盒子的显示顺序。
- **box-flex** 定义子元素在盒子内的自适应尺寸。
- **box-flex-group** 定义自适应子元素群组。
- **box-lines** 定义子元素分列显示。
- **box-ordinal-group** 定义子元素在盒子内的显示位置。
- **box-orient** 定义盒子分布的坐标轴。
- **box-pack** 定义子元素在盒子内水平方向的空间分配方式。

根据 W3C 对 CSS3 的要求，盒模型属性在不断地更新，目前，CSS3 已经使用 flow- 来代替以 box- 开头的盒模型属性。

（2）多列类布局属性。

这些属性能够对网页中的文字进行排版，排版时为每列指定特定的层或者段落。

- **columns** 可以同时定义多栏的数目和各栏的宽度。
- **column-width** 可以定义各栏的宽度。
- **column-span** 定义元素可以在栏目上定位显示。
- **column-rule** 定义各栏之间边框的宽度、样式和颜色。
- **column-rule-color** 定义各栏之间边框的颜色。
- **column-rule-width** 定义各栏之间边框的宽度。
- **column-rule-style** 定义各栏之间边框的样式。
- **column-gap** 定义两栏之间的间距。
- **column-fill** 定义栏目的高度是否统一。
- **column-count** 定义栏目的数目。
- **column-break-before** 定义元素之前是否断行。
- **column-break-after** 定义元素之后是否断行。

（3）用户界面属性。

这些属性用来定义与界面有关的内容。例如，可以定义轮廓显示的样式，也可以定义缩放区域，还可以设置当前元素在文档中的导航序列号等。

- **resize** 使元素的区域可缩放，调节元素的尺寸。适用于任意获得 overflow 条件的容器。

- **outline** 可以设置元素周围的轮廓线，轮廓线不会占据空间，也不一定是矩形。
- **outline-width** 设置元素整个轮廓的宽度，只有当轮廓样式不是 none 时才会起作用。如果样式为 none，宽度会重置为 0。该属性的值不允许设置为负数。
- **outline-style** 用于设置一个元素整个轮廓的样式。
- **outline-offset** 让轮廓偏离容器边缘，即可以调整外框与容器边缘的距离。
- **outline-color** 设置一个元素整个轮廓中可见部分的颜色。如果轮廓的样式值是 none，则轮廓不会出现。
- **nav-index** 它取代了 HTML4 中的 tabindex 属性，为当前元素指定其在当前文档中导航的序列号。
- **box-sizing** 改变容器的盒模型组成方式。

其中，nav-index 属性为当前元素指定其在当前文档中导航的序列号。导航的序列号指定了页面中元素通过键盘操作或获得焦点的顺序，该属性可以存在于嵌套的页面元素中。

除了 nav-index 属性外，还可以通过 nav-up、nav-down、nav-left 或 nav-right 属性设置 HTML 文档顺序控制元素的焦点。为了获得更好的用户体验，可以用 User Agent 自定义切换焦点的控制顺序方向。

为了使 User Agent 能按顺序获取焦点，页面元素需要遵循以下规则。

该元素支持 nav-index 属性，而被赋予正整数属性值的元素将会被优先导航。User Agent 将按照 nav-index 属性值从小到大进行导航。属性值无须按次序，也无须以特定的值开始。拥有同一 nav-index 属性值的元素将以它们在字符流中出现的顺序进行导航。

对那些不支持 nav-index 属性或者 nav-index 属性值为 auto 的元素，将以它们在字符流中出现的顺序进行导航。

对那些禁用的元素，将不参与导航的排序。

用户所使用的开始导航和激活页面元素的快捷键依赖于 User Agent 的设置。例如，通常使用 Tab 键按顺序导航，而 Enter 键则用于激活选中的元素。User Agent 通常定义了反向顺序导航的快捷键，当通过 Tab 键导航到序列的结束或开始时，User Agent 可能会循环到导航序列的开始或结束。另外，按键组合 Shift+Tab 通常用于反向序列导航。

6. 圆角效果

CSS3 还添加了 4 个属性用于设置边框的效果，这些属性可以设置边框各个部分的颜色、图片或者圆角样式，它们分别是 border-color、border-image、border-radius 和 box-shadow。

- **border-color** 设置边框的颜色值。
- **border-image** 设置边框的背景图片。
- **border-radius** 定义边框的圆角样式。
- **box-shadow** 设置块的阴影效果。

7. 多背景样式

有开发经验和设计经验的用户对背景都不会陌生，它是 CSS 中使用频率最高的属性。在 CSS3 中，background 属性除了保持之前的写法外，还可以在该属性中添加多个背景图像组，如下所示为新增的与背景有关的属性。

- **background-size** 设置背景图像的尺寸，即宽度和高度。
- **background-clip** 设置背景图像的显示范围或者裁剪区域。
- **background-origin** 设置背景图片的定位原点。

除了新增的 3 个属性外，CSS3 还对 background 属性重新进行了定义，语法如下：

```
background: [background-image] |
[background-origin] | [background-clip] |
[background-repeat] | [background-size] |
[background-position]
```

HTML5+CSS3+JavaScript 网页设计

HTML5+CSS3+JavaScript 网页设计

8. 渐变和动画

CSS3 的新特性不仅仅表现在以上几个方面，它还对渐变、过渡、动画以及旋转等方面进行了设置，添加了与这些效果有关的属性。例如，使用 linear-gradient 和 radial-gradient 分别实现线性渐变和径向渐变，使用 transform 的有关属性实现图像或图形的平移、缩放和旋转等效果，使用 transition 的有关属性（例如 transition 属性、transition-duration 属性和 transition-delay 属性等）指定在一定的时间内实现平滑过渡动画的效果。

1.7 实践案例：浏览器 CSS3 性能测试

CSS3 为广大 Web 开发者带来了全新的体验，但是并非所有的浏览器都提供对它的支持。各个主流的浏览器都定义了各自的私有属性，以便用户体验 CSS3 的新特性。浏览器这种定义自己的私有属性的方法可以避免不同的浏览器在解析相同属性时出现冲突，但是也为开发者带来了麻烦，因为 Web 开发者不仅需要使用更多的 CSS 样式代码，而且非常容易导致同一个页面在不同的浏览器上表现不一致。

不同浏览器的内核有所不同，导致浏览器定义的私有属性也不同。Webkit 类型的浏览器（例如 Chrome）的私有属性是以 "-webkit-" 为前缀，Gecko 类型的浏览器（例如 Firefox）的私有属性是以 "-moz-" 为前缀，Opera 浏览器的私有属性是以 "-o-" 为前缀，而 IE 浏览器的私有属性是以 "-ms-" 为前缀。

要测试浏览器对 CSS3 的支持情况，最简单的方法就是使用 Can I Use 工具。该工具实际是一个网站，网址是 http://www.caniuse.com，它的功能非常强大，除了可以检测浏览器对 CSS3 各个模块的支持情况外，还能检测 HTML5 和 SVG 等其他内容。Can I Use 工具的首页如图 1-11 所示。

图 1-11　Can I Use 网页

开发者可以单击图 1-11 中的链接查看浏览器的支持情况，也可以在网页的搜索区域输入属性或者元素等内容进行搜索。例如，在图 1-12 中列出了 IE、Edge、Firefox、Chrome、Safari 和 Opera 等多个浏览器的主流版本对 text-align-last 属性的支持情况。其中，红色区域表示当前浏览器的版本不支持此属性，浅绿色区域表示对此属性支持，深绿色区域表示部分支持，灰色区域表示未知。

图 1-12　浏览器 text-align-last 属性支持情况

图 1-13　浏览器 CSS3 性能对比图

在 Can I Use 网站上也可以对各浏览器的 CSS3 性能做对比。如图 1-13 所示为 Firefox 53、Chrome 58、Safari 10.1 和 Opera 48 四款浏览器的对比效果。

除了 CSS3 外，该网站还支持对 HTML5、SVG 和 JS API 进行性能测试。如图 1-14 所示为各浏览器对 HTML5 中 Web App Manifest 特性的支持情况。

图 1-14　Web App Manifest 特性支持情况

1.8　练习题

一、填空题

1．超文本标记语言的英文全称是 _____。

2．要使用 HTML5 的语法指定页面编码类型是 UTF-8，可以使用的代码是 _____。

3．使用 CSS3 新增的 _____ 属性可以实现线性渐变。

4．Webkit 类型的浏览器的私有属性以 _____ 为前缀。

二、选择题

1．在下列选项中，_____ 不是 Web 开发标准。

A. HTML　　　　　　B. CSS　　　　　　C. JavaScript　　　　　　D. PHP

2．在下列选项中，_____ 不属于使用 Web 开发标准后的优势。

A. 页面内容被更多的用户所访问

B. 更加安全

C. 更丰富的界面表现方式

D. 更容易被搜索引擎搜索收录

3．在下列选项中，_____ 不属于 body 元素的属性。

A. width B. bgcolor C. text D.link

4．在下列选项中，_____ 不属于 HTML5 的新语法。

A. <!DOCTYPE html>

B. <html lang="zh-cn">

C. <meta charset="UTF-8" />

D. <html xmlns="http://www.w3.org/1999/xhtml" lang="zh-cn">

5．在下列选项中，_____ 不会将具有布尔值的属性值设置为 true。

A. 不写属性

B. 只写属性不写值

C. 将属性值设置为空

D. 将属性值设置为属性名

上机练习：了解 Firefox 浏览器的 HTML5 和 CSS3 支持情况

本次上机要求读者下载并安装 Firefox 61 浏览器，然后根据本章介绍的内容了解该浏览器对 HTML5 和 CSS3 的支持情况，再与 Chrome 68 进行性能对比。

第 2 章

HTML5 网页结构

　　HTML5 的新增元素和属性是它的一大亮点。这些新增元素使文档结构更加清晰明确、容易阅读，属性则有助于读者实现更强大的功能。根据 HTML5 新增元素的使用情况和语义，可以将它们进行不同的分类。有些元素的定义很模糊，以 header 元素来说，它既可以是结构元素，也可以作为语义元素，可以将该元素放到任意一种类型中，这也是为什么在不同的参考资料中，同一个元素所属分类不同的原因。

　　本章主要介绍 HTML5 中新增的与网页结构相关的元素（包括头部元素、结构元素、语义元素、节点元素和交互元素）和 HTML5 中新增的 3 个全局属性。通过本章的学习，读者可以熟练地使用这些元素和属性构建网页。

本章学习要点

◎ 掌握 **html** 根元素的使用方法
◎ 熟悉文档头部元素包括的内容
◎ 熟练掌握 **HTML5** 中元素常用的全局属性
◎ 掌握 **HTML5** 中常用的结构元素
◎ 掌握 **HTML5** 中常用的交互元素
◎ 熟悉 **HTML5** 中常用的文本层次语义元素
◎ 掌握 **HTML5** 中常用的页面节点元素
◎ 熟悉 **HTML5** 中常用的分组元素
◎ 能够使用 **HTML5** 中新添加的元素创建简单的页面

HTML5+CSS3+JavaScript 网页设计 入门与应用

2.1 认识 html 根元素

一个 HTML 文档中包含的任何内容都是 HTML 元素，这些元素的根是 html。html 是 HTML 文档的最外层元素，也称为 html 根元素，所有其他元素都被包含在该元素内。

浏览器在遇到 html 根元素时将它理解为 HTML 文档。在用法上，HTML5 中的 html 根元素与 HTML 4.01 没有太大的区别，主要区别就是 xmlns 属性。该属性的默认值是 "http://www.w3.org/1999/xhtml"，在 HTML 4.01 中是必需的，用于对 HTML 文档进行验证，而在 HTML 5 中该属性可以省略。

HTML5 为 html 根元素新增了一个 manifest 属性，用于指向一个保存文档缓存信息的 URL。另外，使用 lang 属性可以定义 HTML 文档使用的语言，这对搜索引擎和浏览器非常有帮助，默认值是 en。

根据 W3C 推荐标准，应该通过 html 根元素的 lang 属性对页面中的主要语言进行声明。HTML5 的示例代码如下：

```html
<html lang="en">
</html>
```

2.2 文档头部元素

在 HTML 文档中，head 通常是 html 根元素下的第一个元素。head 元素中包含的是对页面头部信息的设置，如标题、描述、收藏图片、样式和脚本等，这些内容不会显示在页面上。因此，head 元素又可以称为 HTML 文档的头部元素。

在表 2-1 中列出了头部元素中常用的子元素及其描述。

表 2-1　头部元素常用的子元素

元素名称	描述
base	为页面上的所有链接定义默认地址或默认目标
link	定义文档与外部资源之间的关系，如链接外部样式表，链接外部图标
meta	定义页面的辅助信息，如针对搜索引擎的描述和关键词
script	定义客户端脚本，例如 JavaScript，也可以链接外部脚本文件
style	定义页面的样式信息
title	定义文档的标题

1. base 元素

在 HTML5 中建议把 base 作为 head 的第一个子元素，这样 head 中的其他元素就可以使用 base 的信息了。如下代码演示了 base 元素的使用方法。

```html
<head>
<base href="http://www.oa.cn/" target="_blank" />
</head>
<body>
```

```
<a href="index.html "> 首页 </a>
</body>
```

在这里将默认的 URL 设置为 www. oa.cn，因此首页的真实链接 URL 是 www. oa.cn/index.html。

2. link 元素

link 元素常用于链接外部样式表，示例代码如下：

```
<link rel="stylesheet" type="text/css" href= "menu.css" />
```

HTML5 中的 link 元素不再支持 charset、rev 和 target 属性，但新增了 sizes 属性。sizes 属性仅适用于 rel 属性为 icon 的情况，此时该属性用于定义图标的尺寸，示例代码如下：

```
<link rel="icon" href="demo_icon.gif" type= "image/gif" sizes="16x16" />
```

3. meta 元素

在 HTML5 中，meta 元素不再支持 scheme 属性，另外新增了一个 charset 属性用于快速定义页面的字符集。以下都是符合 HTML5 规范的 meta 元素的用法。

```
<meta charset="utf-8 ">
<meta name="keywords" content="HTML, CSS, XML, XHTML, JavaScript" />
<meta name="description" content=" 免费的 Web 技术教程 " />
<meta name="revised" content="tangguo, 2018/1/1" />
<meta http-equiv="refresh" content="10" />
```

4. script 元素

script 元素通常用于定义一段 JavaScript 脚本，或者链接外部的脚本文件。例如，下面的示例用于弹出一个显示 Hello HTML5 的对话框。

```
<script type="text/javascript">
alert("Hello HTML 5");
</script>
```

在 HTML5 中，script 元素的 type 属性是可选的，不再支持 xml 属性，而且新增了 async 属性。async 属性用于定义当脚本可用时是否立即异步执行。

下面的示例代码以异步方式在页面中输出 "Hello HTML5" 字符串。

```
<script type="text/javascript" async="async">
document.write ("Hello HTML 5");
</script>
```

5. style 元素

style 元素用于定义页面所用到的 CSS 样式代码。例如，下面的示例代码定义页面中 p 元素的字体颜色为黑色，h1 元素的字体颜色为红色。

```
<style type="text/css">
h1 {color:red}
p {color:black}
</style>
```

在 HTML5 中，为 style 元素增加了 scoped 属性，该属性可以为文档的指定部分定义样式，而不是整个文档。使用 scoped 属性后所规定的样式只能应用于 style 元素的父元素及其子元素。

6. title 元素

title 元素定义的标题将显示在浏览器的标题栏、收藏夹以及搜索引擎的结果中。HTML 4.01 和 HTML5 中的 title 元素用法相同，但是要注意一个文档中该元素只能出现一次。示例如下：

```
<title>HTML 5 发展过程 </title>
```

【例 2-1】

使用上面介绍的 6 个元素创建一个实

例，通过该实例演示各个 head 子元素的具体用法。

01 新建一个 HTML 文件，搭建 HTML5 的基本结构。

```
<!DOCTYPE HTML>
<html>
<head>
```

```
</head>
<body>
</body>
</html>
```

02 在 body 元素中添加要显示的内容，如下所示为本实例使用的代码。

```
<div class="yh_c">
    <div class="k1_top">
        <a class="yh_back1" href="#"><i class="fa fa-chevron-left"></i></a>
        <h1 id="h1"></h1>
    </div>
    <h2 class="kq_search_h2"> 信息查询 </h2>
    <div class="kq_search_box">
        <div class="kq_search1"><input class="kq_txt1" type="text" placeholder=" 输入员工姓名 "><i
class="fa fa-search"></i></div>
    </div>
</div>
```

03 现在运行将会看到如图 2-1 所示的效果。接下来在 head 元素中使用 base 元素定义页面的默认 URL 为 data.yidong.com。

```
<base href="http://data.yidong.com/" target="_blank" />
```

04 使用 meta 元素定义页面的字符集为 utf-8。

```
<meta charset="utf-8">
```

05 使用 meta 元素为页面添加关键字、描述信息以及版权声明。

```
<meta name="keywords" content=" 考勤，智能考勤，考勤系统，智能考勤，门禁考勤 " />
<meta name="description" content=" 一套满足你需求的考勤系统 "/>
<meta name="Copyright" content=" 糖果科技 "/>
```

06 使用 link 元素为页面添加一个收藏图标。

```
<link rel="icon" href="images/logo.ico" type="image/gif" sizes="32x32" />
```

07 使用 title 元素设置页面的标题为"考勤管理"。

```
<title> 考勤管理 </title>
```

08 使用 style 元素为 body 中的内容定义显示样式。

```
<link href="css/bootstrap.min.css" rel="stylesheet">
<link href="css/font-awesome.min.css" rel="stylesheet">
```

```
<link href="css/css.css" rel="stylesheet">
<style type="text/css">
    body{background: url(images/bg3.jpg) no-repeat; background-size: 100% 100%;}
</style>
```

09 使用 script 元素编写一段 JavaScript 脚本在页面加载完成后执行。

```
<script src="js/jquery.min.js"></script>
<script>
$(function(){
    $("#h1").html(" 信息查询 ");
});
</script>
```

10 保存之后再次在浏览器中查看，将会看到如图 2-2 所示的运行效果。

图 2-1　添加 head 子元素之前的运行效果

图 2-2　添加 head 子元素之后的运行效果

2.3　结构元素

　　HTML5 为了使文档的结构更加清晰明确，逻辑思路更加清晰，增加了一些与文档结构关联的结构元素，如页眉、页脚和内容区块等。下面依次介绍这些结构元素。

2.3.1　header 元素

　　HTML5 新增的 header 元素是一种具有引导和导航作用的结构元素，用于定义文档的页眉（介绍信息）。header 元素通常用来放置整个页面或页面内的一个内容区块的标题，也可以包含网站 Logo 图片、数据表格和搜索表单等内容。

　　整个页面的标题应该放在页面的开头，使用方法与其他元素一样，基本格式如下：

```
<header>
```

```
    <h1> 网页主题 </h1>
</header>
```

⚬━ 技巧

在一个 HTML 网页中，并不限制 header 元素的个数。一个网页中可以拥有多个 header 元素，也可以为每一个内容块添加 header 元素。

【例 2-2】

在一个完整的网站中，首先会设计网站的页面布局。HTML5 出现之前，通常会使用以下代码来表示标题。

```
<div id="container ">
    <div id="header">
        <!-- 这里是页面头部内容 -->
```

```
    </div>
    </div>
    <!-- 其他内容 -->
</div>
```

在上述代码中，最外侧的 div 元素搭建整个网站的框架，id 属性值为 header 的 div 元素表示网站的头部信息。另外，可以通过不同种类的选择器（例如 ID 选择器和样式选择器）为 div 元素添加 CSS 样式。上述内容的示例 CSS 样式代码如下

```
#container {}    /* 定义全局的样式 */
#header {}       /* 定义顶部标题的样式 */
```

下面用 header 元素来替换 id 属性值为 header 的 div 元素。页面相关代码如下：

```
<div    id="container">
    <header class="xy_h">
        <div class="btn-group">
            <div class="xy_user" data-toggle="dropdown" aria-haspopup="true" aria-expanded="false">
                <img src="images/yh_p1.jpg" alt="" /> 你好，用户 1 <span class="caret"></span>
            </div>
            <ul class="dropdown-menu">
                <li><a href="#" class="clearfix"><i class="fa fa-cog"></i> 修改密码 </a></li>
                <li><a href="#" class="clearfix"><i class="fa fa-share-square-o"></i> 退出 </a></li>
            </ul>
        </div>
        <a href="#" class="xy_logo"><img src="images/xy_logo.png" alt="" /></a>
    </header>
</div>
```

重新更改与 header 元素相关的 CSS 代码，直接通过元素选择器指定样式。也可以说，使用 #header（ID 选择器）设置的代码可以通过 header（元素选择器）替换。部分代码如下：

```
header{
    height: 87px;
    border-bottom: 17px solid #f1f2f7;
    padding: 9px 68px 0 18px;
}
```

在浏览器中运行更改后的 HTML 网页，其效果如图 2-3 所示。

图 2-3　header 元素示例

2.3.2　article 元素

article 元素代表文档、页面或者应用程序中独立的、完整的、可以独自被外部引用的内容。它可以是一篇博客或者报纸、刊物中的文章、一篇论坛帖子、一段用户评论、独立的插件，或者其他任何独立的内容。

article 元素可以单独使用，也可以和其他元素结合使用。article 元素通常可以有自己的标题，标题一般放在 header 元素中；有时还可以有脚注，脚注一般放在 footer 元素中。

【例 2-3】

article 元素是一个容器，里面可以放各种布局代码。下面通过 article 元素显示博客中的一篇文章，代码如下：

```html
<article class="post type-post">
  <div class="post-top">
    <div class="post-thumbnail"> <img class="img-responsive" src="images/blog-single/1.jpg" alt="post Image"> </div>
      <div class="post-meta">
        <div class="entry-meta">
          <div class="author-avatar"> <img src="images/author/1.jpg" alt="Author Image"> </div>
            <div class="entry-meta-content"> <span class="author-name"> <a href="#"> 系 统 管 理 员 </a> </span> <span class="entry-date">
              <time datetime="2018-01-15">2018-01-15</time>
              </span> </div>
        </div>
      </div>
  </div>
  <div class="post-content">
    <h2 class="entry-title"><a href="blog-single.html">HTML 5 简介 </a></h2>
    <p class="entry-text">HTML 5 将成为 HTML、XHTML 以及 HTML DOM 的新标准。 </p>
    <p> HTML 5 仍处于完善之中。然而，大部分现代浏览器已经能够支持 HTML 5 的某些特性。 </p>
    <blockquote> HTML 5 中的一些有趣的新特性：
      <p> 用于绘画的 canvas 元素 </p>
      <p> 用于媒介回放的 video 元素 和 audio 元素 </p>
      <p> 对本地离线存储的更好的支持 </p>
      <p> 新的页面元素，比如 article、footer、header、nav、section</p>
      <p> 新的表单控件，比如 calendar、date、time、email、url、search </p>
```

HTML5+CSS3+JavaScript　网页设计

```
        </blockquote>
        <p> 更多内容 >>>
</p>
        </div>
    </article>
```

在浏览器中运行上述代码查看效果，如图 2-4 所示。

图 2-4　article 元素示例

 试一试

article 元素是可以进行嵌套的，内层的内容原则上需要与外层的内容相关联。例如，针对某篇文章的评论可以使用嵌套 article 元素的方式，用来呈现评论的 article 元素包含在表示整体内容的 article 元素中。

2.3.3　section 元素

section 元素用于对网站或应用程序中页面上的内容进行分块。section 元素通常由内容和标题组成。但是 section 元素并非一个普通的容器元素，当一个容器需要被直接定义样式或通过脚本定义行为时，推荐使用 div 元素，而不是 section 元素。

在使用 section 元素时，需要注意以下三点。

● 不要将 section 元素用作设置样式的页面容器，那是 div 元素的工作。

● 如果 article 元素、aside 元素或 nav 元素更符合使用条件，那么不要使用 section 元素。

● 不要为没有标题的内容区块使用 section 元素。

【例 2-4】

在上节 article 元素示例的基础上添加代码，使用 section 元素来显示文章的评论信息，这些评论信息作为一个独立的区域进行显示。部分代码如下：

```
<section class="parent">
  <article class="comment">
    <div class="comment-author"> <img src="images/comment/1.jpg" > </div>
    <div class="comment-content">
      <h4 class="author-name"> 小白菜 </h4>
      <span class="comment-date"> <span class="entry-date">
      <time datetime="12-02-2018">Feb 12, 2018</time>
      </span> </span>
      <p> 网站做得不错，资料挺多的，希望越办越好。加油！ </p>
    </div>
  </article>
</section>
<!-- 其他评论也使用相同的 section 元素 -->
```

在浏览器中运行上述代码查看效果，如图 2-5 所示。

图 2-5 section 元素示例

提示

在 HTML5 中，article 元素可以看作是一种特殊的 section 元素，但它比 section 元素更强调独立性，即 section 元素强调分段或分块，而 article 强调独立性。具体来说，如果一块内容相对来说比较独立、完整，应该使用 article 元素；但是如果想要将一块内容分成多段，应该使用 section 元素。

2.3.4 aside 元素

aside 元素用来表示当前页面或者文章的附属信息，它可以包含与当前页面或主要内容相关的引用、侧边栏、广告、导航条，以及其他类似的有别于主要内容的部分。一般情况下，aside 元素有以下两种用法。

- 被包含在 article 元素中作为主要内容的附属信息，其中的内容可以是与当前文章有关的参考资料、名词解释等。
- 在 article 元素之外使用，作为页面或站点全局的附属信息。典型的形式是侧边栏，其中的内容可以是友情链接、博客中其他文章列表和广告单元等。

【例 2-5】

下面通过 aside 元素实现博客右侧的栏目内容。首先使用 aside 元素定义一个显示当前博客内容分类的栏目，代码如下：

```
<aside class="widget widget_categories">
  <h3 class="widget-title"> Blog Categories </h3>
  <ul class="category-list">
    <li><a href="#" >Web Design</a></li>
```

```
    <li><a href="#" >Graphic Design</a></li>
    <li><a href="#" >e-Commerce</a></li>
    <li><a href="#" >Flash Animation</a></li>
    <li><a href="#" >Wordpress Theme</a></li>
    <li><a href="#" >HTML 5/CSS 3</a></li>
    <li><a href="#" >Coding</a></li>
  </ul>
</aside>
```

接下来使用 aside 元素定义一个表示博客文章归档的栏目，代码如下：

```
<aside class="widget widget_archive">
  <h3 class="widget-title"> Archives </h3>
  <ul class="archive-list">
    <li><a href="#">April 2015 <span class="count">05</span></a> </li>
    <li><a href="#">March 2015 <span class="count">35</span></a> </li>
    <li><a href="#">February 2015 <span class="count">15</span></a> </li>
```

HTML5+CSS3+JavaScript 网页设计

```
        </ul>
    </aside>
```

在浏览器中运行上述代码，效果如图 2-6 所示。其中的 TAG CLOUDS 栏目也是使用 aside 元素定义的。

图 2-6　aside 元素示例

2.3.5　footer 元素

footer 元素很容易理解，它可以作为其上层父级内容区块或者一个根区块的脚注。它通常包含相关区块的脚注信息，例如作者、相关阅读链接及版权信息等。在 HTML5 出现之前，通常使用 <div id="footer"></div> 标记来实现，HTML 5 出现之后，可以直接使用 footer 元素来代替刚才的内容。

footer 元素与 header 元素一样，一个页面中可以使用多个 footer 元素。同时，可以为 article 元素或者 section 元素添加 footer 元素。

【例 2-6】

下面的代码是在页面的底部使用 footer 元素显示版权信息：

```
<footer>
    <p class="xy_footer_p1"><span>POWERED by TGtech</span> 滨海市糖果网络科技有限公司 </p>
</footer>
```

2.4　节点元素

HTML5 在页面区域的划分上增加了很多元素，使用这些元素可以更加清晰地对节点按内容或者段进行归类，如使用 nav 元素划分一组导航链接等。

2.4.1　nav 元素

nav 元素是一个可以用作页面导航的容器，其中的导航元素用于链接其他页面或当前页面的其他部分。并不是所有的链接都要放进 nav 元素中，只需要将主要的、基本的链接放进 nav 元素中即可。

一个 HTML 网页中可以包含多个 nav 元素，作为页面整体或者不同部分的导航。具体来说，nav 元素可用于以下几个场合。

● **传统导航条**　目前主流网站上都有不同层级的导航条，其作用是将当前页面跳转到网站的其他主要页面。

● **侧边栏导航**　目前主流博客网站及商品网站上都有侧边栏导航，其作用是将页面从当前文章或当前商品跳转到其他文章或其他商品页面。

● **页内导航**　它的作用是在本页面几个主要的组成部分之间进行跳转。

● **翻页操作**　翻页操作是指在多个页面的前后页或博客网站的前后文章之间滚动。

【例 2-7】

几乎所有的网站都少不了导航条。下面的示例代码通过 nav 元素定义了一个导航条。

```html
<nav id="menu" class="menu collapse navbar-collapse">
  <ul id="headernavigation" class="menu-list nav navbar-nav">
    <li   class="active"><a href="./"> 首页 </a></li>
    <li><a href="#about"> 视频教学 </a></li>
    <li><a href="#portfolio"> 参考手册 </a></li>
    <li><a href="#services"> 实例教程 </a></li>
    <li><a href="#latest-post"> 寻求帮助 </a></li>
    <li><a href="#contact"> 在线测试 </a></li>
  </ul>
</nav>
```

上述代码在 nav 元素中添加了 ul 元素作为导航菜单容器，每个 li 元素表示一个菜单。在浏览器中运行上述代码，效果如图 2-7 所示。

图 2-7　nav 元素示例

⚠️ **注意**

HTML5 规范不推荐使用 menu 元素代替 nav 元素。因为 menu 元素是适用于发出命令的菜单，是一种交互性的元素。更确切地说，它是在 Web 应用程序中使用的。

🔊 2.4.2　hgroup 元素

hgroup 元素用于将多个标题（主标题和副标题或者子标题）组成一个标题组。hgroup 元素扮演着可以包含一个或者更多与标题相关的容器的角色。

在使用 hgroup 元素时要注意以下几点。

● 如果只有一个标题元素（h1 ～ h6 中的一个），不建议使用 hgroup 元素。

● 当出现一个或者一个以上的标题与元素时，推荐使用 hgroup 元素作为标题的容器。

● 当有一个标题有副标题、其他 section 或者 article 的元数据时，建议将 hgroup 元素和元数据放在一个单独的 header 元素容器中。

通常将 hgroup 元素放在 header 元素中，下面是一个简单的示例：

```html
<header>
  <hgroup>
    <h2> HTML 5 快速入门 </h2>
    <h3 id="welcome"> HTML 5 简介 </h3>
    <p> 本教程将介绍 HTML 5 的方方面面。</p>
```

```html
  </hgroup>
</header>
```

如图 2-8 所示为运行效果。

图 2-8   hgroup 元素示例

如下所示为使用 hgroup 元素作为标题容器的代码。

```html
<hgroup>
  <figcaption class="left-nav-title"><font style=" font-size:16px;"> 标题组一 </font></figcaption>
  <ul>
    <li class="left-nav-group"><a href="#"> 菜单链接 5-3</a></li>
    <li class="left-nav-group"><a href="#"> 菜单链接 5-4</a></li>
    <li class="left-nav-group"><a href="#"> 菜单链接 5-5</a></li>
    <li class="left-nav-group"><a href="#"> 菜单链接 5-6</a></li>
    <li class="left-nav-group"><a href="#"> 菜单链接 5-3</a></li>
    <li class="left-nav-group"><a href="#"> 菜单链接 5-4</a></li>
    <li class="left-nav-group"><a href="#"> 菜单链接 5-5</a></li>
    <li class="left-nav-group"><a href="#"> 菜单链接 5-6</a></li>
  </ul>
</hgroup>
```

2.4.3   address 元素

address 元素用来表示离它最近的 article 或 body 元素内容的联系信息，例如文章作者名字、网站设计和维护者的信息。当 address 的父元素是 body 时，也可表示该文档的版权信息。但是要注意，address 元素并不适合所有需要地址信息的情况，例如客户的联系信息就不需要。

在 address 元素中不能包含标题、区块内容、header、footer 或 address 元素。通常将 address 元素和其他内容一起放在 footer 元素中。

下面再来看一个结合使用 address 与 footer 的示例，代码如下：

```html
<footer>
    <address> 当使用本站时，代表您已接受了本站的使用条款和隐私条款。版权所有，保留一切权利。
</address>
    <p> 赞助商：滨海糖果科技有限公司    京 ICP 备 06000100 号 </p>
</footer>
```

在上述代码中，address 元素定义了文档的版权信息，显示在页面底部，效果如图 2-9 所示。

图 2-9　address 元素示例

 ## 2.5　语义元素

语义元素是指能够为浏览器和开发者清楚描述其意义的元素。例如，可以将 header 和 footer 等元素看作语义元素，而 div 则属于无语义元素。

HTML5 中新增的文本语义元素主要有：mark 元素、cite 元素、ruby 元素、rt 元素、rp 元素、time 元素以及 wbr 元素，下面依次介绍它们。

2.5.1　mark 元素

mark 元素表示页面中需要突出显示或者高亮显示，对于当前用户具有参考作用的一段文字。mark 元素通常作用在两个方面：一方面是对网页全文检索某个关键词时显示的检查结果，目前许多搜索引擎使用其他方法实现该元素所达到的功能；另一方面是在引用原文时，为了某种特殊目的而把原文作者没有重点标示的内容给标示出来。

在 HTML4 中，虽然也可以使用 em 元素或者 strong 元素突出显示文字，但是 mark 元素的作用是与它们有区别的，不能混合使用。下面分别对 mark、strong 和 em 元素进行说明。

- mark 元素与原文作者无关，或者说它不是原文作者用来标示文字的，而是在后来引用时添加上去的，其目的是吸引用户的注意力，提供用户参考，希望对用户有所帮助。
- strong 元素是原文作者用来强调一段文字的重要性而使用的，例如警告信息。
- em 元素是作者为了突出文章重点而使用的。

【例 2-8】

下面是一个文章列表，假设要强调"英语"和"外语"，可以使用 mark 元素来实现。代码如下：

```
<ul class="newslist1">
    <li><span class="right hui f10">2017-11-11</span><a href="view.html"> 中国打破了世界软件巨头规则
</a></li>
    <li><span class="right hui f10">2017-11-11</span><a href="view.html"> 口 语： 会 说 中 文 就 能 说
<mark> 英语 </mark>！ </a></li>
    <li><span class="right hui f10">2017-11-11</span><a href="view.html"> 农场摘菜不如在线学 <mark>
外语 </mark> 好玩 </a></li>
    <li><span class="right hui f10">2017-11-11</span><a href="view.html"> 数理化老师竟也看学习资料？
</a></li>
    <li><span class="right hui f10">2017-11-11</span><a href="view.html"> 学 <mark> 英 语 </mark> 送
ipad2,45 天突破听说 </a></li>
    <li><span class="right hui f10">2017-11-11</span><a href="view.html"> 学 <mark> 外语 </mark>，上
北外！ </a></li>
    </ul>
```

HTML5+CSS3+JavaScript 网页设计

在浏览器中运行上述代码，效果如图 2-10 所示。

HTML5+CSS3+JavaScript 网页设计

图 2-10　mark 元素示例

2.5.2　cite 元素

cite 元素可以创建一个引用标记，用作文档中参考文献的引用说明，如书名或文章名称。使用 cite 元素定义的内容会以斜体显示，以区别于文档中的其他字符。

示例代码如下：

```
<h3> 新华网新闻 </h3>
<p> 北京上海等地银行房贷利率现折扣优惠 </p>
<p> --- 引自 << <cite> 新华网 </cite> >> ---</p>
```

上述代码运行效果如图 2-11 所示。

图 2-11　cite 元素示例

2.5.3　time 元素

time 元素用于定义公历的时间或日期，时间和时区偏移是可选的。该元素能够以机器可读的方式对日期和时间进行编码。例如，用户代理能够把生日提醒或排定的事件添加到用户日程表中，搜索引擎也能够生成更智能的搜索结果。

datetime 和 pubdate 是 time 元素常用的两个属性。datetime 属性指定日期 / 时间，否则，由元素的内容给定日期 / 时间；pubdate 属性指定 time 元素中的日期 / 时间是文档（或 article 元素）的发布日期。

【例 2-9】

虽然，目前所有的主流浏览器都支持 time 元素，但是该元素在任何浏览器中都不会呈现（属于隐藏元素）。如下代码演示了 time 元素的基本使用方法。

```
<p> 我们在每天早上 <time>9:00</time> 开始营业。</p>
<p> 我在 <time datetime="2018-02-14"> 情人节 </time> 有个约会。</p>
```

2.5.4　wbr 元素

wbr 全称是 Word Break Opportunity，wbr 元素用于指定在文本中的何处适合添加换行符。如果单词过长，或者开发者担心浏览器会在错误的位置换行，那么可以使用 wbr 元素来添加单词换行的占位符。

【例 2-10】

wbr 元素的使用也非常简单，下面代码演示了该元素的基本使用。

```
<nobr> 此行文本不会断行，不管窗口的宽度如何。</nobr>
<nobr> 但是，本行如果 <wbr> 窗口的宽度太小的话，将在"如果"之后断行。</nobr>
```

2.5.5　ruby、rt 和 rp 元素

ruby 定义 ruby 注释，通常与 rt 和 rp 元素一块使用。rt 元素定义 ruby 注释的解释，如果浏览器不支持 ruby 元素定义的内容，就会显示 rp 元素定义的内容。

ruby 注释是中文注音或字符，在东亚使用，显示的是东亚字条的发音。ruby 元素由一个或者多个字符（需要一个解释 / 发音）和一个提供该信息的 rt 元素组成，还包括可选的 rp 元素。

【例 2-11】

ruby、rt 和 rp 的使用非常简单，下面通过两种方式演示这些元素。代码如下：

```
<ruby>
    日 <rt><rp>(</rp> ㄏ �马    <rp>)</rp></rt>
</ruby>
<ruby>
    汉 <rt>ic</rt><rp> 五笔拼写：hc</rp>
</ruby>
```

2.6　交互元素

HTML5 是一些独立特性的集合，它不仅增加了许多 Web 页面特征，而且本身也是一个应用程序。对应用程序而言，表现最为突出的就是交互操作。HTML5 新增加了对应的交互体验元素，本节简单了解这些元素。

2.6.1　meter 元素

meter 是 HTML5 新增的一个表示度量单位的元素，该元素仅用于已知最大和最小值的度量。例如，显示硬盘容量或者对某个候选者的投票人数占总投票人数的比例等，都可以使用meter 元素。

在 meter 元素的开始标记和结束标记之间可以添加文本，浏览器不支持该元素时可以显示标记之间的文字。基本格式如下：

```
<meter> 浏览器不支持 meter 元素 </meter>
```

<meter> 标记包含多个属性，如表 2-2 显示了常用的 6 个属性。

表 2-2　meter 元素的常用属性

属性名称	说　明
value	定义 min 和 max 之间的值，这是在元素中表示出来的实际值，默认值为 0
min	定义允许范围内的最小值，默认值为 0。该属性的值不能小于 0
max	定义允许范围内的最大值，默认值为 1。如果该属性的值小于 min 属性的值，那么把 min 视为最大值
low	定义范围内的下限值，必须小于或等于 high 属性的值。如果该值小于 min，则使用 min 作为 low 属性的值
high	定义范围内的上限值。如果该属性值小于 low，则使用 low 作为 high 的值；如果该值大于 max，则使用 max 作为 high 属性的值
optimum	最佳值，其值必须在 min 属性值与 max 属性值之间，可以大于 high 属性值

【例 2-12】

下面代码通过 meter 元素表示文章的热度。

```
<ul class="newslist1">
    <li><span class="right hui f10"><meter low="69" high="80" max="100" optimum="100" value="92">A
</meter> 2017-11-11</span><a href="view.html"> 中国打破了世界软件巨头规则 </a></li>
    <li><span class="right hui f10"><meter low="69" high="80" max="100" optimum="100" value="76">B
</meter> 2017-11-11</span><a href="view.html"> 口语：会说中文就能说 <mark> 英语 </mark> ！ </a></li>
    <li><span class="right hui f10"><meter low="69" high="80" max="100" optimum="100" value="59">A
</meter> 2017-11-11</span><a href="view.html"> 农场摘菜不如在线学 <mark> 外语 </mark> 好玩 </a></li>
    </ul>
```

运行上述代码观察效果，如图 2-12 所示。

如图 2-12 显示了 meter 元素的默认样式，如果不使用该元素的默认样式，开发者也可以自定义样式。例如，下面通过样式选择器指定 CSS 样式，如下代码仅适用于 Webkit 内核的浏览器。内容如下：

图 2-12　meter 元素初始效果

```
.newslist1 meter { -webkit-appearance: none; }
.newslist1 ::-webkit-meter-bar {
    height: 1em;
    background: white;
    border: 1px solid black;
}
.newslist1 ::-webkit-meter-optimum-value { background: green; }              /* 高 */
.newslist1 ::-webkit-meter-suboptimum-value { background: orange; }          /* 中 */
```

```
.newslist1 ::-webkit-meter-even-less-good-value { background: blue; }              /* 低 */
.newslist1 ::-moz-meter-bar {
    background: rgba(0,96,0,.6);
}
```

重新运行页面或者刷新浏览器页面，自
定义效果如图 2-13 所示。

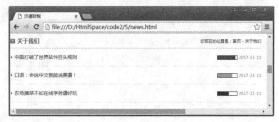

图 2-13　自定义 meter 元素样式

2.6.2　progress 元素

progress 元素表示一个任务的进度，这个进度可以是不确定的，只是表示进度正在进行，
但是不清楚还有多少工作量没有完成。可以使用 0 到某个最大数字（例如 100）之间的数字
表示进度完成的情况。

progress 元素的两个属性可表示当前任务的完成情况：value 属性表示已经完成了多少工
作量；max 属性表示总共有多少工作量，工作量单位是随意的，不用指定。在设置属性时，
value 属性和 max 属性只能指定为有效的浮点数，value 和 max 属性的值必须大于 0，value 属
性的值要小于或等于 max 属性的值。

【例 2-13】

下面演示 progress 元素的两种用法。第一个 progress 元素设置 value 和 max 属性的值，
第二个 progress 元素只设置 max 属性的值，通过按钮控制进度条。实现步骤如下。

01 在 HTML 页面中添加第一个 progress 元素，指定该元素的 max 属性和 value 属性的值。
代码如下：

```
<section>
    <h1>progress 元素的使用 1</h1>
    <p><progress value="45" max="100"><span>45%</span></progress></p>
</section>
```

02 在 HTML 页面中添加第二个 progress 元素，指定该元素的 max 属性值，然后添加一
个按钮，并为该按钮添加 onClick 事件属性。代码如下：

```
<section>
    <h1>progress 元素的使用 2</h1>
    <p> 完成百分比： <progress id="p" max="100"><span>0</span>%</progress></p>
    <input type="button" onClick="button_click()" value=" 开始 " />
</section>
```

03 在 JavaScript 脚本中添加 button_click() 函数，在该函数中定义 progress 元素的值。

当用户单击按钮时，progress 元素就会自动增长；当它的值增长到 100（即 progress 元素的 max 值）时，就会停止增长。JavaScript 脚本代码如下：

```javascript
<script type="text/javascript">
    var newValue = 0;
    function button_click(){
            var progressBar = document.getElementById('p');           // 获取页面中的 progress 元素
            newValue = 0;                                              // 设置 newValue
            progressBar.getElementsByTagName('span')[0].textContent = 0;
            setTimeout("updateProgress()",500);
    }
    function updateProgress(){
            if(newValue>100){
                    return ;
            }
            var progressBar = document.getElementById('p';);
            progressBar.value = newValue;
            progressBar.getElementsByTagName('span')[0].textContent = newValue;
            setTimeout("updateProgress()",500);
            newValue++;
    }
</script>
```

04 在浏览器中运行上述代码查看效果，如图 2-14 显示了页面的初始效果。

05 单击图中的"开始"按钮查看进度运行效果，如图 2-15 所示。

图 2-14 初始效果

图 2-15 单击"开始"按钮后的效果

2.6.3 details 元素

details 元素提供了一种将页面上的局部区域进行展开或收缩的方法，起着说明文档或某个细节信息的作用。<details> 标记经常会用到一个 open 属性，该属性定义 details 是否可见。

【例 2-14】

本示例在页面中分别添加两个 details 元素，并为第二个 details 元素指定 open 属性。代码如下：

```html
<p>HTML 5 发展过程 </p>
<details>HTML、XHTML、HTML 5</details>
<p>HTML 5 组织 </p>
<details open="open">W3C、WHATWG</details>
```

在浏览器中运行上述代码观察效果，如图 2-16 所示。从该图中可以看出，为 <details> 标记指定 open 属性后，页面在运行时会自动展开显示内容。

图 2-16　details 元素的使用

2.6.4　summary 元素

从 details 元素示例的效果图可以看出，details 元素只添加了显示的内容，并没有为其指定标题，这时浏览器会提供一个默认的标题，即"详细信息"，同时提供一个类似上下箭头之类的图标，单击该图标可以进行展开和收缩操作。如果要为 detail 元素自定义标题，可以使用 summary 元素。

【例 2-15】

更改上述示例的代码，为每一个 details 元素添加 summary 元素，修改后的代码如下：

```
<p>HTML 5 发展过程 </p>
<details>
    <summary> 简述 HTML 5 的发展过程
</summary>
    HTML、XHTML、HTML 5
```

```
</details>
<p>HTML 5 组织 </p>
<details open="open">
    <summary> 与 HTML 5 有 关 的 组织
</summary>
    W3C、WHATWG
</details>
```

再次在浏览器中运行页面查看效果，此时可通过单击 summary 元素来展开或者收缩操作，如图 2-17 所示。

图 2-17　summary 为 details 元素指定标题

👉 **提示**

HTML5 中新增了多个交互元素，除了本节介绍的几个元素外，command 元素和 dialog 元素都可以看作是交互元素。但是，目前还没有浏览器提供对它们的支持，因此这里不再进行详细介绍。

2.7　全局属性

全局属性是指在任何元素中都可以使用的属性。与之前的版本相比，HTML 5 也增加了多个全局属性，其中常用的全局属性有 hidden、spellcheck 和 contenteditable。下面依次介绍它们的用法。

HTML5+CSS3+JavaScript　网页设计

2.7.1 hidden 属性

hidden 是 HTML5 新增的一个属性，该属性类似于 hidden 类型的 input 元素，功能是通知浏览器不显示该元素，使元素处于不可见状态，但是元素中的内容浏览器是已知。页面加载后允许使用 JavaScript 脚本将该属性取消，取消后该元素变为可见状态，同时元素中的内容会及时显示出来。hidden 是一个布尔值的属性，当将属性值设置为 true 时，元素处于不可见状态；当属性值设置为 false 时，元素处于可见状态。

【例 2-16】

本示例通过 p 元素显示一段文本，并通过 hidden 属性将这段文本隐藏，当用户单击页面中的按钮时可以显示内容。

01 在网页的合适位置添加 div 元素并添加 hidden 属性。部分代码如下：

```
<h3 id="welcome"> HTML 5 简 介 <input    style="width:50px" type="button" id="btn" value=" 显 示 "
onClick="show()" /></h3>
<div hidden id="h5_div">
<p> 本教程将介绍 HTML 5 的方方面面。</p>
<p>HTML 5 将成为 HTML、XHTML 以及 HTML DOM 的新标准。</p>
</div>
```

02 添加一段 JavaScript 脚本，脚本内容用于显示或者隐藏 p 元素中指定的内容。代码如下：

```
<script>
var btn = document.getElementById("btn");
function show(){
    var p = document.getElementById("h5_div");
    if(btn.value == " 显示 "){
            btn.value=" 隐藏 ";
            p.hidden = false;
    }else{
            btn.value=" 显示 ";
            p.hidden = true;
    }
}
</script>
```

03 在浏览器中运行本示例代码进行测试，如图 2-18 所示为单击"显示"按钮前后的效果。

图 2-18　hidden 属性示例

2.7.2 contenteditable 属性

contenteditable 属性的功能是允许用户编辑元素中的内容。因此需要注意，元素必须是可以获得鼠标焦点的，而且在鼠标单击后要向用户提供一个插入符号，提示用户该元素中的内容允许编辑。contenteditable 属性与 hidden 属性一样，也是一个布尔值，可以将该属性的值设置为 true 或 false。

contenteditable 属性有一个隐藏的 inherit（继承）状态。属性值为 true 时，元素被指定为允许编辑；属性值为 false 时，元素被指定为不允许编辑；如果没有指定 true 或 false，则由 inherit 状态来决定，如果元素的父元素是可编辑的，则该元素就是可编辑的，否则为不可编辑。

另外，除了 contenteditable 属性外，还有一个 iscontenteditable 属性。当元素可编辑时，属性值为 true；当元素不可编辑时，属性值为 false。

【例 2-17】

下面通过 div 元素显示一段文本，并且将其 contenteditable 属性的值设置为 true。代码如下：

```
<div contenteditable="true" >
        <p> 本教程将介绍 HTML 5 的方方面
面。</p>
        <p>HTML 5 将成为 HTML、XHTML 以
及 HTML DOM 的新标准。</p>
        </div>
```

在浏览器中运行上述代码，在网页中单击这段文字并进行编辑，编辑效果如图 2-19 所示。

图 2-19　contenteditable 属性编辑效果

2.7.3　spellcheck 属性

spellcheck 属性是 HTML5 针对 input 元素与 textarea 元素这两个文本输入框提供的一个新属性，其功能是对用户输入的文本内容进行拼写和语法检查。spellcheck 属性的值为布尔类型，在书写时必须将属性值设置为 true 或者 false。

【例 2-18】

本示例演示 spellcheck 属性的使用方法。为了演示该属性值的效果，在页面中添加两个 textarea 元素，分别指定 spellcheck 属性的值为 true 和 false。代码如下：

```
spellcheck 属性值为 true：<br/><textarea row="10" cols="100" spellcheck="true"></textarea><br/>
spellcheck 属性值为 false：<br/><textarea row="10" cols="100" spellcheck="false"></textarea>
```

在浏览器中运行本示例的代码并输入内容进行测试。如图 2-20 为 Chrome 浏览器的测试效果。

图 2-20　spellcheck 属性示例

⚠️ **注意**

如果为元素指定 readOnly 属性或者 disabled 属性，并且将属性值设置为 true 时，则即使设置了 spellcheck 属性也不会执行拼写检查。

HTML5+CSS3+JavaScript　网页设计

47

2.8 实践案例：设计旅游网站首页

HTML5 的出现使页面结构更加清晰、表达的语义更加明确，且能最大限度地保证页面的简洁性，但是并非在页面中使用 HTML5 元素越多越好。在本节之前已经通过大量的示例讲解了 HTML5 中新增加的全局属性和元素，如 header 元素、footer 元素、menu 元素、nav 元素及 ul 元素等。本节将通过常用的 HTML5 元素设计网站首页，加深读者对这些元素及 HTML5 的理解。

随着社会经济的不断发展，旅游越来越成为大家放松心情的一个选择。本次案例就使用新增加的 HTML5 元素实现设计旅游网站首页的功能。网站首页的内容非常简单且便于理解，其最终运行效果如图 2-21 所示。

实现网站首页的主要步骤如下。

01 划分网站首页的页面区域，采用目前比较主流的框架，将整个页面分为上、中、下三个大的区域，然后将中间区域划分为左、中、右 3 个部分。页面的整体结构框架如图 2-22 所示。

图 2-21　旅游首页最终效果

图 2-22　页面划分整体结构

02 页面的 head 部分定义 meta 元素和 title 元素。meta 元素用于定义页面的编码格式，title 元素定义页面的标题。具体代码如下：

```
<meta http-equiv="Content-Type" content="text/html; charset=utf-8" />
<title> 快乐一夏（旅游网）</title>
```

03 在 title 元素下方添加两个 link 元素，该元素为当前页面引用一个外部 CSS 样式表，并且添加一个图标。具体代码如下：

```html
<link rel="stylesheet" href="styling.css" type="text/css" media="screen" />
<link rel="shortcut icon" href="img/favicon.ico" sizes="16×16" />
```

04 上面的基本工作完成后，对顶部区域进行分析。头部区域包含图片、导航菜单和搜索框等内容，实现的主要代码如下：

```html
<header>
    <div id="navcontainer" style=" height:auto;">
            <div id="tagline"> <a href="#"> <br /><img src="img/blank.gif" alt="Your logo here" width="200" height="110" /><br /></a> </div>
                <menu>
                        <li><a accesskey="1" id="taba" href="index.html" class="active"> 首页 </a></li>
                        <li><a accesskey="2" id="tabb" href="#"> 酒店 </a></li>
                        <li><a accesskey="3" id="tabc" href="#"> 团队旅游 </a></li>
                        <li><a accesskey="4" id="tabd" href="#"> 留言 </a></li>
                </menu>
    </div>
    <div id="tabbar"></div>
    <div id="search">
            <form method="get" action="">
                    <table width="500px"><tr><td> 搜 索 的 关 键 字：<input type="text" spellcheck="true" value="" class="tbox" /><input type="submit" value=" 搜索 " name="submit" /></td></tr></table>
            </form>
            <nav><li><a href="#"> 搜索 </a></li><li><a href="#"> 地图 </a></li></nav>
    </div>
</header>
```

HTML5+CSS3+JavaScript　网页设计

上述代码中首先使用 header 元素定义整个头部区域的内容；接着将 menu 元素和 li 元素相结合实现首页页面的导航列表信息；然后创建用于输入的 HTML 表单，在该表单中添加用于搜索的输入框，指定该输入框的 spellcheck 属性用于检查输入的内容是否合法；最后通过 nav 元素实现搜索结果的超链接信息。

05 为顶部区域的相关元素添加样式，主要代码如下：

```css
menu {
    width: 100%;
    margin: 0 auto;
    padding: 0;
```

```css
    clear: both;
}
menu ul,menu, menu li{
    margin: 0;
    padding: 0;
}
menu li {
    float: left;
    display: block;
    width: 24.5%;
    min-height: 20px;
}
#search form {
    display: block;
```

```
    float: left;
    text-align: right;
    width: 70.5%;
    margin: 0 40px 0 0;
}
#search nav {
    margin: 0;
```

```
    padding: 0;
    list-style: none;
}
#search nav li {
    font: 10px/140% Verdana, Arial, sans-serif;
}
```

06 使用 footer 元素和 address 元素创建底部区域，该区域主要显示友情链接，其中 address 元素用来定义文档版权信息。其主要代码如下：

```
<footer>
        <div id="footmenu" style="border:1px solid none;"> <a href="#"> 公告查看 </a> | <a href="#">
关于我们 </a> | <a href="#"> 联系我们 </a> | <a href="#"> 详细地图 </a> | <a href="#"> 加入我们 </a> | <a
href="#"> 搜索 </a> | <a href="#"> 隐私协议 </a> | <a href="#"> 词汇查看 </a> | <a href="#">RSS</a> </div>
        <address>
        版权所有 ©2017 糖果科技有限公司 <a href="http://validator.w3.org/check?uri=referer"
title="Valid XHTML 1.1!">XHTML 1.1</a> | <a href="http://jigsaw.w3.org/css-validator/check/referer" title="Valid
CSS!">CSS 2.1</a>.
        </address>
    </footer
```

07 为底部区域的 footer 元素和 addres 元素添加代码，主要样式如下：

```
footer {
    width: auto!important;
    background: #8ccc33 url("img/overburn2.gif") no-repeat center bottom;
    clear: both;
    position: relative;
    text-align: center;
    font-size: 10px;
    line-height: 0.9em;
    padding: 0;
}
footer a:hover {
    color: #1f5791!important;
    font-weight: bold!important;
}
address {
    padding: 5px 0;
}
```

08 根据上面的操作步骤，完成了顶部区域和底部区域相关代码和样式的设计，运行上面的代码进行测试，运行效果如图 2-23 所示。

喜欢夏天的味道

图 2-23　顶部区域和底部区域运行效果

09 中间区域是整个页面最重要的部分，本案例的中间区域分为左、中和右 3 个部分。左侧部分主要显示快捷列表和旅游注意事项两部分内容，该部分页面的具体代码如下：

```html
<div id="left">
    <h1> 快捷列表 </h1>
    <div id="sidemenu">
            <ul>
                    <li><a href="#"> 酒店列表 </a></li><li><a href="#"> 美图列表 </a></li>
                    <li><a href="#"> 散客参团 </a></li><li><a href="#"> 客户留言 </a></li>
                    <li><a href="#"> 旅游热线 </a></li>
            </ul>
    </div>
    <br class="clear" />
    <h1> 旅游注意事项 </h1>
    <div>
            <ol style="margin-left:-20px;" start="1">
                    <li><a href="#"> 外出旅游牢记八要 </a></li>
                    <li><a href="#"> 旅游时出现紧急情况怎么办 </a></li>
                    <li><a href="#"> 如何选择旅游方式 </a></li>
                    <li><a href="#"> 出游千万别忘了防晒 </a></li>
            </ol>
    </div>
</div>
```

上述代码中添加了两个 div 元素，分别用于显示快捷方式列表和旅游注意事项。第一个 div 元素中使用 ul 和 li 元素显示无序列表，第二个 div 元素中使用 ol 和 li 元素显示有序列表，设置 ol 元素的 start 属性值从 1 开始。

10 为左侧内容的不同元素添加样式，样式的主要代码如下：

```css
#left {
    width: 160px;
    float: left;
    background: #f6f6f6 url("img/bg_left.gif") no-repeat center bottom;
```

HTML5+CSS3+JavaScript 网页设计

51

```
        color: #555;
        border-right: 1px solid #ccc;
        font-size: 11px;
        text-align: left;
        line-height: 14px;
        height: 60%; /* Height Hack 3/3 */
    }
    #sidemenu ul {
```

```
        list-style: none;
        width: 140px;
        margin: 0 0 10px 0;
        padding: 0;
    }
    #sidemenu li {
        margin-bottom: 0;
    }
```

11 中间区域的中间部分主要显示旅游的一些文章内容，其主要代码如下：

```
<article>
    <section>
        <h1>夏季外出旅游五注意 <span style="font-size:13px; font-weight:normal;"> 热度： <meter
value="8" min="0" max="10" low="6" high="8" title="8 分 " optimum="10"></meter></span></h1>
        <p>     炎炎夏日仍然挡不住外出 <mark> 旅游 </mark> 的人的热
情，那么在这个炎热的夏季外出 <mark> 旅游 </mark>要注意些什么呢 ?</p>
        <ol>
            <li> 炎热的夏天不宜长时间做日光浴，野外活动要涂防晒油，戴上遮阳帽和墨
镜 </li>
            <!-- 省略其他代码的显示 -->
        </ol>
        <p align="right">--- 摘选自 <cite>《新疆旅游网》 </cite></p>
        <p><time pubdate datetime="2017-10-13"> 发表日期：2017-10-12</time> 评论数量：23</p>
    </section>
    <section>
        <h2> 一起走进中国十大避暑旅游城市 <span style="font-size:13px; font-weight:normal;"> 热
度： <meter value="6" min="0" max="10" low="6" high="8" title="8 分 " optimum="10"></meter></span></h2>
        <p>    <aside> 酷热的盛夏，清凉何处寻？炎炎夏日，避暑
<mark> 旅游 </mark> 日益成为中外 <mark> 旅游 </mark> 者，远足出行选择目的地的首要诉求。</aside>
        <!-- 省略其他代码的显示 -->
        </p>
        <p align="right"><time pubdate datetime="2017-10-13"> 发表日期：2017-10-12</time> 评论
数量：15 </p>
    </section>
</article>
```

上述代码中首先通过 article 元素声明中间整体内容，然后在该元素中添加两个 section 元素，这两个元素分别表示两篇文章信息。每个 section 元素中都使用 meter 元素形容当前文章的评价；mark 元素高亮处理关键字符"旅游"；time 元素显示当前文章的发布时间。第一个 section 元素中将 ol 和 li 元素相结合实现无序列表，使用 cite 元素标记文章内容的出处；第二个 section 元素中使用 aside 元素显示文章标题的附属内容。

12 为文章内容的相关元素添加样式，主要样式代码如下：

```
article {
    width: 460px;
    height: auto;
    float: left;
    background: #fff;
    color: #666;
    line-height: 16px;
    letter-spacing: 1px;
    text-align: left;
}
cite{
    color:blue;
}
aside{
    margin-left:20px;
    color:blue;
}
```

13　中间区域右侧的代码非常简单，主要显示夏日旅行社的简单信息。具体代码如下：

```
<div id="right">
    <div id="rc">
        <h1> 夏日旅行社 </h1>
        <p>     
夏日旅行社是河南省今年刚刚成立的一家新型旅行社,主要从事招徕和接待境外旅游者来华观光,组织中国公民境内旅游,承办各种会议、展览,
```

安排商务考察、学术交流、探险、文化教育、体育比赛、文艺演出等专项活动。旅行社内设：日韩部、欧美部、亚大部、国内部、海外部。</p>
```
        </div>
    </div>
```

14　为中间区域右侧部分的内容添加样式，具体样式代码如下：

```
#right {
    width: 150px;
    float: right;
    background: #eee url("img/bg_right.gif")
no-repeat center bottom;
    line-height: 14px;
    color: #444;
    font-size: 11px;
    text-align: left;
    height: 60%;
}
#rc {
    padding: 10px;
}
#rc p {
    padding: 0 0 10px 2px;
}
```

本节项目案例主要通过 HTML5 中的常用元素设计旅游首页页面，到目前为止，本案例构建旅游首页的内容已经完成。

2.9　练习题

一、填空题

1．在 HTML5 的页面中所有元素的根元素是 _____。

2．新增的 _____ 元素用于定义文档中的头部信息。

3．head 元素中定义页面辅助信息的是 _____ 元素。

4．time 元素有两个常用属性，分别是 _____ 属性和 pubdate 属性。

5．details 元素提供了将页面上的局部区域进行展开或收缩的方法，它需要通过 _____ 元素来设置标题。

6．HTML5 使用 _____ 元素定义正在完成的进度条。

7. spellcheck 属性的值为 _____ 时表示启用输入时的拼写检查。

二、选择题

1. 下面关于 nav 元素的说法，选项 _____ 是不正确的。

A. nav 元素可以作为传统的导航条

B. nav 元素可用于侧边栏导航

C. menu 元素和 footer 元素都可以用来替换 nav 元素

D. 页内导航和翻页操作时都可以使用 nav 元素

2. progress 元素常用的两个属性是 _____。

A. min 和 max   B. low 和 high

C. value 和 min   D. value 和 max

3. HTML5 中新增的 _____ 属性允许用户编辑元素中的内容。

A. spellcheck   B. contextmenu

C. contenteditable   D. hidden

4. meter 元素的 _____ 属性用于定义范围内的最佳值。

A. optimum   B. value

C. low   D. high

上机练习：设计博客网站首页

如图 2-24 所示为一个博客类网站的首页效果，页面包含头部、中间区域和底部 3 个模块，其中头部又包含主标题、副标题和导航链接，中间区域又包含主要内容区和右侧边栏区。

读者可以根据效果图添加合适的元素，如 header 元素、footer 元素、hgroup 元素、nav 元素和 section 元素等。（提示：不必全部使用本章所介绍的元素，但是要优先考虑 HTML5 新增的元素。）

图 2-24   博客类网站的首页效果

第3章

HTML5 表单应用

　　表单和表单元素的主要作用就是收集用户输入的内容，当用户提交表单时，这些内容将被作为请求参数提交到服务器。

　　HTML5 与 HTML4 相比，在表单方面进行了改进，不仅增加了与表单有关的元素，还增加了与表单和表单域有关的输入类型，本章将介绍 HTML5 表单的使用。

　　通过本章的学习，读者不仅可以熟悉表单的基本结构，还可以掌握 HTML5 中新增的有关表单的元素、属性和输入类型，能够通过使用 HTML 表单的内容熟练地构建 HTML 页面。

 本章学习要点

◎　了解设计表单时应遵循的原则
◎　掌握表单的基本结构
◎　掌握新增的输入类型的使用
◎　熟悉新增的两个表单属性
◎　掌握与新增 input 元素有关的属性
◎　熟悉对表单进行验证的几种方法

HTML5+CSS3+JavaScript 网页设计

3.1 重新认识 HTML 表单

表单可以用来在网页上显示特定的信息，但主要还是用来收集来自用户的信息，并将收集的信息发送给服务器端处理程序来处理。可以说，表单是客户端和服务器端沟通的桥梁，是实现用户与服务器互动的最主要方式。下面首先回顾一下表单的基础知识，包括表单的创建和基本元素等内容。

3.1.1 表单简介

Web 开发者经常提到的网页表单，就是指 HTML 表单。HTML 表单是 HTML 文档的一部分。HTML 文档可以包含普通的内容（例如标题、文字和列表等），也可以包含可视元素（例如文本框、密码框和下拉框等）。

一个好的表单可以为 Web 开发者节省许多工作，下面三点是设计表单时需要注意的原则。

- 尽量使用下拉列表供用户选择，因为列表容易使用，信息也容易处理。
- 如果不能以列表形式提供，那么应尽量使用户输入少量文本，这样只需要花费少量时间，用户易于接受，提供的数据也容易进行处理。
- 只有在必要时才要求用户输入大量文本，因为大量的文本将花费用户很多时间去填写，也将花费更多的时间去处理。一般情况下，用户是不愿意填写这么多信息的。

目前，表单的交互功能表现在多个方面：输入单行文本、输入多行文本、输入密码，从下拉列表中进行单项选择，从各列表项中选择一项或者多项，提交或者取消操作等。例如，图 3-1 中显示了一个网页的注册页面，该页面的注册信息通过表单来实现。

图 3-1　用户注册页面

3.1.2 表单标记

表单在网页中负责采集数据。一个表单有 3 个基本组成部分：表单元素、表单域和表单按钮。

- **表单元素**　包含处理表单数据所用的 URL 以及数据提交到服务器的方法。
- **表单域**　包含文本框、密码框、多行文本框、隐藏框、复选框、单选按钮以及下拉列表框和文件上传框等。
- **表单按钮**　包括提交按钮、取消操作按钮和一般按钮，用于将数据传送到服务器或者取消输入，还可以用表单按钮来控制其他定义了处理脚本的处理工作。

表单使用 form 元素进行定义，它是允许用户输入信息的容器。在表单中可以添加表单域和表单按钮，基本格式如下：

```
<form action="" enctype="" method="" name="" onsubmit="" onreset="">
    <!-- 添加表单域和表单按钮 -->
</form>
```

<form> 标记中可以包含多个元素，上述格式只是列出了几种常用属性，表 3-1 对这些常用属性进行了说明。

表 3-1　<form> 标记的常用属性

属性名称	说　　明
action	必需属性，用来指定当表单提交时要采取的动作。该属性的值一般是要对表单数据进行处理的相关程序地址，也可以是收集表单数据的 E-mail 地址，该地址所指向的服务器不一定与包含表单的网页是同一服务器，可以是位于任何地方的一台服务器，只要给出绝对地址即可
enctype	设置表单数据的内容类型
method	定义数据传送到服务器的方式，其常用值包括 GET（默认值）和 POST
name	定义表单的名称
onsubmit	主要是针对 submit 按钮来说的，执行提交操作
onreset	主要是针对 reset 按钮来说的，执行取消操作

3.1.3　基本表单元素

HTML 表单中主要包括 input、select、textarea、button、lable 等表单元素，下面对这些元素进行简单的介绍。

1. input 元素

input 元素可以用来定义单行输入文本框、输入密码框、单选按钮、复选框、隐藏控件和重置按钮等。input 元素是表单中功能最丰富的，它必须嵌套在表单标记中使用。input 元素有两个固定属性：name 和 type。

name 属性用于定义一个名称。下面主要介绍 type 属性，type 属性的值有以下几种

- **text**　定义单行的输入字段，用户可在其中输入文本，默认宽度为 20 个字符。
- **password**　定义密码字段，该字段中的字符为掩码。
- **checkbox**　定义复选框。
- **button**　定义可点击按钮（多数情况下，用于启动脚本）。
- **radio**　定义单选按钮。
- **reset**　定义重置按钮，重置按钮会清除表单中的所有数据。
- **submit**　定义提交按钮，提交按钮会把表单数据发送到服务器。

- **hidden**　定义隐藏的输入字段。
- **file**　定义输入字段，用于文件上传。
- **image**　定义图像形式的提交按钮。

2. select 元素

select 元素用于创建下拉菜单和列表框，它至少包含一个 option 元素。一般它将包含两个或者两个以上的 option 元素，因为下拉菜单和列表框中的每个选项都需要一个 option 元素来呈现。

3. textarea 元素

textarea 元素用来创建多行文本框（文本区域），用于接收访问者输入多于一行的文本，即它可以同时呈现多行数据。textarea 元素的使用格式如下：

```
<textarea rows=" 宽度 " cols=" 长度 ">
</textarea>
```

4. button 元素

button 元素用来创建图像按钮，也就是允许 Web 开发人员使用自己喜欢的图像来作

HTML5+CSS3+JavaScript　网页设计

为按钮，而不是使用浏览器所产生的按钮。这样可以将按钮与表单结合起来达到美化界面的效果。使用 button 创建图像按钮的具体格式如下：

```
<button name=" 按钮名称 " type=" 按钮类型 ">
</button>
```

5. label 元素

label 元素可用来把信息附属于其他元素，每个 label 元素精确地与一个表单元素相关联，而且可与多个元素关联。属性 for 是

该元素中很重要的一个属性，用于把 label 绑定在另一个元素上，属性 for 的值等于相关联元素的 id 属性值。它的格式如下：

```
<label for=" 相关联控件的 id 属性值 ">
</label>
```

图 3-2 中使用了上面介绍的大部分表单元素。例如，使用 input 定义表单中的单行输入文本框、输入密码框、单选按钮、复选框、隐藏控件、重置按钮及提交按钮，使用 select 定义下拉菜单和列表框，使用 textarea 创建多行文本框（文本区域）等。

图 3-2　使用 form 表单元素

3.2　新增输入类型

HTML5 相比 HTML4 有了很大的进步，它对 form 元素进行了大量的修改，添加了许多新的输入类型，如数字类型和邮箱类型。这些在 HTML4 中需要用代码才能完成，而且 HTML5 还提供了表单数据验证的方法。本节将详细介绍 HTML5 表单新增的输入类型。

3.2.1　url 类型

url 类型用作输入包含绝对 URL 地址的文本框。在提交表单时，会自动验证用户输入 url 文本框中的值，如果输入的值不合法则不允许提交，并且会有提示信息。url 类型的输入框适用于多种情况，如个人主页、百度地址和博客地址等。

【例 3-1】

url 类型的使用方式非常简单，下面为 url 的基本使用代码。

```
<form action="#" method="get">
    <div class="form-group">
        <label for="inputPassword3" class="col-sm-2 control-label"> 项目地址 </label>
            <div class="col-sm-10">
                <input type="url" class="form-control" id="url">
            </div>
        </div>
    <div class="xy_c3a_btn">
        <button type="button" class="btn btn-default active" data-dismiss="modal" aria-label="Close"> 取 消
</button>
        <input type="submit" value=" 确认 "   class="btn btn-info active"/>
    </div>
</form>
```

不同的浏览器对 url 类型输入框的要求有所不同。例如，图 3-3 所示的 Chrome 浏览器要求用户必须输入完整的 URL 地址，例如 "http://www.baidu.com"，并且允许地址前有空格。

图 3-3   Chrome 浏览器

提示

无论是本节介绍的 url 类型，还是后面几节介绍的其他类型，它们都不会自动验证输入框是否为空，而是在不为空的情况下验证用户输入的内容是否符合标准。简单来说，只有当输入框的内容不为空时，这些类型的输入框才会执行验证功能。

3.2.2   number 类型

number 类型用于输入数字的文本框。在提交表单时，会自动检查该输入框的内容是否为数字。当使用的浏览器不支持 number 类型时，会自动显示为一个普通的输入框。

【例 3-2】

在下面的表单中添加 number 类型的 input 元素作为 "施工数量"。代码如下：

```
<form action="#" method="get">
    <div class="form-group">
        <label class="col-sm-2   col-sm-offset-2 control-label"> 施工数量 </label>
```

```
<div class="col-sm-6">
    <input type="number" value="20" class="form-control">
</div>
    </div>
    <input type="submit" value=" 确定 " />
</form>
```

value 属性表示默认数字类型的值，如图 3-4 所示。此时可以在输入框中手动输入数值，也可以通过输入框后的按钮进行控制。

图 3-4　Chrome 浏览器效果

number 类型的输入框能够设置对所接受的数字的限定，除了 value 属性外，还可以结合其他的属性使用，这些属性的说明如下。

- **max**　指定输入框可以接受的最大的输入值。
- **min**　指定输入框可以接受的最小的输入值。
- **step**　输入域合法的间隔，如果不设置，默认值是 1。

【例 3-3】

对上个示例中的 input 元素进行更改，分别设置 min、max 和 step 属性的值。修改后的代码如下：

```
<input type="number" value="20" class="form-
control" value="20" min="10" max="110" step="5">
```

上述代码限制输入的最小数字是 10，最大数字是 110，并且要求数字间隔为 5。重新在浏览器中运行上述代码，当输入的数字不符合 number 类型的限制时将会弹出验证信息，如图 3-5 所示。

图 3-5　验证 number 类型

3.2.3　email 类型

email 类型是用于输入包含邮箱地址的文本框，该文本框与其他文本框在页面显示时没有区别。在提交表单时，会自动验证文本框中的内容是否符合邮箱地址格式，如果不符合，将提示相应的错误信息。

【例 3-4】

在下面的表单中添加 email 类型的 input 元素作为工程负责人的联系邮箱。代码如下：

```
<form action="#" method="get">
    <div class="form-group">
        <label class="col-sm-2　col-sm-offset-2 control-label"> 负责人邮箱 </label>
        <div class="col-sm-6">
            <input type="email" class="form-control">
        </div>
    </div>
        <input type="submit" value=" 确定 " />
</form>
```

在浏览器中运行上述代码并在页面中输入内容进行测试，不同的浏览器可能出现的效果也不同。如图 3-6 所示为 Chrome 浏览器验证效果。

图 3-6　验证 email 类型

👉 **提示** ————————

在某些情况下，并不限制用户只输入一个电子邮箱，如果用户存在多个邮箱，也允许用户输入多个。将邮箱地址输入框的 multiple 属性的值设置为 true 时，允许用户输入一串用逗号分隔的邮箱地址。

🔊 3.2.4　range 类型

range 类型是用于输入一定范围数值的文本框，并且可以设定对所接受值的限制条件。它的常用属性与 number 类型一样，通过 min 属性和 max 属性可以设置最小值与最大值（默认值分别为 0 和 100），通过 step 属性指定每次拖动的间隔值。

【例 3-5】

创建一个示例，为 input 元素添加 range 类型，并为其指定 min、max 和 step 属性的值，主要步骤如下。

01　创建 HTML 网页，并在该页面中分别添加 range 类型的 input 元素和 span 元素，前者指定输入范围，后者显示前一个输入框的值。相关代码如下：

```
<form action="#" method="get">
```

```
        <div class="form-group">
            <label for="inputPassword3" class="col-sm-2 control-label"> 优先级 </label>
                <div class="col-sm-10">
                    <input id="yxj" type="range" min="10" max="100" step="5" name="yxj"
onChange="GetValue()"/><span id="ipt_ret"></span>
                </div>
            </div>
        </form>
```

02 添加 GetValue() 函数的脚本代码,在这段代码中获取用户在 range 类型中设置的值,并显示到 span 元素中。代码如下:

```
<script>
function GetValue(){
    var v = $("#yxj").val();
    $("#ipt_ret").html(v);
}
</script>
```

03 如果浏览器不支持 range 类型,那么会在页面中显示一个普通输入框。在支持 range 类型的浏览器中,range 类型的输入框通常以滑动条的方式指定值。如图 3-7 所示为 Chrome 浏览器验证效果。

图 3-7　验证 range 类型

3.2.5　datepickers 类型

datepickers 类型是指日期类型,HTML5 提供了多个可供选取日期和时间的输入类型,用于验证输入的日期。表 3-2 对 HTML5 中新增的日期和时间输入类型进行了具体说明。

表 3-2　HTML5 新增日期和时间类型

日期和时间类型	说　　明
date	选取日、月、年
month	选取月、年
week	选取周和年

（续表）

日期和时间类型	说　明
time	选取时间（小时和分钟）
datetime	选取时间、日、月、年（UTC 时间）
datetime-local	选取时间、日、月、年（本地时间）

如果浏览器不支持表 3-2 列举的日期和时间类型，那么该类型的输入框在网页中显示为一个普通输入框。

【例 3-6】

创建一个网页，然后添加多个 input 元素，并使用表 3-2 列出的类型依次作为这些元素的 type 属性值。页面代码如下：

```
<table class="table-bordered">
        <tr>
                <td>date 类型：<input type="date" /></td>
                <td>month 类型：<input type="month" /></td>
        </tr>
        <tr>
                <td>week 类型：<input type="week" /></td>
                <td>time 类型：<input type="time" /></td>
        </tr>
        <tr>
                <td>datetime 类型：<input type="datetime" /></td>
                <td>month 类型：<input type="datetime-local" /></td>
        </tr>
</table>
```

在浏览器中运行上述代码观察效果，如图 3-8 为 Chrome 浏览器的显示效果。从图 3-8 中可以看出，该浏览器不支持 datetime 输入类型，因此显示效果与普通输入框相同。对于支持的类型，用户可以在输入框中输入内容，也可以单击输入框之后的按钮进行选择，如图 3-9 所示为 date 类型效果，如图 3-10 所示为 week 类型效果。

图 3-8　Chrome 浏览器初始效果

图 3-9　date 类型效果

图 3-10　week 类型效果

63

3.2.6　color 类型

color 类型用于实现 RGB 颜色选择器，其基本形式是 #RRGGBB，默认值是 #000000。如果浏览器支持 color 类型，那么用户在单击时能够弹出一个颜色选择器供其选择。如果浏览器不支持 color 类型，那么在网页中显示为一个普通输入框。

【例 3-7】

在 HTML 网页中添加两个 color 输入类型的 input 元素，其中第一个不指定 value 值，第二个指定 value 属性值为 #FF3E96，然后添加一个"提交"按钮。代码如下：

```
<form action="#" method="get">
    <input name="color1" type="color" />
    <input name="color2" type="color" value="#FF3E96" />
    <input type="submit" value=" 提交 " />
</form>
```

在浏览器中运行上述代码，如图 3-11 所示为 color 类型的显示效果，直接单击颜色按钮会弹出如图 3-12 所示的"颜色"对话框。

图 3-11　color 类型的显示效果

图 3-12　"颜色"对话框

3.2.7　tel 类型

tel 类型用于实现电话号码的输入，但是电话号码的格式很多，很难实现一个通用的格式。因此，tel 类型通常会和 pattern 属性配合使用。

【例 3-8】

在 HTML 网页中添加表示手机号码的 tel 输入类型，并通过 pattern 属性限制电话号码的格式为 11 位数字。代码如下：

```
<form action="#" method="get">
    手机号码：<input name="telephone" type="tel" pattern="^\d{11}$"/>
    <input type="submit" value=" 提交 " />
</form>
```

在浏览器中运行上述代码，在页面中输入内容进行测试。如图 3-13 所示为 Chrome 浏览器的测试效果。

图 3-13　tel 类型的显示效果

3.2.8　search 类型

search 类型是一种专门用于输入搜索关键词的输入框，它能自动记住一些字符，例如站点搜索或者 Google 搜索。如果浏览器不支持 search 输入类型，那么会在网页中显示为一个普通输入框；如果浏览器支持 search 输入类型，在用户输入内容后，会在右侧附带一个删除图标的按钮，单击这个图标按钮可以快速清除内容。

【例 3-9】

在 HTML 表单元素中添加一个 search 类型的输入框和一个提交按钮。页面代码如下：

```
<form action="#" method="get">
    关键字：<input type="search" name="searchinfo" />
    <input type="submit" value=" 提交 " />
</form>
```

在浏览器中运行本示例的代码，如图 3-14 所示为输入内容时的效果，图 3-15 所示为搜索时的效果。

图 3-14　输入内容时的效果　　　　　图 3-15　搜索时的效果

3.3　新增属性

掌握 HTML5 新增输入类型的使用方法之后，本节将介绍 HTML5 中新增的一系列与表单和输入有关的属性。

3.3.1　表单类属性

简单来说，表单类属性就是与 form 元素有关的属性。HTML5 新增了 autocomplete 属性和 novalidate 属性两个表单类属性。

1. autocomplete 属性

atuocomplete 属性用于指定所有的表单控件是否应该拥有自动完成功能。该属性的值有 on 和 off。如果将属性值指定为 on，表示执行自动完成功能；如果将属性值指定为 off，则表示关闭自动完成功能。

无论是 form 元素还是多个类型的 input 元素，都可以使用 autocomplete 属性，使用该属性时的注意事项如下。

- input 元素要位于 form 表单中，并且要指定 name 属性，表单必须包含 submit 提交按钮。
- 默认情况下，text 类型的 input 元素含有 autocomplete 为 on 的属性，如果要取消自动完成，那么需要将 autocomplete 指定为 off。
- 浏览器自动记忆的值为已提交的值，并且这些值的顺序为提交的先后顺序。
- 浏览器自动记忆的值是以标记的 name 属性为标准的。也就是说，如果表单中的 input 标记有相同的 name，那么就有相同的自动完成列表（与是否在同一个 form 中和是否在同一个网页中无关）。
- 自动完成列表信息没有存放在浏览器缓存中。

【例 3-10】

为页面中的 <form> 标记指定 autocomplete 属性，并将该属性的值指定为 on，然后在表单中添加两个输入框和一个按钮。页面代码如下：

```
<form id="formOne" autocomplete="on">
    用户名：<input    type="text" id="autoFirst" name="autoFirst"/><br/><br/>
    昵     称：<input type="text" id="autoSecond" name="autoSecond" /><br/><br/>
    <input type="submit" value=" 提交 " />
</form>
```

在页面中输入内容并提交，测试的效果如图 3-16 和图 3-17 所示。

图 3-16　用户名自动完成的效果

图 3-17　昵称自动完成的效果

autocomplete 属性不仅可以用于 form 元素，还可以用于所有类型的 input 元素。可以更改例 3-10 中的代码，将"昵称"文本框的 autocomplete 属性的值设置为 off。这时页面代码如下：

```
<form id="formOne" autocomplete="on">
    用户名：<input    type="text" id="autoFirst" name="autoFirst"/><br/><br/>
    昵     称：<input type="text" autocomplete="off" id="autoSecond" name=
"autoSecond" /><br/><br/>
```

```
        <input type="submit" value=" 提交 " />
    </form>
```

在上述代码中，为 <form> 标记指定 autocomplete 属性的值为 on，表示 form 元素中的两个输入框都实现自动完成功能。同时，又为"昵称"输入框指定了 autocomplete 属性，并且该属性的值为 off，表示该输入框不开启自动完成功能。

重新在浏览器中运行上述代码进行测试，观察 autocomplete 属性的实现效果，如图 3-18 和图 3-19 所示分别为两个输入框的效果。从这两个图中可以发现，"用户名"输入框依旧会实现自动完成功能，而"昵称"输入框关闭了自动完成功能。

图 3-18　"用户名"输入框可以自动完成输入

图 3-19　"昵称"输入框不能自动完成输入

技巧

各个浏览器对 autocomplete 属性支持的列表个数有差异，例如 Google 浏览器和 Opera 浏览器记忆最近 6 个按输入顺序先后显示，超出之后按照输入值提交的次数降序显示 6 个。Firefox 浏览器对自动完成列表数据的个数没有限制，按提交的先后顺序显示，超出部分滚动显示。

2. novalidate 属性

简单来说，novalidate 属性用于取消表单验证。为表单设置该属性后会关闭整个表单的有效性检查，这样就不再对 form 内所有表单控件进行验证。

除了可以指定 form 元素的 novalidate 属性取消验证外，还有两种取消验证的方法，说明如下。

- 利用 input 元素的 formnovalidate 属性可以让表单验证对单个 input 元素失效。
- 为 submit 类型的按钮指定 formnovalidate 属性，在用户单击按钮时相当于使用 form 元素的 novalidate 属性，这会导致整个表单验证都失效。

3.3.2　输入类属性

HTML5 提供了一系列与 input 元素有关的属性，为 input 元素指定这些属性可以实现不同的功能。具体来说，HTML5 新增的与 input 元素有关的属性包括 autocomplete 属性、autofocus 属性、form 属性、表单重写属性（formaction、formenctype、formmethod、formnovalidate 和 formtarget）、width 和 height 属性、list 属性、min 属性、max 属性、step 属性、multiple 属性、pattern 属性、placeholder 属性以及 required 属性。

在上述属性中，有些属性在前面已经提到并使用过，例如 autocomplete 属性、min 属性、max 属性和 step 属性。下面介绍其他几种常用的属性。

1. autofocus 属性

autofocus 属性用于指定页面加载后是否自动获取焦点，一个页面上只能有一个元素指定 autofocus 属性。autofocus 属性适用于所有类型的 <input> 标记，该属性的值是一个布尔值，将标记的属性值指定为 true 时，表示页面加载完毕后会自动获取焦点。

【例 3-11】

下面的示例代码为昵称输入框添加 autofocus 属性，当页面加载完毕后会直接将焦点放在昵称输入框。

```
昵     称：
<input type="text" autocomplete="off" id="autoSecond" name="autoSecond" autofocus="true" />
```

2. multiple 属性

multiple 属性用于指定输入框可以选择多个值，该属性适用于 email 和 file 类型的 input 元素。multiple 属性用于邮箱类型的 input 元素时，表示可以在文本框中输入多个邮箱地址，多个地址之间用逗号进行分隔；multiple 属性用于 file 类型的 input 元素时，表示可以选择多个文件。

【例 3-12】

创建一个示例演示 multiple 属性在 email 类型和 file 类型的 input 元素中的使用，基本实现步骤如下。

`01` 在包含 form 元素的 HTML 页面中添加两个 input 元素，分别指定该标记的 type 属性为 email 和 file。代码如下：

```
<form id="formOne">
    <div class="form-group">
        <label for="inputPassword3" class="col-sm-2 control-label"> 可见人员 </label>
        <div class="col-sm-10">
            <input type="email" name="myemail" class="form-control" /> 多个之间使用逗号进行分隔
        </div>
    </div>
    <div class="form-group">
        <label for="inputPassword3" class="col-sm-2 control-label"> 相关文档 </label>
        <div class="col-sm-10">
            <input type="file" name="myfile"    />
        </div>
    </div>
    <input type="submit" value=" 提交 " />
</form>
```

`02` 在浏览器中运行上述页面查看效果。从图 3-20 中可以看出，不指定 multiple 属性而输入多个电子邮箱时会自动验证并提示错误。这时，更改上一步骤中的代码，为两个 input 元素添加 multiple 属性。修改后的代码如下：

```
<input type="email" name="myemail" class="form-control" multiple="true"/>
<input type="file" name="myfile" multiple="true" />
```

03　重新运行上述代码查看效果，并输入内容进行测试。此时既可以输入多个邮箱地址，也可以选择多个文件，如图 3-21 所示。

图 3-20　应用 multiple 属性前

图 3-21　应用 multiple 属性后

3. pattern 属性

在 3.2.7 节介绍 tel 输入类型时已经使用过 pattern 属性，该属性用于指定 input 元素中内容的验证模式，即正则表达式。pattern 属性适用于类型是 text、search、url、tel、email 和 password 的 input 元素。

【例 3-13】

创建一个会员注册表单，并使用 pattern 属性对输入的信息进行有效性检查，实现步骤如下。

01　第一行让用户输入姓名，要求用户的姓名必须是汉字，而且长度小于 12，大于 2。代码如下：

```
<form id="formOne">
    <table class="table-bordered">
    <tr>
            <td align="right" width="20%"> 姓名：</td>
            <td><input type="text" name="username" pattern="^[\u4e00-\u9fa5\uf900-\ufa2d]{1,11}$" />
（汉字，只能包含中文字符（长度小于 12，大于 2））</td>
    </tr>
    </table>
    <input type="submit" value=" 提交 " />
</form>
```

02　第二行让用户输入 QQ 号码，要求是 5 位以上的数字。代码如下：

```
<tr>
    <td align="right">QQ 号码：</td>
    <td><input type="text" name="myqq" pattern="^[1-9][0-9]{4,}$" />（从 10000 开始）</td>
</tr>
```

03 第三行提示用户输入固定的电话号码,形式是 ××××-×××××× 或者 ×××-××××××××。代码如下:

```
<tr>
    <td align="right"> 固定电话: </td>
    <td><input type="tel" name="mytel" pattern="\d{3}-\d{8}|\d{4}-\d{7}"/>（国内电话号码(0511-4405222、021-87888822)）</td>
</tr>
```

04 继续提示用户输入手机号码,并且要求用户输入的手机号码以 13、14、15 或 18 开头。代码如下:

```
<tr>
    <td align="right"> 手机号码: </td>
    <td><input type="text" name="myphone" pattern="^(13[0-9]|14[5|7]|15[0|1|2|3|5|6|7|8|9]|18[0|1|2|3|5|6|7|8| 9])\d{8}$"/>（以 13、14、15、18 开头的电话号码）</td>
</tr>
```

05 添加输入身份证号的输入框,并且要求输入的身份证号合法。页面代码如下:

```
<tr>
    <td align="right"> 身份证号: </td>
    <td><input type="text" name="mycard"    pattern="^\d{15}|\d{18}$"/>（15 位或 18 位身份证号）</td>
</tr>
```

06 添加用于执行提交操作的按钮,具体代码不再显示。

07 运行页面查看效果,输入内容后单击"提交"按钮进行测试,如果内容为空则表示忽略验证。如图 3-22 所示为验证姓名效果,如图 3-23 所示为验证 QQ 号码效果,如图 3-24 所示为验证固定电话效果,如图 3-25 所示为验证身份证号效果。

图 3-22　验证姓名效果

图 3-23　验证 QQ 号码效果

图 3-24 验证固定电话效果

图 3-25 验证身份证号效果

正则表达式是一个以"^"表示开头,以"$"表示结尾的表达式。除了本示例介绍的这些表达式外,使用 pattern 属性还可以指定正则表达式匹配其他信息。例如,在表 3-3 中列出了常用的正则表达式及其说明。

表 3-3 常用的正则表达式

正则表达式	说　　明
^[0-9]*$	数字
^\d{n}$	n 位的数字
^\d{n,}$	至少 n 位数字
^\d{m,n}$	m—n 位数字
^([1-9][0-9]*)+(.[0-9]{1,2})?$	非零开头的最多带两位小数的数字
^(\-|\+)?\d+(\.\d+)?$	正数、负数和小数
^\d+$ 或 ^[1-9]\d*|0$	非负整数
^-[1-9]\d*|0$ 或 ^((-\d+)|(0+))$	非正整数
^[\u4e00-\u9fa5]{0,}$	汉字
^[A-Za-z0-9]+$ 或 ^[A-Za-z0-9]{4,40}$	英文和数字
^[A-Za-z]+$	由 26 个英文字母组成的字符串
^[A-Za-z0-9]+$	由数字和 26 个英文字母组成的字符串
^\w+$ 或 ^\w{3,20}$	由数字、26 个英文字母或者下划线组成的字符串
^[\u4E00-\u9FA5A-Za-z0-9_]+$	中文、英文、数字,包括下划线

HTML5+CSS3+JavaScript　网页设计

71

（续表）

正则表达式	说　明
^[\u4E00-\u9FA5A-Za-z0-9]+$ 或 [\u4E00-\u9FA5A-Za-z0-9]{2,20}$	中文、英文、数字，不包括下划线等符号
^\w+([-+.]\w+)*@\w+([-.]\w+)*\.\w+([-.]\w+)*$	E-mail 地址
[a-zA-z]+://[^\s]* 或 ^http://([\w-]+\.)+[\w-]+(/[\w-./?%&=]*)?$	URL 地址
^([0-9]){7,18}(x|X)?$ 或 ^\d{8,18}|[0-9x]{8,18}|[0-9X]{8,18}?$	以数字、字母 x 结尾的短身份证号
^[a-zA-Z][a-zA-Z0-9_]{4,15}$	账号合法性检查（字母开头，允许 5 ~ 16 字节，允许字母、数字、下划线）
^[a-zA-Z]\w{5,17}$	密码（以字母开头，长度为 6 ~ 18，只能包含字母、数字和下划线）

4. placeholder 属性

placeholder 属性用于描述输入框所期待的值。placeholder 属性适用于类型是 text、search、url、tel、email 以及 password 的 input 元素。

在使用 placeholder 属性时，其内容将在输入框为空时显示，在输入框获得焦点时消失。

【例 3-14】

在上个示例的基础上进行更改，分别为"姓名"和"QQ 号码"输入框指定 placeholder 属性。相关代码如下：

```
<input type="text" name="username" pattern="^[\u4e00-\u9fa5\uf900-\ufa2d]{1,11}$" placeholder=" 例如：张小峰或欧莲芝 " />
<input type="text" name="myqq" pattern="^[1-9][0-9]{4,}$" placeholder=" 12345678" />
```

在浏览器中运行上述代码查看效果，如图 3-26 所示。

图 3-26　placeholder 属性的使用效果

5. required 属性

在 3.2 节中介绍的 HTML5 新增的输入类型，并不会自动判断用户是否在输入框中输入了内容，只有在输入框中输入内容时才会进行判断。如果开发者要求某个输入框的内容是必须填写的，那么可以为 input 元素指定 required 属性。

required 属性用于指定必须在提交之前填写输入框，即输入框不能为空。例如，用户登录时要求必须输入用户名和密码，这时可以为它们指定 required 属性。

【例 3-15】

继续在上个示例的基础上添加代码，为"姓名"和"手机号码"的 input 元素指定 required 属性。相关代码如下：

```
<input type="text" name="username" pattern="^[\u4e00-\u9fa5\uf900-\ufa2d]{1,11}$" placeholder=" 例
如：张小峰或欧莲芝 " required />
<input type="tel" name="mytel" pattern="\d{3}-\d{8}|\d{4}-\d{7}" required />
```

在浏览器中直接单击"提交"按钮查看测试效果，此时会按顺序验证"姓名"和"手机号码"的非空性，如果为空则会显示错误信息，如图 3-27 所示。

图 3-27　required 属性的使用

3.4　表单元素

HTML5 新增了 3 个与表单有关的元素，分别是 datalist、keygen 和 output，下面将分别对这 3 个元素进行介绍。

3.4.1　datalist 元素

datalist 元素可以定义一个选项列表，它通常和 input 元素配合使用，从而定义 input 元素可能出现的一些值。使用 datalist 元素时首先要通过 id 属性为其指定一个唯一的标识，然后为 input 元素添加 list 属性，将 list 属性值设置为 datalist 元素对应的 id 属性值。

【例 3-16】

下面创建一个示例，演示 input 元素与 datalist 元素关联前后的效果。假设，表单中原来有一个以下的 input 元素。

```
<span class="form-group">
    <label> 设备制造商 </label><br>
    <input type="text" class="form-control" name="made_name_key" >
</span>
```

如上述代码所示，这是一个很普通的文本类型的 input 元素，它可以为空，也可以输入任何内容。在浏览器中的效果如图 3-28 所示。

接下来使用 datalist 元素定义一个数据源列表，然后将元素绑定到上面的 input 元素。这部分代码如下：

```
<input type="text" class="form-control" name="made_name_key" list="madelist">
<datalist id="madelist">
    <option> 飞梦 </option>
    <option> 瑞百瑞 </option>
    <option> 沃众 </option>
    <option> 火木 </option>
    <option> 捷辉 </option>
    <option> 蓝宇 </option>
</datalist>
```

重新运行上述代码，观察 input 元素的效果，此时用户既可以手动输入内容，也可以从下拉列表中选择内容，如图 3-29 所示。

图 3-28　使用 datalist 元素前的效果

图 3-29　使用 datalist 元素后的效果

3.4.2　keygen 元素

keygen 元素是密钥生成器，作用是提供一种验证用户的可靠方法。当用户提交表单时会生成两个键：一个是私钥，它存储在客户端；另一个是公钥，它被发送到服务器。其中，公钥可用于之后验证用户的客户端证书。keygen 元素的常用属性及其说明如表 3-4 所示。

表 3-4　keygen 元素常用属性

属性名称	说　明
autofocus	使 keygen 字段在页面加载时获得焦点

（续表）

属性名称	说　明
challenge	如果使用，则将 keygen 的值设置为在提交时询问
disabled	禁用 keytag 字段
form	定义 keygen 字段所属的一个或者多个表单
keytype	定义 keytype。由 rsa 生成 RSA 密钥
name	定义 keygen 元素的唯一名称。name 属性用于在提交表单时搜集字段的值

【示例 2】

继续在上个示例的基础上添加代码，演示 keygen 元素的使用。相关代码如下：

```
<p>
    <label> 安全性：</label>
    <keygen name="security"></keygen>
</p>
```

在浏览器中运行上述代码查看效果，如图 3-30 所示。

图 3-30　keygen 元素的使用效果

3.4.3　output 元素

output 元素必须属于某个表单，或者通过属性指定到某个表单。output 元素可以显示不同类型表单元素的内容，并且该元素可以与 input 元素建立关联，当 input 元素的值改变时会自动触发 JavaScript 事件，这样就可以十分方便地查到表单中各元素的输入内容。

ouput 元素有一个 oninput 事件，它在关联的内容发生变化时触发。output 元素主要有以下三个属性。

- **for**　定义输出域相关的一个或多个元素。
- **form**　定义输入字段所属的一个或多个表单。
- **name**　定义对象的唯一名称（表单提交时使用）。

【例 3-17】

使用 output 元素计算表单中的商品单价和购买数量两个数字相乘的结果，并将结果显示到表单中。实现代码如下：

```
<form  action="#"  oninput="sum.value=parseInt(num1.value)*parseInt(num2.value)">
    <h1> 购物结算 </h1>
    <p>
        <label for="username" class="uname" data-icon="u" > 商品单价：</label>
        <input type="number" name="num1" value="0"/>
    </p>
```

```
    <p>
        <label for="password" class="youpasswd" data-icon="p"> 购买数量： </label>
        <input type="number" name="num2" value="0"/>
    </p>
    <p class="login button"> 总价：
        <button type="button" value=" 确 定 " ><output name="sum" for="num1 num2"></output>
</button>
    </p>
</form>
```

在上述代码中要注意 form 元素的 oninput 事件，在该事件中获取所需的数据并执行乘法运算，最后显示 name 属性值到 sum 的元素（即 output 元素）中。在 Chrome 浏览器中查看效果，如图 3-31 所示。

图 3-31　使用 output 元素的效果

3.4.4　optgroup 元素

一般情况下，下拉菜单只允许有一种类型的选项，而且不能对各种类型的选项进行组合，而使用 optgroup 元素则可以对不同类型的选项进行组合。

optgroup 元素主要有两个属性：label 属性用于定义选项组的名称，disabled 属性用于在其首次加载时禁用该选项组。

【例 3-18】

下面使用 optgroup 元素定义一个会员登录时选择角色的下拉列表，并将列表中的选项分为总部、南区分部和朝阳分部三个组。代码如下：

```
<p>
<label > 角色： </label>
<select>
<optgroup label=" 总部 ">
<option value ="1"> 系统管理员 </option>
<option value ="2"> 区域管理员 </option>
```

```
<option value ="3"> 网格长 </option>
</optgroup>
<optgroup label=" 南区分部 ">
<option value ="4"> 财务专员 </option>
<option value ="5"> 人力管理 </option>
</optgroup>
<optgroup label=" 朝阳分部 ">
<option value ="6"> 信息管理员 </option>
<option value ="7"> 网络运维 </option>
<option value ="8"> 售后 </option>
</optgroup>
</select>
</p>
```

在 Chrome 浏览器中的运行效果如图 3-32 所示。

图 3-32　使用 optgroup 元素的效果

3.5　表单验证

通过前面几节的学习，我们知道 HTML5 新增了大量的输入类型和表单属性，同时也加强了对表单元素的验证功能。表单验证是一套系统，通过对元素内容进行本地的有效性验证，避免了重复提交，同时也减轻了服务器的处理压力。

根据验证的提交方式可以分为自动验证、显式验证和自定义验证 3 种，当然还可以取消验证，下面依次介绍这几种操作的实现。

3.5.1　自动验证

自动验证功能是 HTML5 表单的默认验证方式，它会在表单提交时执行自动验证，如果验证不通过将无法提交。

如果要对输入的内容进行有效性验证，则可以使用下面的属性。

- **required 属性**　限制在提交时元素内容不能为空。
- **pattern 属性**　通过正则表达式限制元素内容的格式，不符合格式则不允许提交。
- **min 属性和 max 属性**　限制数字类型输入范围的最小值和最大值，不在范围内不允许提交。
- **step 属性**　限制元素的值每次增加或者减少的基数，不是基数倍数时不允许提交。

【例 3-19】

使用自动验证方式创建一个 form 表单，在表单中添加 4 个 input 元素，分别用于输入昵称、登录密码、确认密码和验证邮箱。具体代码如下：

```
<form    action="mysuperscript.php" autocomplete="on">
    <h1> 会员注册 </h1>
    <p>
```

```
        <label for="usernamesignup" class="uname" data-icon="u"> 昵称 </label>
        <input id="usernamesignup" name="usernamesignup" required="required" type="text"
placeholder=" 字母和数字组成 " />
    </p>
    <p>
        <label for="emailsignup" class="youmail" data-icon="e" > 验证邮箱：</label>
         <input id="emailsignup" name="emailsignup" required="required" type="email"
placeholder="mysupermail@mail.com"/>
    </p>
    <p>
        <label for="passwordsignup" class="youpasswd" data-icon="p"> 登录密码：</label>
        <input id="passwordsignup" name="passwordsignup" required="required" type="password"
placeholder="eg.X8df!90EO" pattern="\w{6,12}"/>
    </p>
    <p>
        <label for="passwordsignup_confirm" class="youpasswd" data-icon="p"> 确认密码：</label>
        <input id="passwordsignup_confirm" name="passwordsignup_confirm" required="required"
type="password" placeholder="eg.X8df!90EO"/>
    </p>
    <p class="signin button"><input type="submit" value=" 确定 "/> </p>
</form>
```

在浏览器中运行页面，直接单击"确定"按钮查看验证效果，并根据提示对内容进行输入，效果如图 3-33 所示。

图 3-33　单击"确定"按钮提交表单时的验证效果

3.5.2 显式验证

除了使用表单的自动验证方式之外，在 HTML5 中还可以调用 checkValidity() 函数显式地对表单中的所有元素内容或者单个元素内容进行有效性验证。

HTML5 中的 form 元素、input 元素、select 元素和 textarea 元素都具有 checkValidity() 函数，checkValidity() 函数以布尔值的形式返回验证结果，如果是 true 表示验证通过，否则表示验证失败。另外，form 元素和 input 元素都存在一个 validity 属性，这个属性返回 ValidityState 对象。

【例 3-20】

创建一个会员登录表单，将表单的 novalidate 属性设置为 true，然后在提交时手动对昵称和密码的非空性进行验证。代码如下：

```
<form   action="#"   novalidate="true">
    <h1> 会员登录 </h1>
    <p>
        <label for="username" class="uname" data-icon="u" > 昵称：</label>
        <input   name="username"   type="text" placeholder=" 会员昵称 " id="uname" required />
    </p>
    <p>
        <label for="password" class="youpasswd" data-icon="p"> 密码：</label>
        <input   name="password"   type="password" placeholder=" 登录密码 " id="upass" required />
    </p>
    <p class="login button">
        <input type="button" value=" 确定 " onclick="check()"/>
    </p>
</form>
```

从上述代码中可以看到，表单禁用了验证功能，因此表单提交时昵称和密码都有可能为空。为了避免这种情况，需要在单击"确定"按钮时对它们的非空性进行验证，该功能由check() 函数实现。check() 函数的代码如下：

```
<script>
function check(){
    var uname = document.getElementById('uname');
    var upass = document.getElementById('upass');
    if(!uname.checkValidity())
      {
        alert(" 昵称不能为空！ ");
        uname.focus();
        return false;
      }
    if(!upass.checkValidity())
      {
```

```
            alert(" 密码不能为空！");
            upass.focus();
            return false;
        }
    }
    </script>
```

在浏览器中运行页面，登录表单的初始效果如图 3-34 所示，图 3-35 为验证密码时的效果。

图 3-34　登录表单的初始效果　　　　　　　图 3-35　验证密码时的效果

3.5.3　自定义验证

HTML5 不仅提供了自动验证和显示验证，同时还提供了对 input 元素的输入内容进行有效性检查的功能，如果检查不通过，浏览器会显示错误的提示信息。但是很多时候开发人员希望使用自定义的信息作为错误提示，这时就需要使用 setCustomValidity() 函数。

setCustomValidity() 函数适用于 HTML5 中的所有 input 元素，通常都是结合 JavaScript 脚本来调用 setCustomValidity() 函数。例如，要验证表单中密码的长度是否符合规定的长度，JavaScript 代码如下：

```
<script type="text/javascript" language="javascript">
        function check(){
            var uname = document.getElementById("uname");
            var upass = document.getElementById("upass");
            if(upass.value.length < 6)                          // 判断密码长度是否正确
            {
                upass.setCustomValidity(" 请输入 6 位以上密码，忘记请使用找回功能 ");
            }
```

```
            else{
                upass.setCustomValidity("");
            }
        }
</script>
```

如图 3-36 所示为表单提交时显示自定义验证信息的效果。

图 3-36　自定义验证信息

3.5.4　取消验证

HTML5 为表单增加了一个 novalidate 属性，该属性用于取消对表单全部元素的有效性验证。默认情况下，该属性的值为 false，则在提交时对每个元素都进行内容检查，只有所有元素都相符，表单才能提交，否则就会提示错误信息。

如果不想对表单元素进行验证，可以为 form 添加 novalidate 属性，并设置值为 true，从而使表单提交时的验证失效。代码如下：

```
<form id="form1" name="form1" method="post" action="#" novalidate="true">…</form>
```

提示

如果只是想让表单中的某个元素不被验证，也可以使用该属性。

3.6　实践案例：设计用户录入表单

HTML5 的出现使得在表单交互过程中，程序对数据的验证不再需要程序员编写大量的 JavaScript 代码，提高了开发的效率。

本案例将综合本章所学的知识设计一个用户录入表单，加深读者对这些知识的理解。如图 3-37 所示为用户录入表单的最终效果。

图 3-37 用户录入表单的最终效果

主要实现步骤如下。

[01] 新建一个 HTML5 页面，在合适位置添加一个 form 表单。在表单中添加用于输入用户真实姓名的 input 元素，代码如下：

```html
<form    action="#" method="get">
    <div class="form-group">
        <label class="col-sm-2    col-sm-offset-2 control-label"> 真实姓名 </label>
        <div class="col-sm-6">
            <input id="uname" type="text" class="form-control"    placeholder=" 请输入真实姓名 " autofocus
required>
        </div>
    </div>
</form>
```

如上述代码所示，input 元素的 autofocus 属性使页面打开后自动获得焦点，required 属性限制真实姓名不能为空，placeholder 属性显示了一个提示用户输入内容的信息。

[02] 添加用于设置登录密码的 input 元素，要求密码不能为空，并且长度为 6 ~ 15 位。代码如下：

```
<div class="form-group">
    <label class="col-sm-2  col-sm-offset-2 control-label"> 登录密码 </label>
    <div class="col-sm-6">
        <input id="upass" type="password"  class="form-control" placeholder=" 请输入登录密码 "
pattern="\w{6,15}" required >
    </div>
</div>
```

03 添加用于选择用户角色的单选按钮组，代码如下：

```
<div class="form-group">
    <label class="col-sm-2  col-sm-offset-2 control-label"> 角色 </label>
    <div class="col-sm-6 ">
        <label> <input type="radio"  name="role"  />   系统管理员 </label>
        <label> <input type="radio"  name="role"  />   网格长 </label>
        <label> <input type="radio"  name="role"  />   区域负责人 </label>
    </div>
</div>
```

04 添加用于设置用户所在部门的下拉列表，代码如下：

```
<div class="form-group">
    <label class="col-sm-2  col-sm-offset-2 control-label"> 部门 </label>
    <div class="col-sm-6 ">
        <select id="province" class="form-control">
        <optgroup label=" 总公司 ">
        <option > 市场 </option>
        <option> 要客 </option>
        <option> 综合 </option>
        </optgroup>
        <optgroup label=" 东区 ">
        <option > 党群 </option>
        <option> 人力 </option>
        <option> 财务 </option>
        </optgroup>
        </select>
    </div>
</div>
```

如上述代码所示，在 select 元素中嵌入 optgroup 元素将部门分为"总公司"和"东区"两组。

05 添加用于输入用户联系电话的 input 元素，要求不能为空，且必须是手机格式或者固定电话格式。代码如下：

```
<div class="form-group">
  <label class="col-sm-2    col-sm-offset-2 control-label"> 联系电话 </label>
  <div class="col-sm-6">
    <input id="uphone" class="form-control" type="telephone"    pattern="^\d{3}-\d{8}|\d{4}-\d{7}$"
name="telephone" placeholder=" 请输入固定电话或者手机号码 " required>
  </div>
</div>
```

06 添加用于输入用户联系邮箱的 input 元素，要求不能为空，且允许输入多个值。代码如下：

```
<div class="form-group">
  <label class="col-sm-2    col-sm-offset-2 control-label"> 联系邮箱 </label>
  <div class="col-sm-6">
    <input type="email" class="form-control" placeholder=" 请 输 入 有 效 的 电 子 邮 箱 " multiple
required>
  </div>
</div>
```

07 使用 date 类型的 input 元素实现一个设置用户出生日期的选项。代码如下：

```
<div class="form-group">
  <label class="col-sm-2    col-sm-offset-2 control-label"> 出生日期 </label>
  <div class="col-sm-6">
    <input type="date" class="form-control" required/>
  </div>
</div>
```

08 添加一个允许用户选择多个照片进行上传的 input 元素。代码如下：

```
<div class="form-group">
  <label class="col-sm-2    col-sm-offset-2 control-label"> 证件照片 </label>
  <div class="col-sm-6">
    <input type="file" name="images" class="form-control"    multiple="multiple" />
  </div>
</div>
```

09 添加用于设置用户就职日期的选项。代码如下：

```
<div class="form-group">
  <label class="col-sm-2    col-sm-offset-2 control-label"> 就职日期 </label>
  <div class="col-sm-6">
    <input type="text" id="nYear"    maxlength="4" placeholder=" 请输入年份 "/>       年
```

```
    <select id="nMonth" >
        <option value="" selected="selected">[ 选择月份 ]</option>
        <option value="0"> 一月 </option>
        <option value="1"> 二月 </option>
        <option value="2"> 三月 </option>
        <option value="3"> 四月 </option>
        <option value="4"> 五月 </option>
        <option value="5"> 六月 </option>
        <option value="6"> 七月 </option>
        <option value="7"> 八月 </option>
        <option value="8"> 九月 </option>
        <option value="9"> 十月 </option>
        <option value="10"> 十一月 </option>
        <option value="11"> 十二月 </option>
    </select>    月
    <input id="nDay"    type="number" min="1" max="31" step="1"/> 日 </div>
</div>
```

在上述代码中，maxlength 属性限制年份最大是 4 位数字；月份是一个下拉列表；日期的最小值是 1，最大值是 31。

10　经过前面几个步骤的设计，用户资料的录入表单就制作完成了。最后，向表单中添加一个用于提交的按钮，代码如下：

```
<div class="form-group">
    <div class="col-sm-5" style="padding:10px">
        <button type="submit" class="btn btn-primary btn-block btn-md" onclick="check()"> 确 定 </button>
    </div>
</div>
```

11　在单击"确定"按钮提交时会先执行 check() 函数，该函数用于对真实姓名、密码和联系电话进行自定义验证，代码如下：

```
<script>
    function check(){
        var uname = document.getElementById('uname');
        var upass = document.getElementById('upass');
        var uphone = document.getElementById('uphone');
        if(uname.validity.valueMissing)
        {
            uname.setCustomValidity(" 员工真实姓名不能为空 ");
        }
        else{
```

HTML5+CSS3+JavaScript　网 页 设 计

```
            uname.setCustomValidity("");
        }
        if(upass.validity.valueMissing || upass.validity.patternMismatch == true)
        {
            upass.setCustomValidity(" 请输入 6 至 15 位的密码 ");
        }
        else{
            upass.setCustomValidity("");
        }
        if(uphone.validity.valueMissing || uphone.validity.patternMismatch == true)
        {
            uphone.setCustomValidity(" 支持格式：XXX-XXXXXXXX 和 XXXX-XXXXXXX");
        }
        else{
            uphone.setCustomValidity("");
        }
    }
</script>
```

12 保存以上对页面的修改，然后在浏览器中查看效果。如图 3-38 所示为密码不符合条件时的自定义验证提示，图 3-39 所示为部门选择时的效果，图 3-40 所示验证邮箱时的提示，图 3-41 所示为设置就职日期的效果。

图 3-38　验证密码效果

图 3-39　部门选择效果

图 3-40　验证邮箱效果

图 3-41　设置就职日期效果

3.7　练习题

一、填空题

1．如果允许用户输入一串用逗号分隔的邮箱地址，那么应该将 _____ 属性值设为 true。

2．如果要关闭输入文本时的提示下拉列表，应该将 autocomplete 属性值为 _____。

3．为了实现验证电话号码的功能，需要将 _____ 类型与 pattern 属性一块使用。

4．使用 _____ 类型限制输入范围时会显示一个滚动的滑块。

5．如果需要为表单添加手动的验证方式，需要在表单提交时调用 _____ 方法进行有效性验证。

二、选择题

1．如果要实现一个用于输入数字的文本框，应该使用 _____ 类型。

A．color

B．date

C．email

D．number

2．下列不属于 HTML5 中表单日期类型的是 _____。

A．day

B．date

C．time

D．week

3．下列选项中不属于 HTML5 中新增类型的是 _____。

A．color

B．email

C．number

D．password

4．可以自动验证邮箱地址是否符合正确格式的是 _____ 类型。

A．email

B．url

C．range

D．search

5．假设要限制表单的元素不能为空，应该使用 _____ 属性。

A．disabled

B．form

C．pattern

D．required

6．在下面代码的空白处使用属性，可以限制 input 元素必须输入匹配的格式才能提交。

`<input type="password" id="pwd" _____="[0-9]{6,10}"/>`

A．autocomplete

B．datalist

C．pattern

D．readonly

上机练习：设计用户资料修改表单

根据本章学习的知识以及 3.6 节的内容，本次上机练习要求读者设计一个用户资料修改表单。表单的各种元素及最终效果如图 3-42 所示。

图 3-42　表单效果

第4章
HTML5 多媒体应用

在 HTML5 规范出现之前，设计者如果希望在网页上播放视频和音频，通常需要借助第三方插件，例如 Flash。除此之外，设计者也可以使用自主研发的多媒体播放插件。但是无论使用哪种方式，都需要在浏览器上安装插件，而不是由浏览器本身提供支持。因此，这些方式使用起来比较烦琐，还容易导致安全性问题。

HTML5 规范的出现改变了这种现状，HTML5 新增了 video 元素和 audio 元素，通过这两个元素可以在 HTML 页面上播放视频和音频。使用这两个元素播放多媒体时无须安装任何插件，只要浏览器本身支持 HTML5 规范即可。video 元素和 audio 元素的使用方法非常简单，而且目前主流浏览器都支持它们，本章将详细介绍这两个元素的具体应用。

 本章学习要点

◎ 了解视频和音频的解码器
◎ 了解 **HTML5** 支持的视频和音频格式
◎ 掌握 **HTML5** 中 **video** 元素的属性、方法及事件
◎ 掌握 **HTML5** 中 **audio** 元素的属性和事件

4.1 多媒体简介

HTML4 之前的版本中多媒体所用的代码复杂、冗长且依赖第三方插件，HTML5 中引入 video 元素和 audio 元素解决了此问题。HTML5 不需要用户下载第三方插件来观看网页中的多媒体内容，并且视频和音频播放器更容易通过脚本访问。

虽然 HTML5 的视频和音频理论上是非常优秀的，但在实际操作中并没有那么简单。在用 HTML5 创建视频和音频时需要考虑多媒体的新元素、浏览器的支持情况，以及视频和音频的解码器等众多因素。

4.1.1 多媒体编解码器

所谓编码器和解码器其实都是一种算法，作用是对一段特定的多媒体文件（可能是视频，也可能是音频）进行编码和解码操作，以便多媒体内容能正常呈现出来。编解码器可以读懂特定的容器格式，按照接收方式把编码过的数据重组为原始的媒体数据。

1. 视频编解码器

视频编解码器定义了多媒体数据流编码和解码的算法。编解码器可以对数据流进行编码，使之用于传输、存储或加密，或者可以对其解码进行回放或编辑。在 HTML5 中使用视频最应该关注的是对数据流的解码以及回放。使用最多的 HTML5 视频解码文件是 H.264、Ogg Theora、WebM 和 VP8。

2. 音频编解码器

音频编解码器与视频编解码器的工作理论是一样的。音频播放器主要涉及的是声流而不是视频帧，使用最多的音频编解码器是 AAC、MPEG-3 和 Ogg Vorbis。

video 元素或 audio 元素添加的视频或音频文件若要在 Web 页面中加载播放，必须使用正确的多媒体格式。不同的浏览器对 video 元素和 audio 元素的支持情况也不相同。下面介绍 HTML5 中视频和音频的一些常见格式。

4.1.2 视频格式

视频格式包含视频编码、音频编码和容器格式，编码方式又包含编码和解码。视频编码作为动词，指的是将动态的图像信息转化为二进制数据的过程，其逆过程称为视频解码。视频编码作为名词则通常指的是某种特定的编码方式。同样的概念也适用于音频编码，只不过它转化的是声音信息。大多数视频文件都同时包含视频和音频，因此编码后至少都有两组二进制数据，并且两组数据必须按照特定的方式同步，否则 Web 用户看到的画面和听到的声音将不同步。

在 HTML5 中，video 元素支持的视频格式及浏览器支持情况如表 4-1 所示。

表 4-1　HTML5 视频格式说明

视频格式	Internet Explorer 浏览器	Firefox 浏览器	Opera 浏览器	Chrome 浏览器
Ogg	无	3.5 及更高版本	10.5 及更高版本	5.0 及更高版本
H.264	9.0 及更高版本	无	无	5.0 及更高版本
MPEG-4	9.0 及更高版本	无	无	5.0 及更高版本

（续表）

视频格式	Internet Explorer 浏览器	Firefox 浏览器	Opera 浏览器	Chrome 浏览器
WebM	9.0 及更高版本	4.0 及更高版本	10.6 及更高版本	6.0 及更高版本

表 4-1 中视频格式的具体说明如下。
- Ogg 是带有 Theora 视频编码和 Vorbis 音频编码的 Ogg 文件。
- H.264 是目前公认效率最高的视频编码。它是由国际电信联盟电信标准部（ITU-T）和国际标准化组织 / 国际电工委员会动态图像专家组（ISO/IEC MPEG）共同开发的一种视频压缩技术，它的另外一个名称是 MPEG-4 AVC。目前 H.264 被广泛运用在蓝光电影、数字电视、卫星电视、网络媒体等领域。可以说 H.264 是目前运用得最为广泛的视频编码。
- MPEG-4 是 ISO/IEC 标准的视频、音频编码标准，通常也是 MP4 文件。
- WebM 是 Google 基于开源容器格式 Matroska（.mkv）专门开发的一种新型容器格式。其目的是用来封装 VP8 编码的视频和 Vorbis 编码的音频数据以供网络媒体使用。

4.1.3　音频格式

在 HTML5 中，audio 元素支持的音频格式及浏览器的支持情况如表 4-2 所示。

表 4-2　支持 audio 格式的浏览器

音频格式	Internet Explorer 浏览器	Firefox 浏览器	Opera 浏览器	Chrome 浏览器
Ogg Vorbis	无	3.5 及更高版本	10.5 及更高版本	5.0 及更高版本
MP3	9.0 及更高版本	无	无	5.0 及更高版本
Wav PCM	9.0 及更高版本	3.5	10.5 及更高版本	无
ACC	9.0 及更高版本	无	无	5.0 及更高版本
WebM 音频	无	4.0 及更高版本	10.6 及更高版本	6.0 及更高版本

关于表 4-2 中一些音频格式的介绍如下。
- Vorbis 是类似 AAC 的一种免费、开源的音频编码，由非营利组织 Xiph 开发。业界的普遍共识是，Vorbis 和 AAC 一样优秀，是用以替代 MP3 的下一代音频压缩技术。
- AAC 是 ISO/IEC 标准化的音频编码。它是比 MP3 更先进的音频压缩技术，目的在于取代陈旧的 MP3。AAC 音频编码被广泛运用在数字广播、数字电视等领域。

⚠️ **注意**

在页面上加载的视频或音频格式必须是 HTML5 中支持的多媒体格式。

4.2　播放视频

上一节学习了 HTML5 中播放视频的一些基础知识。本节会详细介绍如何使用 video 元素控制视频，如设置视频的来源、暂停播放、调整视频宽度以及音量等。

4.2.1　video 元素的基础用法

HTML5 规定了一种通过 video 元素包含视频的标准方法，video 元素的不同属性表示视频不同的播放特性。例如，height 属性表示视频播放器的高度，width 属性表示视频播放器的宽度等。表 4-3 列出了 video 元素的常用属性。

表 4-3　video 元素的属性

属性名称	属性说明
autoplay	表示当前网页完成载入后自动播放
controls	表示显示视频控制条，如播放按钮、停止按钮等
loop	表示视频结束时重新开始播放
perload	表示是否在页面加载完成后载入视频，如果使用了 autoplay，则忽略该属性。可选值有 none、metadate 和 auto，默认值是 auto
src	获取或者设置所播放视频的 URL 地址
buffered	获取一个实现 TimeRanges 接口的对象，以确认浏览器是否已缓冲媒体数据
currentTime	获取多媒体文件当前播放时间，也可以修改该时间属性
startTime	获取多媒体开始播放的时间
duration	获取多媒体元素总体播放的时间
played	获取多媒体文件已播放完成的时间段
paused	获取当前播放的文件是否处于暂停状态
ended	获取当前播放文件是否结束
playbackRate	获取当前正在播放的多媒体文件的速度频率
volume	获取或者设置多媒体元素播放的音量
muted	获取或者设置当前是否为静音
height	获取或者设置视频播放器的高度
width	获取或者设置视频播放器的宽度
poster	指定一张视频数据无效时显示的图片（视频数据无效可能是视频正在加载，也可能是视频地址错误）
networkState	获取视频文件的网络状态，有 4 个值：0（尚未初始化）、1（加载完成，网络空闲）、2（视频加载中）和 3（加载失败）
readyState	返回媒体当前播放位置的就绪状态
error	只读属性。在多媒体元素加载或读取文件过程中，如果出现错误，将触发元素的 error 事件。通过元素的 error 属性返回当前的错误值
defaultPlaybackRate	获取媒体元素默认的文件播放速度频率，即默认播放速率。一般情况下，该属性值是 1

【例 4-1】

使用 video 元素创建视频播放器，播放 video/mov_bbb.mp4 文件。代码如下：

```
<video height="300" src="video/mov_bbb.mp4" width="600" autoplay="true" loop="true" controls=
"true "></video>
```

上述代码设置视频播放器的高度为 300 像素、宽度为 600 像素，autoplay 属性值为 true 表示载入视频后自动播放，loop 属性值为 true 表示在视频结束时自动重播，controls 属性值为 true 表示视频播放时显示控制条。如图 4-1 所示为 Chrome 浏览器中的播放效果，如图 4-2 所示为 IE 浏览器中的播放效果。

图 4-1　Chrome 浏览器播放视频效果

图 4-2　IE 浏览器播放视频效果

【例 4-2】

如果用户需要为视频文件提供至少两种不同的解码器才能覆盖所有支持 HTML5 的浏览器，就需要用到 source 元素。source 元素可以用来链接不同的媒体文件，例如音频和视频。source 元素常用的属性如下。

- **src**　提供媒体源的 URL 地址。
- **type**　包含媒体源的播放类型，通常出现在视频格式中。
- **media**　包含制定媒体源所匹配的编解码器信息。

video 元素允许有多个 source 元素，浏览器将选择第一个可识别格式的文件地址。对例 4-1 进行扩展，为视频指定 Ogg 和 MP4 两种视频格式的文件。具体代码如下：

```
<videoheight="300" width="600" autoplay="true" loop="true" controls="controls">
  <source src="video/mov_bbb.mp4" type="video/mp4">
  <source src="video/mov_bbb.ogg" type="video/ogg">
  当前浏览器不支持 HTML5 视频播放。
</video>
```

执行上段代码播放视频时，浏览器将按 source 元素的顺序检测其指定的视频是否能够正常播放（可能是视频格式不支持或者视频不存在）。如果不能正常播放，则换下一个 source 元素。一旦找到，就播放该文件并忽略随后的其他元素。

⚠️ **注意**

　　使用多个 source 元素可以兼容不同的浏览器，但是该元素本身没有任何含义，也不能单独出现。

HTML5+CSS3+JavaScript　网页设计

4.2.2 video 元素方法

在 HTML5 中，video 元素常用的播放方法主要有 3 种，具体说明如下。

- **play()** 播放视频，将 paused 属性的值设置为 false。
- **pause()** 暂停视频，将 paused 属性的值设置为 true。
- **load()** 重新载入视频，将 defaultPlayBackRate 属性的值赋给 playbackRate 属性，且强制将 error 属性的值设置为 null。

【例 4-3】

在 HTML5 中加载一个视频，用 video 元素的方法 play()、pause() 和 load() 分别实现视频的播放、暂停和重新播放功能。实现该功能的具体步骤如下。

01 新建 HTML5 页面，在页面的合适位置添加 1 个 video 元素和 4 个 button 元素，分别用来显示视频和对视频执行操作。具体代码如下：

```
<div id="bg">
  <div id="v">
    <video id="video1" width="700px" height="350px" controls="controls" autoplay="true">
      <source src="xiong.webm" type="video/webm" />
    </video>
  </div>
  <div id="controlbar">
    <button onclick="playPause()"> 播放 / 暂停 </button>
    <button onclick="again()"> 重新播放 </button>
    <button onclick="makeBig()"> 大 </button>
    <button onclick="makeSmall()"> 小 </button>
  </div>
</div>
```

02 单击"播放 / 暂停"按钮时触发 onclick 事件并调用 JavaScript 脚本中的 playPause() 函数，该函数主要实现视频的播放或暂停的功能。具体代码如下：

```
var myVideo=document.getElementById
("video1");
function playPause()
{
    if (myVideo.paused)
        myVideo.play();
    else
        myVideo.pause();
}
```

上述代码中的 playPause() 函数使用了 pause() 方法和 play() 方法。在页面加载视频后，

如果页面是暂停状态，那么使用 play() 方法来实现视频的播放功能，如果是播放状态，则使用 pause() 方法来实现视频的暂停功能。

03 单击"重新播放"按钮时也触发 onclick 事件并调用 JavaScript 脚本中的函数 again()。函数 again() 中的 load() 方法实现了视频的重新播放功能，具体代码如下：

```
function again()
{
    myVideo.load();
}
```

04 单击"大"和"小"按钮能实现视频播放器的大小转换，此功能调用的 JavaScript 脚本中的函数分别是 makeBig() 和 makeSmall()。具体代码如下：

```
function makeBig()
{
    myVideo.width=560;
}
function makeSmall()
{
    myVideo.width=320;
}
```

05 综合上述 4 个步骤，在浏览器中查看效果，如图 4-3 所示。

当视频加载播放后，页面的大小是 video 元素中的默认值。单击"大"按钮后播放器的宽度调整为 560 像素，单击"小"按钮后播放器的宽度调整为 320 像素。

图 4-3　用 video 元素的方法实现视频的播放

4.2.3　video 元素事件

介绍 video 事件之前，我们先了解一下媒体事件的相关知识。媒体事件是指由视频、音频以及图像等媒体触发的事件。这些事件适用于所有 HTML5 元素，不过在媒体元素（audio、embed、img、image 以及 video）中最为常用。媒体事件主要包括 loadstart、progress、suspend、abort、error、emptied、stalled、play、pause、seeking、seeked、timeupdate、ended、volumechange 等。

video 元素中常用的事件如表 4-4 所示。

表 4-4　video 元素常用事件

事件名称	事件描述
loadstart	浏览器开始请求媒体时触发
progress	浏览器正在获取媒体数据时触发
suspend	浏览器已经在获取媒体数据，但在取回整个媒体文件之前停止时触发
about	浏览器发生中止事件时触发
error	获取媒体出错，有错误发生时才触发此事件
emptied	媒体资源元素突然为空时（网络错误、加载错误等）触发
stalled	浏览器获取媒体数据过程中（延迟 0）存在错误时触发
play	媒体数据即将开始播放时触发
pause	媒体数据暂停播放时触发
loadeddata	加载当前播放位置的媒体数据时触发
loadedmetadata	加载完毕媒体元素数据时触发此事件。媒体元素数据包括尺寸、时长和文件轨道等信息
playing	媒体已经开始播放时触发

（续表）

事件名称	事件描述
canplay	浏览器可以开始媒体播放，但以当前速率播放不能直接将媒体播放完时触发（播放期间需要缓冲）
canplaythrough	浏览器以当前速率直接播放，可以播放完整个媒体资源时触发（期间不需要缓冲）
seeking	当搜索操作开始时触发此事件（seeking 属性值为 true）
seeked	当浏览器停止请求数据，搜索操作完成时触发（seeking 属性值为 false）
timeupdate	当媒体改变其播放位置时触发
volumechange	音量（volume 属性）改变或静音（muted）时触发

【例 4-4】

在例 4-3 的基础上进行扩展，监听 video 元素的 timeupdate、loadstart、playing、volumechange 和 pause 事件，并显示这些事件被触发的时机。

第一步是在页面上添加一个 div 元素，设置该元素的显示样式，代码如下：

```
<div id="ret" style="height:300px;background:#cecece;width:200px;   overflow-y: scroll;margin-left:20px;"></div>
```

对 video 元素的各个事件进行监听，并在事件被触发时显示到 div 元素中，代码如下：

```
var ret=document.getElementById("ret");
myVideo.addEventListener('timeupdate',function(){
    ret.innerHTML += " 发生 timeupdate 事件 </br>";
},false);
myVideo.addEventListener('loadstart',function(){
    ret.innerHTML += " 发生 loadstart 事件 </br>";
},false);
myVideo.addEventListener('playing',function(){
    ret.innerHTML += " 发生 playing 事件 </br>";
},false);
myVideo.addEventListener('volumechange',function(){
    ret.innerHTML += " 发生 volumechange 事件 </br>";
},false);
myVideo.addEventListener('pause',function(){
    ret.innerHTML += " 发生 pause 事件 </br>";
},false);
```

在浏览器中运行页面，待视频文件加载完成后会自动播放，并将触发的事件显示在右侧 div 元素中，运行效果如图 4-4 所示。

图 4-4　监听视频播放事件

 提示

　　playing 和 play 的区别在于，视频循环或再一次播放开始时，将不会触发 play 事件，但是会触发 playing 事件。

4.3　播放音频

　　和 video 元素一样，HTML4 版本之前的大多数音频文件都是通过第三方控件来实现的。上节介绍了如何使用 video 元素显示视频，这节我们介绍 HTML5 中用来显示音频的元素 audio。HTML5 规范定义了 audio 元素对音频的处理方法，解决了 HTML4 版本之前只能通过第三方控件显示音频的问题。

4.3.1　audio 元素的基础用法

　　HTML5 中的 audio 元素能够播放声音文件或者音频流。audio 元素的属性和 video 元素相比少了 3 个属性，分别是 poster、height 和 width。除了这 3 个属性外，其他关于音频的属性请参看 4.2.1 节中 video 的属性表。

【例 4-5】

　　创建一个示例，使用 audio 元素播放音频文件 media/song.mp3，实现代码如下：

```
<audio controls autoplay="autoplay" loop src="media/song.mp3">
</audio>
```

　　上述代码中的 controls 属性表示显示播放时的控制条，autoplay 属性表示视频在页面加载后自动播放，loop 属性表示视频结束后重新开始播放。如图 4-5 所示为 Chrome 浏览器中的播放效果，如图 4-6 所示为 IE 浏览器中的播放效果。

图 4-5　Chrome 浏览器播放视频效果

图 4-6　IE 浏览器播放视频效果

audio 元素也支持 source 元素，下面的示例代码演示了提供两种音频格式时的 source 元素代码。

```
<audio controls="controls">
    <source src="/i/song.ogg" type="audio/ogg">
    <source src="/i/song.mp3" type="audio/mpeg">
    当前浏览器不支持 HTML 5 音频播放。
</audio>
```

4.3.2　audio 元素事件

前面已经学习了如何使用 video 元素的事件显示视频的一些操作。在 HTML5 中，audio 元素具有与 video 元素相同的事件，具体请查看 4.2.3 中的 video 元素事件表。

【例 4-6】

在例 4-5 的基础上进行扩展，添加两个按钮来实现音频音量的增加和减少，并显示当前的音量，主要步骤如下。

01 在页面原来的基础上增加两个控制音量的按钮，以及显示音量的 span 元素。具体代码如下：

```
<input id="addvoice" type="button" value=" 音量 +" onclick="addvoice();" />
<input id="cutvoice" type="button" value=" 音量 -" onclick="cutvoice();" />
<span id="vol"> 当前音量：0</span>
```

02 单击"音量 +"或"音量 -"按钮时将触发 onclick 事件，它们分别调用 JavaScript 脚本中的 addvoice() 函数和 cutvoice() 函数。具体代码如下：

```
<script type="text/javascript">
    var audio=document.getElementById("audio");
    var vol=document.getElementById("vol");
    vol.innerHTML　= " 当前音量："+audio.volume.toFixed(2);
    if(audio.canPlayType)
    {
            audio.addEventListener('volumechange', addvoice,false);
            audio.addEventListener('volumechange', cutvoice,false);

    }
```

```
        function addvoice()                          // 增加音量
        {
                if(audio.volume<1){
                        audio.volume+=0.1;
                        volume=audio.volume;
                }
                vol.innerHTML    = " 当前音量： "+audio.volume.toFixed(2);
        }
        function cutvoice()                          // 减少音量
        {
                if(audio.volume>0) {
                        audio.volume-=0.1;
                        volume=audio.volume;
                }
                vol.innerHTML    = " 当前音量： "+audio.volume.toFixed(2);
        }
    </script>
```

上述代码中调用的 canPlayType() 方法用于测试浏览器是否支持指定的媒体类型。如果判断浏览器支持此媒体类型，便会在 addvoice() 函数和 cutvoice() 函数分别执行控制音量的代码。

浏览器中的运行效果如图 4-7 所示。

图 4-7　audio 元素事件

 ## 4.4　实践案例：实现 HTML5 网页视频播放器

本章主要讲述 HTML5 中多媒体的支持，包括 video 元素和 audio 元素的属性、方法及事件等知识。本次案例将使用 video 元素相关的属性、事件和方法来制作一个属于 HTML5 的网页视频播放器，以加深读者对 video 元素属性和事件的理解。

01 创建一个 HTML5 页面，在合适位置添加 video 元素、视频控制按钮和状态显示区域。代码如下：

```
<div class="ht_video1">
    <video id="video" src="video/mov_bbb.mp4" width="100%" controls="controls"></video>
</div>
<div id="showTime" class="fr"></div>
<div id="state"> 当前播放状态： </div>
<div class="clearfix">
```

```
        <button id="btnPlayOrPause" class="btn" onclick="PlayOrPause()"> 播放 / 暂停 </button>
        <button id="addVolume" class="btn" onClick="AddVolume()"> 增大音量 </button>
        <button id="minVolume" class="btn" onClick="MinVolume()"> 减小音量 </button>
        <button id="addSpeed" class="btn" onClick="AddSpeed()"> 加速播放 </button>
        <button id="minSpeed" class="btn" onClick="MinSpeed()"> 减速播放 </button>
        <button id="setMuted" class="btn" onClick="SetMuted()"> 设置静音 </button>
        <button id="playback" class="btn" onClick="PlayBack()"> 回放 </button>
        <button id="btnCatchPicture" class="btn" onclick="CatchPicture()"> 截图 </button>
    </div>
```

上段代码使用 video 元素显示了一个视频文件。video 元素的 controls 属性显示播放器控件，autoplay 属性表示页面加载完毕自动播放此视频文件，width 属性设置视频文件的宽度。

02 新建页面并添加了 8 个按钮，单击某个按钮触发是 click 事件，调用 JavaScript 中的不同函数，我们在后面会一一讲解。页面加载完毕后 JavaScript 中的具体代码如下：

```
var video = document.getElementById("video");
var showTime=document.getElementById("showTime");
if(video.canPlayType)
{
    video.addEventListener('loadstart',LoadStart,false);
    video.addEventListener('loadedmetadata',loadedmetadata,false);
    video.addEventListener('play',videoPlay,false);
    video.addEventListener('playing',videoPlay,false);
    video.addEventListener('pause',videoPause,false);
    video.addEventListener('ended',videoEnded,false);
    video.addEventListener('timeupdate',updateTime,false);
    video.addEventListener('volumechange',VolumeChange,false);
    video.addEventListener("error",catchError,false);
}
```

我们知道事件的处理方式有两种，本案例使用监听方式进行处理。页面加载完成时上段代码调用了 video 元素的 8 个事件。

03 当浏览器开始请求媒体时就会触发 loadStart 事件，调用 LoadStart() 函数，将当前播放状态的文本设置为"开始加载"。JavaScript 中的具体代码如下：

```
function LoadStart()
{
    document.getElementById("state").innerHTML = " 当前播放状态：开始加载 ";
}
```

04 loadedmetadata 事件是其他媒体数据加载完毕时才触发的。在 loadedmetadata() 函数中把当前的状态改为"加载完毕"，同时调用 video 元素的 play() 方法播放视频。JavaScript 中的具体代码如下：

```
function loadedmetadata()
{
    var btnPlay=document.getElementById("btnPlayOrPause");
    document.getElementById('state').innerHTML = " 当前状态：加载完毕 ";
    video.play();
}
```

05　play 事件、playing 事件、pause 事件、ended 事件很容易理解，读者需要在触发事件的时候更改播放状态的值，调用对应的方法。JavaScript 中的具体代码如下：

```
function videoPlay()
{
    document.getElementById("state").innerHTML = " 当前播放状态：即将播放 ";
}
function videoPlaying()
{
    document.getElementById("state").innerHTML = " 当前播放状态：正在播放 ";
}
function videoPause()
{
    document.getElementById("state").innerHTML=" 当前播放状态：暂停播放 ";
}
function videoEnded()
{
    video.currentTime = 0;
    video.pause();
    document.getElementById("btnPlayOrPause").innerHTML=" 重新播放 ";
    document.getElementById("state").innerHTML=" 当前播放状态：播放完毕 ";
}
```

上段代码中，视频播放完毕触发 ended 事件并调用函数 videoEnded()，它使用 video 的 currentTime 属性将当前时间设置为 0 并且调用 video 元素的 pause() 方法暂停播放视频。

06　改变播放位置时会触发 video 元素的 timeupdate 事件，调用 timeUpdate() 函数，这里用来显示播放的时间。JavaScript 中的具体代码如下：

```
function updateTime()
{
    video.addEventListener('timeupdate',function(){
    var durationtime=RumTime(Math.floor(video.duration/60),2)+":"+RumTime(Math.floor(video.
duration%60),2);
        var currenttime=" 播 放 时 间："+RumTime(Math.floor(video.currentTime/60),2)+":"+RumTime(Math.
floor(video.currentTime%60),2)+"|"+durationtime;
```

HTML5+CSS3+JavaScript 网页设计

```
        document.getElementById("showTime").innerHTML=currenttime;
},false);
}
function RumTime(num,n)
{
    var len=num.toString().length;
    while(len<n)
    {
    num="0"+num;len++;
    }
    return num;
}
```

上段代码使用 currentTime 属性获得当前播放的时间，使用 duration 属性显示总体播放时间。RumTime(m,n) 函数用来处理时间。

07 音量改变或者设置静音可以触发 volumechange 事件，在 VolumeChange() 函数中弹出"音量已经改变，触发 volumechange 事件"的提示。JavaScript 中的具体代码如下：

```
function VolumeChange()
{
    alert("您的音量已经改变,触发
volumechange 事件");
}
```

08 浏览器加载过程中如果发生错误就会触发 error 事件，JavaScript 中的具体代码如下：

```
function catchError()
{
    var error=video.error;
    switch(error.code)
    {
    case 1:
    alert("视频的下载过程被中止。");
    break;
    case 2:
    alert("网络发生故障,视频的下载过程被
中止。");
```

```
    break;
    case 3:
    alert("解码失败。");
    break;
    case 4:
    alert("媒体资源不可用或媒体格式不被支
持。");
    break;
    }
}
```

上段代码使用 error 属性返回一个 MediaError 对象，使用该对象的 code 返回当前的错误值。此属性只能读取，是不可更改的。MediaError 对象中的 code 对应的返回值只有 1、2、3、4。

09 目前为止，我们把本案例涉及的 video 元素的事件已经介绍完毕，下面我们就来看一下本案例中和页面按钮相关的 click 事件。如果当前视频正在播放，单击"播放/暂停"按钮则暂停播放，反之则播放。JavaScript 中的具体代码如下：

```
function PlayOrPause()
{
    if(video.paused)
    {
    document.getElementById("btnPlayOrPause").
value = "单击暂停";
    video.play();
```

```
    }else
    {
        document.getElementById("btnPlayOrPause").
value = " 单击播放 ";
        video.pause();
    }
}
```

上段代码使用 paused 属性来判断当前视频是否为暂停状态，如果为 true 则调用 video 元素的 play() 方法播放视频，否则调用 pause() 方法暂停视频播放。

10 单击"增大音量"或"减小音量"按钮，实现音量的增加或减小功能。使用 volume 属性来控制音量的大小。JavaScript 中的具体代码如下：

```
function AddVolume()
{
    if(video.volume<1)
        video.volume+=0.2;
    volume=video.volume;
}
function MinVolume()
{
    if(video.volume>0)
        video.volume-=0.2;
```

```
    volume=video.volume;
}
```

11 单击"加速播放"或"减速播放"按钮，实现视频的快速或慢速播放功能。使用 video 元素的 palybackRate 属性来控制播放速度的快慢。JavaScript 中的具体代码如下：

```
function AddSpeed()
{
    video.playbackRate+=1;
    speed=video.playbackRate;
}
function MinSpeed()
{
    video.playbackRate-=1;
    if(video.playbackRate<0)
        video.playbackRate=0;
    speed=video.playbackRate;
}
```

12 单击 "设置静音" 按钮，实现设置播放视频的音量为静音的功能。使用 muted 属性判断当前视频是否处于静音模式，如果为 true 将按钮链接改为 "取消静音"，反之改为 "设置静音"，同时更改 muted 对应的值。JavaScript 中的具体代码如下：

```
function SetMuted()
{
    if(video.muted)
    {
        video.muted = false;
        document.getElementById("setMuted").innerHTML = " 取消静音 ";
    }else
    {
        video.muted = true;
        document.getElementById ("setMuted").innerHTML = " 设置静音 ";
    }
}
```

13 单击 "回放" 或 "取消回放" 按钮，调用 JavaScript 中的内置函数 setInterval() 和 clearInterval()。setInterval() 函数在运行时会按照规定的事件间隔一次性将列出的参数传递给指定的函数，clearInterval() 函数则是清除 setInterval() 函数的调用。JavaScript 中的具体代码如下：

```
function PlayBack(){
        var playBackBtn=document.getElementById("playback");
        if(playBackBtn.innerHTML==" 回放 ")
        {
                functionId=setInterval(playBack1,200);
                playBackBtn.innerHTML=" 取消回放 ";
        }
        else
        {
                clearInterval(functionId);
                playBackBtn.innerHTML=" 回放 ";
        }
}
function playBack1()
{
        var playBackBtn=document.getElementById ("playback");
        if(video.currentTime==0)
        {
                playBackBtn.innerHTML=" 回放 ";
                clearInterval(functionId);
        }
        else
                video.currentTime-=1;
}
```

14 单击"截图"按钮实现对当前播放视频的截图功能。分别使用 videoWidth 和 videoHeight 属性获得视频的长度和宽度，使用 canvas 元素绘制在页面上截取的图片（下一章会详细介绍，本章就不再详细介绍）。JavaScript 中的具体代码如下：

```
function CatchPicture()
{
        var canvas=document.getElementById ("canvas");
        var ctx=canvas.getContext('2d');
        canvas.width=video.videoWidth;
        canvas.height=video.videoHeight;
        ctx.drawImage(video,0,0,canvas.width,canvas.height);
        canvas.style.display="block";
}
```

至此，本章的案例已经完成，通过这个案例的学习，相信读者一定会有新的收获。本次动手操作案例运行的效果如图 4-8 所示。

图 4-8　网页视频播放器

 ## 4.5　练习题

一、填空题

1. 要设置视频或音频为静音需要使用 _____ 属性。

2. 在下面的代码空缺处中填写一个 video 元素的 _____ 属性，使视频可以加载页面后自动播放。

```
<video id="video1" src="xiong.webm"          loop="true" controls ></video>
```

3. _____ 元素用来链接不同的文件。

4. 音频或者视频结束时重新开始播放指的是 _____ 属性。

5. 改变音量或者设置静音可以触发 video 元素或 audio 元素的 _____ 事件。

二、选择题

1. 判断当前视频是否处于暂停状态，使用 _____ 。

A．autoplay 属性

B．play 属性

C．paused 属性

D．muted 属性

2．下列选项中 _____ 不是 audio 元素的属性。

A．error 属性

B．readyState 属性

C．autoplay 属性

D．poster 属性

3．当前播放文件是否结束的属性是 _____。

A．error

B．ended

C．paused

D．loop

4．多媒体元素开始播放的事件是 _____。

A．currentTime

B．startTime

C．played

D．loop

5．video 元素的 canplay 事件的含义是 _____。

A．浏览器开始请求媒体时触发

B．浏览器正在获取媒体数据时触发

C．浏览器可以开始媒体播放，但以当前速率播放不能直接将媒体播放完时触发

D．媒体数据即将开始播放时触发

6．play 事件和 playing 事件的区别是 _____。

A．没有任何区别，可以相互使用

B．视频循环或再次播放开始时，会触发 play 事件和 playing 事件

C．视频循环或再次播放开始时，将不会触发 play 事件，但是会触发 playing 事件

D．视频循环或再次播放开始时，将不会触发 playing 事件，但是会触发 play 事件

上机练习：实现音频播放器

本次上机练习要求读者根据本章所介绍的 audio 元素的内容，再结合 4.4 节的视频播放器，制作一个音频播放器，主要功能包括播放、暂停、音量增减、显示播放时间和总时间。

第 5 章

HTML5 绘图应用

在 HTML5 以前，前端开发者无法在 HTML 页面上动态地绘制图片。如果需要在 HTML 页面上动态地生成图片，要么是在服务器端生成位图后输出到 HTML 页面上显示，要么需要借助像 Flash 这样的第三方工具。HTML5 的出现改变了这种局面，HTML5 新增了一个 canvas 元素，使用该元素可以获取一个 CanvasRenderingContext2D 对象，该对象具有功能强大的绘图 API。

本章会详细介绍使用 canvas 元素对图形的各种绘制，如绘制三角形、文本、渐变和阴影等，还将介绍操作图形的各种方法，如平移、缩放和坐标转换等操作。

本章学习要点

- ◎ 了解 **canvas** 元素的历史
- ◎ 掌握如何绘制矩形
- ◎ 熟悉与路径有关的方法
- ◎ 掌握线条和圆形的绘制
- ◎ 掌握如何绘制文本
- ◎ 熟悉贝塞尔曲线的绘制
- ◎ 掌握图形变换效果的实现
- ◎ 了解图形组合的两个属性
- ◎ 掌握线性渐变和径向渐变的绘制
- ◎ 掌握绘制图像的方法
- ◎ 熟悉图像平铺和裁剪的实现

5.1　认识 canvas 元素

canvas 是 HTML5 新增的一个绘图元素。canvas 元素就像一块画布，在画布上可以绘制文字、图形、图像和动画等。下面详细介绍 canvas 元素。

5.1.1　canvas 简介

canvas 的概念最初由苹果公司提出，用于在 Mac OS X WebKit 中创建控制面板组件（dashboard widget）。在 canvas 出现之前，Web 开发者如果要在浏览器中使用绘图 API，只能使用 Flash 和 SVG（Scalable Vector Graphics，可伸缩矢量图形）插件，或者只有 IE 才支持的 VML（Vector Markup Language，矢量标记语言），以及其他一些稀奇古怪的 JavaScript 技巧。

假设 Web 开发要在没有 canvas 的条件下绘制一条对角线，这听起来非常简单，但实际上如果没有一套二维绘图 API，这将会是一项相当复杂的工作。而 canvas 能够提供这样的功能，对浏览器端来说此功能非常有用，因此 canvas 被纳入了 HTML5 规范。目前主流的浏览器（如 Google、Firefox、Opera 和 Safari 等）都提供了对 canvas 的支持。

5.1.2　创建 canvas 元素

canvas 元素只是一个图形的容器，它本身不具有任何行为，但是它能把绘图 API 展现给客户端脚本。开发者再用脚本调用绘图 API 把想绘制的东西都绘制到画布（canvas 元素）上。canvas 元素的创建非常简单，示例代码如下：

```
<canvas></canvas>
```

默认情况下，canvas 元素创建的画布宽度为 300 像素，高度为 150 像素。也可以像标准 HTML 元素那样设计 canvas 元素的大小和其他属性，示例代码如下：

```
<canvas width=200 height=200 id="djx" style="border:1px solid red;"> </canvas>
```

> ⚠ **注意**
>
> 尽管 canvas 元素的功能非常强大，但是要避免 canvas 元素的过度使用。例如，要显示一个标题，若使用标题样式元素（例如 h1、h2 和 h3 等）能实现，就不应该再使用 canvas 元素。

创建 canvas 元素后，开始绘图前需要先得到一个上下文对象 Context。上下文对象可以让各种不同的图形设备具有统一的接口，这样开发人员只需要关注绘图，其他的工作都交给操作系统和浏览器。

每个 canvas 元素都有一个对应的 Context 对象，并且该对象是唯一的。canvas 的绘图 API 定义在 Context 对象上，因此绘图才需要先获取这个 Context 对象。具体代码如下：

```
var canvas = document.getElementById("myCanvas");
if(canvas.getContext){
    var ctx = canvas.getContext("2d");
}
```

在上述代码中，getContext() 方法指定一个参数 2d，表示该 canvas 对象用于生成 2D 图案，即平面图案。如果是参数 3d，就表示用于生成 3D 图像（即立体图案）。这部分实际上单独叫作 WebGL API（本章不涉及）。

5.1.3　实践案例：判断浏览器是否支持 canvas 元素

目前，许多主流的浏览器都提供了对 canvas 元素的支持，用户可以在测试网站上查看浏览器对该元素的支持情况，如图 5-1 所示。

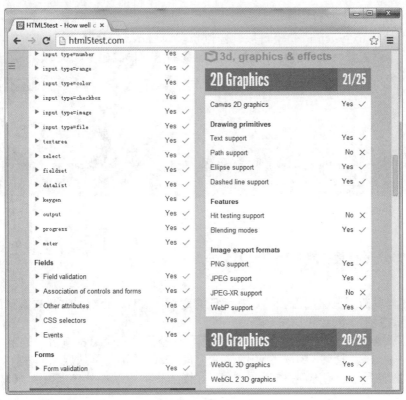

图 5-1　Chrome 对 canvas 的支持

在使用 canvas 元素之前，也可以通过代码判断当前使用的浏览器是否支持该元素。一般情况下有 3 种方法进行判断，下面详细介绍。

1. 向 canvas 元素的开始和结束标记添加内容

canvas 元素与 audio 和 video 等元素一样，可以直接在该元素的开始标记和结束标记之间添加代码，如果浏览器不支持该元素，则会显示标记之间的内容。代码如下：

```
<canvas>
    当前浏览器不支持 canvas 元素。
</canvas>
```

2. 调用 getContext() 方法判断

可以在脚本中调用 getContext() 方法来判断浏览器是否支持 canvas 元素，代码如下：

```
var canvas = document.getElementById("myCanvas");
if (canvas.getContext){
    alert(" 您的浏览器不支持 canvas 元素 ");
} else {
    alert(" 您的浏览器支持 canvas 元素 ");
}
```

3. 使用 try-catch 语句判断

在脚本中使用 try-catch 语句也可以判断浏览器对 canvas 元素的支持情况。在 try 语句块中直接获取上下文对象，获取过程中出现异常时就抛出。代码如下：

```
try {
    document.createElement("myCanvas").getContext("2d");
    document.getElementById("support").innerHTML = " 您的浏览器支持 canvas 元素 ";
} catch (e) {
    document.getElementById('support').innerHTML = " 您的浏览器不支持 canvas 元素 ";
}
```

5.2 绘制简单图形

在了解如何判断浏览器是否支持 canvas 元素之后，本节将介绍一些简单图形的绘制方法，包括绘制直线、矩形、圆形和三角形等。

canvas 画布提供了一个用来作图的平面空间，该空间的每个点都有自己的坐标，x 表示横坐标，y 表示纵坐标。原点（0,0）位于图像左上角，x 轴的正向是从原点向右，y 轴的正向是从原点向下。无论是绘制图形还是文本，如果不指定坐标，默认将从坐标原点（0,0）开始绘制。

5.2.1 绘制矩形

在 HTML5 中实现绘制矩形的效果需要调用上下文对象的 3 个函数：fillRect()、strokeRect() 和 clearRect()。这些函数的语法形式如下：

```
context.fillRect(x,y,width,height);                    // 绘制矩形，以当前的 fillStyle 来填充
context.strokeRect(x,y,width,height);                  // 绘制矩形，以当前的 strokeStyle 来填充
context.clearRect(x,y,width,height);                   // 清除指定区域的像素
```

上述语法中每个函数都包含 4 个相同的参数，第一个参数表示矩形起点的横坐标，第二个参数表示矩形起点的纵坐标，第三个参数表示矩形的宽度，第四个参数表示矩形的高度。坐标原点为 canvas 画布的左上角，即左上角的坐标为（0,0）。

绘制矩形时需要结合两个常用的属性：fillStyle 和 strokeStyle。fillStyle 表示填充的样式，在该属性中可以设置填充的颜色值；strokeStyle 表示图形边框的样式，在该属性中可以设置边框的颜色值。另外这两个属性除了可以是 CSS 颜色外，还可以是一个图案或者一种颜色渐变。

【例 5-1】

使用上面介绍的函数在 canvas 画布中绘制 4 个矩形，主要实现步骤如下。

01 创建一个 HTML5 页面，在页面的合适位置添加 4 个 canvas 元素，分别用来绘制不同长度和宽度的矩形。页面的具体代码如下：

```
<canvas id="canvas1" height=250 width=200></canvas>
<canvas id="canvas2" height=250 width=200></canvas>
<canvas id="canvas3" height=250 width=200></canvas>
<canvas id="canvas4" height=250 width=200></canvas>
```

在上述代码中，每个 canvas 元素都定义了 id 属性以方便在代码中进行引用，同时也定义了画布的宽度和高度。

02 编写代码，在 id 为 canvas1 的画布上绘制一个矩形，要求边框宽度为 10 像素、边框颜色为白色。JavaScript 实现代码如下：

```
<script language="javascript" type="text/javascript">
function AddJuxing1()
{
    var canvas = document.getElementById("canvas1");
    if(canvas && canvas.getContext)
    {
            var context = canvas.getContext("2d");
            context.strokeStyle="#FFFFFF";            // 指定边框的颜色为白色
            context.lineWidth = 10;                    // 指定边框的宽度为 10
            context.strokeRect(5,5,190,190);           // 绘制矩形边框
    }
}
</script>
```

如上述代码所示，strokeRect() 函数指定矩形起点的横坐标和纵坐标都是 5，宽度和高度都为 190 像素，因此最终的图形效果是一个正方形。

03 编写代码，在 id 为 canvas2 的画布上绘制一个矩形，要求不带边框，用黄色作为背景填充。JavaScript 实现代码如下：

```
function AddJuxing2()
{
    var canvas = document.getElementById("canvas2");
    if(canvas && canvas.getContext)
    {
            var context = canvas.getContext("2d");
            context.fillStyle="yellow";                // 指定填充的颜色为黄色
            context.fillRect(10,50,200,100);           // 填充矩形
    }
}
```

如上述代码所示，fillRect() 函数指定矩形起点的横坐标是 10，纵坐标是 50，宽度为 200 像素，高度为 100 像素。由于没有调用 strokeRect() 函数，因此最终的图形是一个没有边框的矩形。

04 编写代码，在 id 为 canvas3 的画布上绘制一个矩形，要求既带边框又有填充效果。JavaScript 实现代码如下：

```javascript
function AddJuxing3()
{
    var canvas = document.getElementById("canvas3");
    if(canvas && canvas.getContext)
    {
            var context = canvas.getContext("2d");
            context.fillStyle="green";                  // 指定填充的颜色为绿色
            context.strokeStyle="blue";                 // 指定边框的颜色为蓝色
            context.lineWidth = 2;                      // 指定边框的宽度为 2
            context.fillRect(5,30,180,180);             // 填充矩形
            context.strokeRect(5,30,180,180);           // 绘制矩形边框
    }
}
```

如上述代码所示，fillStyle 属性指定填充颜色为绿色，strokeStyle 属性指定边框颜色为蓝色，fillRect() 函数对矩形进行了填充，strokeRect() 函数绘制了矩形的边框。另外，fillRect() 函数和 strokeRect() 函数使用了相同的坐标和矩形尺寸，因此最终的图形是一个带边框和填充的正方形。

05 编写代码，在 id 为 canvas4 的画布上绘制一个矩形，要求使用 CSS 的方式指定边框和填充颜色。JavaScript 实现代码如下：

```javascript
function AddJuxing4()
{
    var canvas = document.getElementById("canvas4");
    if(canvas && canvas.getContext)
    {
            var context = canvas.getContext("2d");
            context.fillStyle="#FF0000";                // 指定填充的颜色为红色
            context.strokeStyle="#FFFFFF";              // 指定边框的颜色为白色
            context.lineWidth = 3;                      // 指定边框的宽度为 3
            context.fillRect(40,40,80,180);             // 填充矩形
            context.strokeRect(30,30,100,200);          // 绘制外部矩形
    }
}
```

如上述代码所示，fillStyle 属性指定填充颜色为 #FF0000（红色），strokeStyle 属性指定边框颜色为 #FFFFFF（白色）。另外，由于 fillRect() 函数指定的填充区域比 strokeRect() 函数指定的边框区域小，因此最终会看到两个矩形之间有间隙。

06 监听页面的 load 事件，在页面加载完成后调用上面的 4 个函数。代码如下：

```
window.addEventListener("load",AddJuxing1,true);
window.addEventListener("load",AddJuxing2,true);
window.addEventListener("load",AddJuxing3,true);
window.addEventListener("load",AddJuxing4,true);
```

07 保存上述步骤对页面的修改。在支持 canvas 元素的浏览器中打开页面，最终运行效果如图 5-2 所示。

图 5-2　绘制矩形的运行效果

本示例用到了 fillStyle 属性和 strokeStyle 属性，这两个属性在后面会经常使用。fillStyle 属性用于设置或返回填充时的颜色、渐变或模式，属性的默认值是 #000000。基本语法如下：

```
context.fillStyle=color | gradient | pattern;
```

从上述代码可以看出，fillStyle 属性的值可以有 color、gradient 和 pattern 三种。

- **color**　指定绘图填充色的 CSS 颜色值，默认值是 #000000。其值可以是十六进制颜色，也可以是颜色合法的英文名称。
- **gradient**　用于填充绘图的渐变对象（线性或者径向）。
- **pattern**　用于填充绘图的 pattern 对象。

strokeStyle 属性用于设置或返回绘制时画笔的颜色、渐变或者模式，其属性默认值是 #000000。该属性的取值与 fillStyle 属性相同，就不再详述。

5.2.2　绘制直线

除了矩形之外，想要绘制其他图形则需要使用路径。同绘制矩形一样，绘制其他图形时也需要获取图形上下文对象。使用路径绘制图形时经常会用到以下函数。

- **beginPath()**　开始创建路径。
- **moveTo(x,y)**　不绘制，只是将当前位置移动到新的目标坐标，并作为线条开始点。
- **lineTo(x,y)**　绘制线条到指定的目标坐标（x,y），且在两个坐标之间画一条直线。
- **stroke()**　绘制图形的边框。

HTML5+CSS3+JavaScript　网页设计

- **fill()** 填充实心图形，当调用该方法时开放的路径会自动闭合，而无须调用 closePath() 函数。
- **closePath()** 关闭路径。

使用上面函数绘制图形的步骤通常是先用路径勾勒图形轮廓，然后设置颜色进行绘制，具体步骤如下。

`01` 调用 beginPath() 函数创建路径。

`02` 创建图形的其他路径。

`03` 调用 closePath() 函数关闭路径，这一步不是必需的。

`04` 设定绘制样式，然后调用 stroke() 或 fill() 函数绘制路径。

【例 5-2】

下面通过一个示例演示如何使用上面的函数绘制直线。因两点确定一条直线，要在网页中绘制一条直线就需要确定直线的起点坐标和终点坐标。本案例使用路径的相关函数实现绘制不同直线的功能，主要步骤如下。

`01` 创建一个 HTML5 页面，在页面的合适位置添加 3 个 canvas 元素，分别用来绘制不同的图形。页面的具体代码如下：

```
<canvas id="canvas1" height=250 width=200></canvas>
<canvas id="canvas2" height=250 width=200></canvas>
<canvas id="canvas3" height=250 width=200></canvas>
```

`02` 编写代码，在 id 为 canvas1 的画布上绘制一条直线，要求边框宽度为 5 像素，边框颜色为白色。JavaScript 实现代码如下：

```
function GetContext(id)
{
    var canvas = document.getElementById(id);
    if(canvas && canvas.getContext)
    {
            var context = canvas.getContext("2d");
            return context;
    }
}
function Add1()
{
    var context = GetContext("canvas1");
    context.beginPath();
    context.lineWidth=5;                          // 设置绘制直线的宽度为 5
    context.strokeStyle="#FFFFFF";                // 指定边框的颜色为 #FFFFFF（白色）
    context.moveTo(20,100);                       // 起始坐标点
    context.lineTo(150,100);                      // 终点坐标
    context.stroke();                             // 调用 stroke() 函数绘制直线
}
</script>
```

如上述代码所示，设置好直线的边框颜色和边框宽度之后，moveTo() 函数将画笔移动到起点坐标（20,100）处，然后开始向终点坐标（150，100）进行绘制。

<u>03</u> 编写代码，在 id 为 canvas2 的画布上绘制两条直线，要求边框宽度均为 2 像素，边框颜色均为白色。JavaScript 实现代码如下：

```
function Add2()
{
    var context = GetContext("canvas2");
    context.beginPath();
    context.lineWidth=2;                     // 设置绘制直线的宽度为 2
    context.strokeStyle="#FFFFFF";           // 指定边框的颜色为 #FFFFFF（白色）
    context.moveTo(160,50);                  // 起始坐标点
    context.lineTo(50,100);                  // 目标坐标
    context.lineTo(160,185);                 // 目标坐标
    context.stroke();                        // 调用 stroke() 函数绘制图形
}
```

如上述代码所示，两条直线使用相同的起点，终点分别在两个 lineTo() 函数中指定。

<u>04</u> 编写代码，在 id 为 canvas3 的画布上绘制两条直线，要求边框宽度均为 3 像素，边框颜色均为白色。JavaScript 实现代码如下：

```
function Add3()
{
    var context = GetContext("canvas3");
    context.beginPath();
    context.lineWidth=3;                     // 设置绘制直线的宽度为 3
    context.strokeStyle="#FFFFFF";           // 指定边框的颜色为 #FFFFFF（白色）
    context.fillStyle="#FF0000";             // 指定填充的颜色为 #FF0000（红色）
    context.moveTo(160,50);                  // 起始坐标点
    context.lineTo(50,100);                  // 目标坐标
    context.lineTo(160,185);                 // 目标坐标
    context.fill();                          // 调用 fill() 函数绘制图形
    context.stroke();                        // 调用 stroke() 函数绘制图形
}
```

上述代码，比第 3 步多了两行，这两行的作用是为图形指定背景为 #FF0000（红色），再使用该颜色进行填充。

<u>05</u> 监听页面的 load 事件，在页面加载完成后调用上面的 3 个函数。代码如下：

```
window.addEventListener("load",AddZhi1,true);
window.addEventListener("load",AddZhi2,true);
window.addEventListener("load",AddZhi3,true);
```

<u>06</u> 保存上述步骤对页面的修改。在支持 canvas 元素的浏览器中打开页面，最终运行效果如图 5-3 所示。

HTML5+CSS3+JavaScript 网页设计

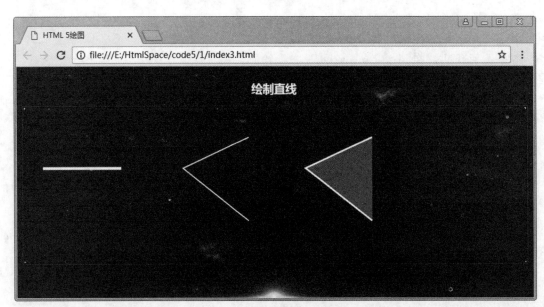

图 5-3　绘制直线的运行效果

5.2.3　绘制圆形

绘制圆形需要调用 arc() 函数，该函数的语法形式如下：

```
context.arc(x,y,radius,startAngle,endAngle,anticlockwise);
```

上述代码中的 arc() 函数包含 6 个参数，x 和 y 分别表示绘制圆形的起点横坐标和起点纵坐标，radius 表示绘制的圆形半径，startAngle 表示开始角度，endAngle 表示结束角度，anticlockwise 表示是否按照顺时针方向进行绘制。

在 canvas 元素的 API 中绘制半径与弧时所指定的参数为开始弧度与结束弧度，如果习惯使用角度，可以使用下面的方法将弧度转换为角度。

```
var radians = degress*Math.PI*180;
```

上述方法中 Math.PI 表示角度为 180 度，Math.PI*2 表示角度为 360 度。

提示

arc() 函数不仅可以用来绘制图形，也可以用来绘制圆弧。使用时必须指定开始角度与结束角度，这两个参数决定了弧度。anticlockwise 为一个布尔值，当参数值为 true 时表示按照顺时针方向绘制，否则为逆时针方向绘制。

【例 5-3】

下面演示使用 arc() 函数在 canvas 画布中绘制圆形和弧形的方法，主要实现步骤如下。

01 创建一个 HTML5 页面，在页面的合适位置添加 4 个 canvas 元素，分别用来绘制不同的图形。页面的具体代码如下：

```
<canvas id="canvas1" height=250 width=200></canvas>
<canvas id="canvas2" height=250 width=200></canvas>
<canvas id="canvas3" height=250 width=200></canvas>
<canvas id="canvas4" height=250 width=200></canvas>
```

02 编写代码，在 id 为 canvas1 的画布上绘制一个弧形，要求边框宽度为 3 像素，边框颜色为白色。JavaScript 实现代码如下：

```javascript
<script language="javascript" type="text/javascript">
function GetContext(id)
{
    var canvas = document.getElementById(id);
    if(canvas && canvas.getContext)
    {
            var context = canvas.getContext("2d");
            return context;
    }
}
function Add1()
{
    var context = GetContext("canvas1");
    context.beginPath();                              // 准备绘制
    context.strokeStyle="#FFFFFF";                    // 指定边框颜色为 #FFFFFF（白色）
    context.lineWidth = 3;                            // 指定边框的宽度为 3
    context.arc(80,80,60,Math.PI,Math.PI*2,true);     // 开始绘制
    context.stroke();                                 // 设置边框样式
}
</script>
```

如上述代码所示，在设置好边框颜色和宽度之后，调用 arc() 函数开始绘制弧形，其中弧形的圆心坐标为（80,80），弧形的半径为 60，弧形的角度为 180 度；stroke() 函数用于在弧形上应用指定的边框样式和颜色。

03 编写代码，在 id 为 canvas2 的画布上绘制一个弧形，要求填充颜色为 #FFFFFF（白色）。JavaScript 实现代码如下：

```javascript
function Add2()
{
    var context = GetContext("canvas2");
    context.beginPath();
    context.fillStyle="#FFFFFF";                      // 指定填充颜色为 #FFFFFF（白色）
    context.arc(80,80,60,0,(Math.PI*2/4),true);       // 绘制弧形
```

HTML5+CSS3+JavaScript 网 页 设 计

```
        context.fill();
    }
```

如上述代码所示，在调用 arc() 函数绘制前设置了填充颜色，在该函数调用后 fill() 函数使用设置好的颜色对绘制的弧形进行填充。

04 编写代码，在 id 为 canvas3 的画布上绘制一个弧形，要求填充颜色为 #FFFFFF（白色）。JavaScript 实现代码如下：

```
function Add3()
{
    var context = GetContext("canvas3");
    context.beginPath();
    context.fillStyle="#FFFFFF";                    // 指定填充颜色为 #FFFFFF（白色）
    context.arc(80,80,60,Math.PI,(Math.PI*2/4)*3,false);    // 绘制弧形
    context.fill();
}
```

这一步绘制的弧形除了角度与第 2 步不同外，其他设置都相同。

05 编写代码，在 id 为 canvas4 的画布上绘制一个圆形，要求填充颜色为 #FF0000（红色），边框颜色为 #FF0000（白色），边框宽度为 10。JavaScript 实现代码如下：

```
function Add4()
{
    var context = GetContext("canvas4");
    context.beginPath();
    context.fillStyle="#FF0000";                    // 指定填充的颜色为 #FF0000（红色）
    context.strokeStyle="#FFFFFF";                  // 指定边框的颜色为 #FFFFFF（白色）
    context.lineWidth = 10;                         // 指定边框的宽度为 10
    context.arc(80,80,60,0,Math.PI*2,false);        // 绘制圆形
    context.stroke();                               // 绘制圆形边框
    context.fill();                                 // 填充圆形
}
```

06 监听页面的 load 事件，在页面加载完成后调用上面的 4 个函数。代码如下：

```
window.addEventListener("load",Add1,true);
window.addEventListener("load",Add2,true);
window.addEventListener("load",Add3,true);
window.addEventListener("load",Add4,true);
```

07 保存上述步骤对页面的修改。在支持 canvas 元素的浏览器中打开页面，最终运行效果如图 5-4 所示。

图 5-4　绘制圆形的运行效果

5.2.4　实践案例：绘制三角形

至此，我们已经学会了在画布上绘制矩形、直线、圆形和弧形。本节将通过案例演示如何使用绘制直线的方法来绘制不同的三角形，包括普通三角形、等腰直角三角形、等腰三角形和等边三角形，最终运行效果如图 5-5 所示。

图 5-5　绘制不同的三角形

主要实现步骤如下。

01　创建一个 HTML5 页面，在页面的合适位置添加 4 个 canvas 元素，分别用来绘制不同的图形。页面的具体代码如下：

```
<canvas id="canvas1" height=250 width=200></canvas>
<canvas id="canvas2" height=250 width=200></canvas>
<canvas id="canvas3" height=250 width=200></canvas>
<canvas id="canvas4" height=250 width=200></canvas>
```

02 编写代码，在 id 为 canvas1 的画布上绘制一个普通三角形，并用白色进行填充。
JavaScript 实现代码如下：

```
<script language="javascript" type="text/javascript">
function Add1()
{
    var context = GetContext("canvas1");
    context.beginPath();                              // 开始创建路径
    context.fillStyle="#FFFFFF";                      // 设置填充颜色为白色
    context.moveTo(100,10);                           // 起始坐标点
    context.lineTo(25,200);                           // 目标路径
    context.lineTo(200,150);                          // 目标路径
    context.fill();                                   // 绘制普通三角形
}
</script>
```

03 编写代码，在 id 为 canvas2 的画布上绘制一个等腰直角三角形，并用白色进行填充。
JavaScript 实现代码如下：

```
function Add2()
{
    var context = GetContext("canvas2");
    context.beginPath();                              // 开始创建路径
    context.fillStyle="#FFFFFF";
    context.moveTo(155,155);                          // 起始坐标点
    context.lineTo(155,25);                           // 目标路径
    context.lineTo(40,155);                           // 目标路径
    context.fill();                                   // 绘制等腰直角三角形
}
```

04 编写代码，在 id 为 canvas3 的画布上绘制一个等腰三角形，并用白色进行填充。
JavaScript 实现代码如下：

```
function Add3()
{
    var context = GetContext("canvas3");
    context.beginPath();                              // 开始创建路径
    context.fillStyle="#FFFFFF";
    context.moveTo(100,20);                           // 起始坐标点
    context.lineTo(170,200);                          // 目标路径
    context.lineTo(30,200);                           // 目标路径
    context.fill();                                   // 绘制等腰三角形
}
```

05 编写代码，在 id 为 canvas4 的画布上绘制一个等边三角形，使用白色边框，并用红色进行填充。JavaScript 实现代码如下：

```
function Add4()
{
    var context = GetContext("canvas4");
    context.beginPath();
    context.fillStyle="#FF0000";                    // 指定填充的颜色为 #FF0000
    context.strokeStyle="#FFFFFF";                  // 指定边框的颜色为 #FFFFFF
    context.lineWidth = 10;                         // 指定边框的宽度为 10
    context.moveTo(100,30);                         // 起始坐标点
    context.lineTo(170,170);                        // 目标路径
    context.lineTo(30,170);                         // 目标路径
    context.closePath();                           // 关闭路径
    context.stroke();                              // 绘制边框
    context.fill();                                // 填充内容
}
```

06 监听页面的 load 事件，在页面加载完成后调用上面的 4 个函数。

5.2.5　保存和恢复图形

把图形绘制到画布上之后可以把当前的状态保存起来，然后在需要时再恢复到绘画状态继续绘制。绘画状态是指画布上的坐标原点、变形时的变化矩阵以及上下文对象的当前属性值等内容。

canvas API 中提供了 save() 函数和 restore() 函数用来保存和恢复绘画状态，这两个函数都没有参数。首先调用 save() 函数将当前状态保存到栈中，在完成设置操作后再调用 restore() 函数从栈中取出之前保存的图形状态进行恢复，通过这种方法可以对之后绘制的图像取消裁剪区域。

保存与恢复的图形状态会应用到以下区域。

● 当前应用的变形，即移动、旋转和缩放等。
● 图像裁剪。
● 改变图形上下文的属性值，包括 strokeStyle、fillStyle、globalAlpha、lineWidth、lineCap、lineJoin、miterLimit、shadowOffsetX、shadowOffsetY、shadowBlur、shadowColor、globalCompositeOperation 等。

【例 5-4】

下面创建一个示例演示在画布上应用图形状态前后的对比效果。首先在页面上添加两个 canvas 元素，id 分别是 canvas1 和 canvas2。

在 canvas1 上使用 fillRect() 函数绘制几个不同位置和大小的矩形，代码如下：

```
<script language="javascript" type="text/javascript">
    var ctx = document.getElementById('canvas1').getContext('2d');
    ctx.fillStyle = "#FF97CB";
```

```
        ctx.fillRect(0,0,250,250);                              // 绘制最外层的矩形
        ctx.fillStyle = 'blue';                                 // 设置填充颜色
        ctx.fillRect(15,15,220,220);                            // 绘制一个内部矩形
        ctx.fillStyle = '#FFFFFF'                               // 设置填充颜色
        ctx.fillRect(30,30,250,250);
        ctx.fillRect(45,45,230,230);
        ctx.fillRect(60,60,130,130);
    </script>
```

上述代码没有使用图形状态，因此每次绘制都会覆盖该区域上的图形。在上面代码的基础上添加图形状态的保存和恢复，并在 canvas2 上显示，最终代码如下：

```
    var ctx = document.getElementById('canvas2').getContext('2d');
    ctx.fillStyle = "#FF97CB";
    ctx.fillRect(0,0,250,250);                                  // 绘制最外层的矩形
    ctx.save();                                                 // 保存默认状态
    ctx.fillStyle = 'blue';                                     // 设置填充颜色
    ctx.fillRect(15,15,220,220);                                // 绘制一个内部矩形
    ctx.save();                                                 // 保存其状态
    ctx.fillStyle = '#FFFFFF'                                   // 设置填充颜色
    ctx.fillRect(30,30,250,250);
    ctx.restore();                                              // 恢复保存状态
    ctx.fillRect(45,45,230,230);
    ctx.restore();
    ctx.fillRect(60,60,130,130);
```

最后保存对页面的修改，在浏览器中查看效果，最终效果如图 5-6 所示。

图 5-6　保存和恢复状态的运行效果

5.2.6 输出图形

输出图形就是把当前的绘画状态输出到 dataURL 地址所指向的数据。dataURL 是目前大多数浏览器能够识别的一种 base64 位编码的 URL，主要用于小型的可以在网页中直接嵌入而不需要用外部文件嵌入的数据，如 img 元素中的图像文件等。dataURL 的格式类似于"data:image/png;base64,iVBORw0KGgoAAAANSUhEUgAAAoAAAAK…etc"，目前大多数浏览器都支持该特性。

canvas API 中的 toDataURL() 函数实现了图像输出功能。该函数可以把绘画状态输出到 dataURL 中，具体语法如下：

```
canvas.toDataURL(type);
```

上述语法是在 toDataURL() 函数中传递一个参数 type，该参数表示要输入数据的 MIME 类型。

【例 5-5】

假设在页面上的 canvas 中有一个图形，现在要实现单击页面上的按钮将图形输出到 img 元素中，实现步骤如下。

01 创建一个 HTML5 页面，在页面的合适位置添加 canvas 元素、input 元素和 img 元素，分别表示绘制的图形、"输出图形"按钮及显示输出的图形。页面的具体代码如下：

```html
<h1> 输出图形 </h1>
<canvas id="canvas1" width="400" height="230" style="border:#000 solid"></canvas>
<input type="button" class="btn fl" value=" 输出图形 " onClick="javascript:ShowImg();" >
<img id="img" width="150" height="150" />
```

02 编写代码，在 canvas 中绘制一个图形。作为示例，这里简单地绘制 3 个圆形，代码如下：

```javascript
var ctx = document.getElementById('canvas1').getContext('2d');
ctx.beginPath();
ctx.strokeStyle="#000000";                        // 指定边框颜色为 #FFFFFF（白色）
ctx.arc(200,80,60,0,Math.PI*2,false);             // 绘制圆形
ctx.arc(200,100,100,0,Math.PI*2,false);           // 绘制圆形
ctx.arc(200,100,40,0,Math.PI*2,false);            // 绘制圆形
ctx.stroke();                                     // 绘制圆形边框
```

03 单击"输出图形"按钮会调用 draw() 函数，该函数将 canvas 元素绘制的图形输出到 img 元素中。代码如下：

```javascript
function ShowImg()
{
    // 绘制 canvas 上的图形数据
    var img_data = document.getElementById('canvas1').toDataURL("images/jpeg");
    // 将数据输出到控制台
    console.log(img_data);
```

HTML5+CSS3+JavaScript 网页设计

```
// 将数据显示到 img 元素
document.getElementById("img").src=img_data;
}
```

04 运行上述代码，单击"输出图形"按钮进行测试，页面的最终效果如图 5-7 所示，在页面底部的控制台面板中会看到当前图形对应的 base64 编码数据。

图 5-7　输出图像效果

5.3　绘制文本

除了使用 canvas 元素绘制常见的图形之外，还可以绘制文字，绘制时可以指定字体大小、字体样式和对齐方式等。本节将详细介绍有关绘制文本的内容。

5.3.1　绘制普通文本

绘制文本同样是调用上下文对象提供的属性和方法，通过属性可以设置文本的字体样式和对齐方式等信息，常用的 3 个属性说明如下。

- **font 属性**　设置或返回文本内容的当前字体属性。
- **textAlign 属性**　设置或返回文本内容的当前对齐方式，其属性值可以是 start（默认值）、end、right 和 center。
- **textBaseline 属性**　设置或返回在绘制文本时使用的当前文本基线，其属性值可以是 top、hanging、middle、alphabetic、ideographic（默认值）和 bottom。

与绘制文本有关的方法有 3 个，具体说明如下。

- **fillText() 方法**　在画布上绘制"被填充的"文本。
- **strokeText() 方法**　在画布上绘制文本（无填充）。
- **measureText() 方法**　返回包含指定文本宽度的对象。

fillText() 方法在画布上绘制"被填充的"文本，而 strokeText() 方法直接在画布上绘制无填充的文本。这两个方法都包含 4 个参数，参数也相同。以 fillText() 方法为例，语法格式如下：

```
context.fillText(text, x, y, maxWidth);
```

在上述语法中，text 参数指定在画布上输出的文本，x 表示开始绘制文本的 x 坐标位置（相对于画布），y 表示开始绘制文本的 y 坐标位置（相对于画布）；maxWidth 是一个可选参数，指定允许的最大文本宽度，单位是像素。

measureText() 方法返回一个对象，该对象包含以像素指定的字体宽度。如果需要在输出文本之前知道文本的宽度，那么可以使用该方法。该方法的语法格式如下：

```
context.measureText(text).width;
```

在上述语法中，text 参数表示要测量宽度的文本。

【例 5-6】

向 HTML 网页中添加代码显示一首古诗，标题通过 strokeText() 方法绘制，内容则通过 fillText() 方法进行绘制。完整的实现步骤如下。

01 在 HTML 页面的合适位置添加 canvas 元素，并指定其宽度、高度和唯一标识 ID 属性。代码如下：

```
<canvas id="canvas1" height=300 width=600> 当前浏览器不支持 canvas 元素 </canvas>
```

02 页面加载时绘制古诗标题、作者和内容，通过 JavaScript 代码为页面指定 load 事件，首先绘制古诗标题。代码如下：

```
window.onload = function(){
    var title = " 静夜思 ";
    var canvas = document.getElementById("MyCanvas");
    if(canvas.getContext){
            var context = canvas.getContext("2d");          // 获取上下文对象
            context.font="bold 30px 宋体 ";                  // 设置字体样式
            context.strokeStyle = "#FFFFFF";                 // 设置画笔的颜色
            context.strokeText(title,200,30);                // 绘制无填充文本
            // 省略其他绘制内容

    }
}
```

03 继续在上个步骤的脚本代码中添加新代码，指定古诗作者，通过 fillText() 方法绘制作者文本，并且重新指定字体样式、填充颜色和文本基线等内容。代码如下：

```
context.font="italic 20px 宋体 ";
context.fillStyle="yellow";
context.textBaseline = "bottom";
context.fillText("（作者：李白）",340,30);
```

04 继续在前面的代码后添加绘制古诗内容的文本，指定文本的大小是 22 像素，字体样式是"楷体"，填充颜色是 #FFFFFF（白色）。代码如下：

```
context.font="22px 楷体 ";
context.fillStyle="#FFFFFF";
context.fillText(" 床前明月光， ",180,90);
context.fillText(" 疑是地上霜。 ",180,120);
context.fillText(" 举头望明月， ",180,150);
context.fillText(" 低头思故乡。 ",180,180);
```

05 运行上述代码，查看文本绘制的效果，如图 5-8 所示。

图 5-8　绘制普通文本效果

5.3.2　绘制阴影文本

上下文对象提供了一系列与阴影有关的属性，通过这些属性不仅可以绘制文本的阴影效果，还可以绘制图形（例如圆形和扇形）的阴影效果。表 5-1 列出了常用的阴影属性。

表 5-1　常用的阴影属性

属性名称	说　明
shadowColor	设置或返回用于阴影的颜色。默认值为全透明的黑色，它的值可以是标准的 CSS 颜色值
shadowBlur	设置或返回用于阴影的模糊级别，默认值为 1。其属性值必须为比 0 大的数字，它的值一般在 0 到 10 之间，否则将会被忽略
shadowOffsetX	设置或返回阴影距图形的水平距离，也可以理解为阴影与图形的横向位移量
shadowOffsetY	设置或返回阴影距图形的垂直距离，也可以理解为阴影与图形的纵向位移量

在表 5-1 列出的属性中，shadowOffsetX 和 shadowOffsetY 用于设置在 x 轴和 y 轴的延伸

距离，它们不受变换矩阵的影响。将这两个属性设置为负值时，表示阴影向上或向左延伸，正值则表示向下或向右延伸，它们的默认值都为 1。

【例 5-7】

在例 5-6 的基础上添加阴影属性，分别绘制古诗标题、古诗作者和古诗内容的文本阴影。实现步骤如下。

01 在 JavaScript 脚本中绘制标题文本之前，分别设置阴影颜色、模糊级别以及横向和纵向位移量。代码如下：

```
context.font="bold 30px 宋体 ";              // 设置字体样式
context.strokeStyle = "#FFFFFF";            // 设置画笔的颜色
context.shadowColor = "blue";               // 阴影颜色
context.shadowBlur = -2;                     // 阴影模糊级别，这里指定为 2
context.shadowOffsetX = 2;                   // 横向位移量 2
context.shadowOffsetY = -2;                  // 纵向位移量 -2
```

02 找到绘制古诗作者的文本，分别指定 shadowColor、shadowBlur、shadowOffsetX 和 shadowOffsetY 的属性值。部分代码如下：

```
context.font="italic 20px 宋体 ";
context.fillStyle="yellow";
context.shadowColor = "#FF0000";            // 设置阴影颜色
context.shadowBlur = 0;                      // 阴影模糊级别，这里指定为 0
context.shadowOffsetX = -2;                  // 横向位移量 -2
context.shadowOffsetY = 2;                   // 纵向位移量 2
context.textBaseline = "bottom";
```

03 在绘制古诗作者之后、古诗内容之前重新指定阴影效果。部分内容如下：

```
context.shadowColor = "#43CD80";            // 设置阴影颜色
context.shadowBlur = 0;                      // 阴影模糊级别，这里指定为 0
context.shadowOffsetX = -2;                  // 横向位移量 -2
context.shadowOffsetY = -2;                  // 纵向位移量 -2
```

04 在浏览器中运行上述代码查看效果，文本的阴影效果如图 5-9 所示。

图 5-9　绘制阴影文本效果

HTML5+CSS3+JavaScript　网页设计

5.4 绘制曲线

在常见的图形中，曲线是应用最广泛的线型之一，因为其形状不固定，经过简单变换即可组成复杂图案。HTML5 支持两种曲线的绘制方式，分别是二次方贝塞尔曲线和三次方贝塞尔曲线，下面详细介绍这两种曲线的绘制方法。

5.4.1 二次方贝塞尔曲线

二次方贝塞尔曲线需要两个点，第一个点用作二次方贝塞尔计算中的控制点，第二个点是曲线的结束点。曲线的开始点是当前路径中的最后一个点，如果路径不存在，那么需要使用 beginPath() 方法和 moveTo() 方法来定义开始点。

使用上下文对象中的 quadraticCurveTo() 方法可以绘制二次方贝塞尔曲线。该方法的语法格式如下：

```
context.quadraticCurveTo(cpx,cpy,x,y);
```

在上述语法中有 4 个参数，其中 cpx 和 cpy 表示贝塞尔控制点的 x 坐标和 y 坐标，x 和 y则表示结束点的 x 坐标和 y 坐标。

下面代码演示了 quadraticCurveTo() 方法的使用：

```
window.onload = function(){
    var canvas = document.getElementById("MyCanvas");
    if(canvas.getContext){
            var context = canvas.getContext("2d");
            context.beginPath();
            context.moveTo(20,20);                          // 设置绘制的起始点坐标
            context.quadraticCurveTo(20,100,200,20);        // 绘制二次方贝塞尔曲线
            context.stroke();
    }
}
```

在上述代码中，moveTo(20,20) 指定绘制的起始点坐标，quadraticCurveTo(20,100,200,20)中（20,100）表示绘制时曲线的控制点坐标，（200,20）表示绘制时曲线的结束点坐标。

5.4.2 三次方贝塞尔曲线

三次方贝塞尔曲线需要三个点：前两个点用作三次方贝塞尔计算中的控制点，第三个点是曲线的结束点。曲线的开始点是当前路径中的最后一个点，如果路径不存在，可以使用beginPath() 和 moveTo() 方法来定义开始点。

使用上下文对象中的 bezierCurveTo () 方法可以绘制三次方贝塞尔曲线。该方法的语法格式如下：

```
context.bezierCurveTo(cp1x,cp1y,cp2x,cp2y,x,y);
```

bezierCurveTo() 方法需要传入 6 个参数：cp1x 和 cp1y 分别表示第一个贝塞尔控制点的 x坐标和 y 坐标，cp2x 和 cp2y 分别表示第二个贝塞尔控制点的 x 坐标和 y 坐标，x 和 y 分别表

示结束点的 x 坐标和 y 坐标。

下面代码演示了 bezierCurveTo() 方法的使用：

```
window.onload = function(){
    var canvas = document.getElementById("MyCanvas");
    if(canvas.getContext){
            var context = canvas.getContext("2d");
            context.beginPath();
            context.moveTo(20,20);                          // 设置绘制的起始点坐标
            context.bezierCurveTo(20,100,200,100,200,20);   // 绘制三次方贝塞尔曲线
            context.stroke();
    }
}
```

在上述代码中，moveTo(20,20) 表示起始点坐标，bezierCurveTo(20,100,200,100,200,20) 中的（20,100）表示第一个控制点坐标，（200,100）表示第二个控制点坐标，（200,20）表示结束点坐标。

5.5　变换图形

在前面介绍的所有绘制方法，一旦图形显示到画布上便不可以再修改了，这显然不能满足实际需求。为此 HTML5 的上下文对象还提供了对图形进行变换操作的方法，如平移图形、旋转图形或者组合多个图形等。下面详细介绍这些图形变换操作及实现方法。

5.5.1　坐标变换

在 HTML5 中绘制图形时，是以坐标点为基准来进行绘制的，默认情况下画布的左上角对应于坐标轴的原点（0,0）。如果对这个坐标轴进行改变，就可以实现图形的变换处理了。在 HTML5 中对坐标的变换处理有 3 种方式，即平移、旋转和缩放，下面详细介绍每种变换的实现。

1. 图形平移

图形平移需要使用 translate() 方法，该方法表示重新映射画布上的（0,0）位置，（0,0）即坐标原点。translate() 方法的语法格式如下：

```
context.translate(x,y);
```

在上述语法中需要传入两个参数，第一个参数表示添加到水平坐标 x 上的值，即坐标原点向 x 轴方向平移 x；第二个参数表示添加到垂直坐标 y 上的值，即坐标原点向 y 轴方向平移 y。

【例 5-8】

下面首先通过 fillRect() 方法在（10,10）坐标处绘制宽度为 100 像素、高度为 50 像素的矩形，然后平移原点坐标到（70,60），平移完毕后再次绘制该图。代码如下：

```
window.onload = function(){
    var canvas = document.getElementById("MyCanvas");
    if(canvas.getContext){
            var context = canvas.getContext("2d");
            context.fillRect(10,10,100,50);              // 使用（10,10）作为起始点绘制矩形
            context.translate(70,60);                    // 将原点坐标移动到 (70,60)
            context.fillRect(10,10,100,50);              // 第二次绘制矩形
    }
}
```

运行上述代码查看平移后的效果。由于在绘制第二个矩形前将原点坐标移到了（70,60），因此当再次使用 fillRect(10,10,100,50) 绘制时，将使用坐标（80,70）作为起始点。

2. 图形旋转

rotate() 方法用于旋转当前的图形，该方法的语法格式如下：

```
context.rotate(angle);
```

上述语法中的 angle 参数表示旋转角度，单位是弧度。如果需要将角度单位转换为弧度，可以使用 degrees*Math.PI/180 公式进行计算。例如，如果需要旋转 10 度，公式则是 10*Math.PI/180，旋转的默认方向为顺时针。

【例 5-9】

下面代码在旋转 30 度前后分别绘制了一个矩形。

```
window.onload = function(){
    var canvas = document.getElementById("MyCanvas");
    if(canvas.getContext){
            var context = canvas.getContext("2d");
            context.fillRect(10,10,100,50);              // 使用（10,10）作为起始点绘制矩形
            context.rotate(30*Math.PI/180);              // 旋转 30 度
            context.fillRect(10,10,100,50);              // 使用（10,10）作为起始点绘制矩形
    }
}
```

3. 图形缩放

图形缩放是指图形的缩小或放大效果，实现该功能时需要调用 scale() 方法。如果对图形进行缩放，之后的所有绘图也将会被缩放，定位也会被缩放。例如，对于 scale(2,2) 来说，绘图时将定位于距离画布左上角两倍远的位置。scale() 方法的语法格式如下：

```
context.scale(scalewidth,scaleheight);
```

在上述语法中，scalewidth 参数表示当前绘图宽度的缩放比例（1=100%，0.5=50%，2=200%，依次类推），scaleheight 参数表示当前绘图高度的缩放比例（1=100%，0.5=50%，2=200%，依次类推）。

【例 5-10】

下面的代码在对坐标放大 2 倍前后分别绘制了一个矩形。

```
window.onload = function(){
    var canvas = document.getElementById("MyCanvas");
    if(canvas.getContext){
            var context = canvas.getContext("2d");
            context.strokeRect(5,5,25,15);                 // 使用（5,5）作为起始点绘制矩形
            context.scale(2,2);                             // 放大 2 倍
            context.strokeRect(5,5,25,15);                 // 使用（5,5）作为起始点绘制矩形
    }
}
```

4. 平移、旋转和缩放

一般情况下，开发者不会单独使用一种变形特效，通常会结合使用两种或三种变形特效，例如同时使用平移和旋转特效。使用多种特效时，使用顺序不同也可能导致画出的结果不同，它们的顺序可能是平移、旋转、缩放；平移、缩放、旋转；缩放、平移、旋转；缩放、旋转、平移；旋转、平移、缩放；旋转、缩放、平移。

图 5-10 显示了坐标轴变化的两两关系。其中，蓝色代表平移，红色代表旋转，绿色代表旋转。

图 5-10　坐标轴两两关系

HTML5+CSS3+JavaScript　网页设计

【例 5-11】

创建一个示例，通过调用平移、旋转和缩放的方法绘制一个不规则的相对比较复杂的图形，实现步骤如下。

01 在页面中添加宽度为 600 像素、高度为 300 像素的 canvas 元素。

02 添加 JavaScript 脚本代码，使用三种坐标变换方式绘制图形。实现代码如下：

```html
<script type="text/javascript">
window.onload = function(){
  var canvas = document.getElementById("canvas1");
  if(canvas.getContext){
    var context = canvas.getContext("2d");          // 获取上下文对象
    context.strokeStyle = "#000000";                // 填充颜色
    context.strokeRect(0, 0, 600, 300);             // 绘制矩形
    context.translate(300, 5);                      // 将图形平移
    context.fillStyle = "#999999";                  // 填充颜色
    for(var i = 0; i < 50; i++) {
      context.scale(0.95, 0.95);                    // 缩放
      context.translate(35, 25);                    // 平移
      context.rotate(Math.PI / 11);                 // 旋转
      context.shadowColor="#ff0000";                // 阴影颜色
      context.shadowBlur = 20;                      // 阴影模糊路径
      context.fillRect(0, 0, 100, 50);              // 绘制矩形
    }
  }
}
</script>
```

上述代码首先获取页面中的 canvas 元素，接着创建上下文对象，通过 fillStyle 属性和 fillRect() 绘制一个宽度为 600 像素、高度为 300 像素的矩形，绘制完毕后将其进行平移，然后通过 for 语句进行循环，以此进行缩放、平移和旋转操作，并且设置图形的阴影颜色和模糊路径，最后调用 fillRect() 方法循环绘制宽度为 100 像素、高度为 50 像素的矩形。

03 在浏览器中运行上述代码查看绘制的最终图形，如图 5-11 所示。

图 5-11　复杂图形效果

技巧

读者可以尝试修改 for 语句中缩放、平移和旋转的执行顺序，将前面列出的 6 种顺序一一进行演示，这时可以发现（平移、旋转、缩放）与（平移、缩放、旋转）效果一样，（缩放、旋转、平移）与（旋转、缩放、平移）效果一样。

5.5.2　矩阵变换

矩阵变换其实是在画布内实现平移、缩放和旋转的一种机制，它的主要原理是矩阵相乘。矩阵变换常用的一种方法就是 transform()，该方法的语法格式如下：

```
context.transform(a,b,c,d,e,f);
```

从上述语法可以看出，transform() 方法有 6 个参数：a 和 b 分别表示水平缩放绘制和水平倾斜绘制，c 和 d 分别表示垂直倾斜绘制和垂直缩放绘制，e 和 f 分别表示水平移动绘制和垂直移动绘制。

使用 transform() 方法时，画布上的每个对象都拥有一个当前的变换矩阵，该方法替换当前的变换矩阵。可以使用下面描述的矩阵来操作当前的变换矩阵。

```
a   c   e
b   d   f
0   0   1
```

使用 context.transform(1,0,0,1,x,y) 或 contex.transform(0,1,1,0,x,y) 方法代替 translate(x,y) 方法实现平移。在用 transform() 方法实现平移时，前 4 个参数表示不对图形进行操作，x 和 y 的设置分别表示将原点坐标向右移动 x 个像素，并向下移动 y 个像素。

使用 context.transform(x,0,0,y,0,0) 或 context.transform(0,y,x,0,0,0) 方法代替 scale(x,y) 方法。在用 transform() 方法实现缩放时，前面 4 个参数表示将图形横向扩大或缩小 x 倍，纵向扩大或缩小 y 倍，最后两个参数表示坐标原点不移动。

使用 transform() 方法实现旋转要比实现平移和缩放复杂，它可以通过两种设置方式来实现。第一种方式实现旋转：

```
context.transform(

            Math.cos(angle*Math.PI/180),

            Math.sin(angle*Math.PI/180),

            -Math.sin(angle*Math.PI/180),

            Math.cos(angle*Math.PI/180),

            0,0);
```

第二种方式实现旋转：

```
context.transform(

            -Math.sin(angle*Math.PI/180),

            Math.cos(angle*Math.PI/180),

            Math.cos(angle*Math.PI/180),

            Math.sin(angle*Math.PI/180),

            0,0);
```

在上述两种方式的代码中，前 4 个参数利用三角函数完整旋转，angle 参数表示按照顺时针旋转的角度；最后两个参数指定为 0，表示原点坐标不发生改变。

HTML5+CSS3+JavaScript 网页设计

【例 5-12】

首先绘制一个宽度为 250 像素、高度为 100 像素、填充颜色为黄色的矩形，接着通过 transform() 方法添加一个变换矩阵后再绘制一个矩形，然后再次添加一个新的变换矩阵后继续绘制矩形。在这个过程中，每次调用 transform() 方法都会在前一个变换矩阵上构建新图形。实例的 JavaScript 代码如下：

```
window.onload = function(){
    var canvas = document.getElementById("MyCanvas");
    if(canvas.getContext){
            var context = canvas.getContext("2d");              // 创建上下文对象
            context.fillStyle="yellow";                         // 填充颜色为黄色
            context.fillRect(0,0,250,100)                       // 绘制矩形
            context.transform(1,0.5,-0.5,1,30,10);              // 变换矩阵
            context.fillStyle="red";                            // 填充颜色为红色
            context.fillRect(0,0,250,100);                      // 绘制矩形
            context.transform(1,0.5,-0.5,1,30,10);              // 变换矩阵
            context.fillStyle="blue";                           // 填充颜色为蓝色
            context.fillRect(0,0,250,100);                      // 绘制矩形
    }
}
```

上述代码运行后的最终图形如图 5-12 所示。使用 transform() 方法后要绘制的图形都会按照移动后的原点坐标与新的变换矩阵相结合的方法进行重置。必要时可以使用 setTransform() 方法将变换矩阵进行重置，该方法的语法格式如下：

```
context.setTransform(a,b,c,d,e,f);
```

setTransform() 方法的 6 个参数的含义与 transform() 方法一致。简单来说，setTransform() 方法允许开发者缩放、旋转、平移并倾斜当前的画布环境，该变换只会影响 setTransform() 方法调用之后的绘图。

图 5-12　矩阵变换效果 1

【例 5-13】

绘制一个矩形后通过 setTransform() 方法重置并创建新的变换矩阵，接着绘制第二个矩形

并创建新的变换矩阵，然后再绘制第三个矩形。JavaScript 实现代码如下：

```
window.onload = function(){
    var canvas = document.getElementById("MyCanvas");
    if(canvas.getContext){
            var context = canvas.getContext("2d");
            context.fillStyle="yellow";                         //填充颜色为黄色
            context.fillRect(0,0,250,100)                       //绘制矩形
            context.setTransform(1,0.5,-0.5,1,30,10);           //重置变换矩阵
            context.fillStyle="red";                            //填充颜色为红色
            context.fillRect(0,0,250,100);                      //绘制矩形
            context.setTransform(1,0.5,-0.5,1,30,10);           //重置变换矩阵
            context.fillStyle="blue";                           //填充颜色为蓝色
            context.fillRect(0,0,250,100);                      //绘制矩形
    }
}
```

上述代码在每次调用 setTransform() 时都会重置前一个变换矩阵，然后再构建新的矩阵。因此在本示例中不会显示红色矩形，因为它在蓝色矩形的下面，最终图形如图 5-13 所示。

图 5-13　矩阵变换效果 2

5.5.3　组合图形

在前面的示例中，使用上下文对象可以将一个图形重叠绘制在另一个图形上面，但是图形中能够被看到的部分完全取决于以哪种方式进行组合，这时需要使用图形组合技术。图形组合时涉及两个属性：globalAlpha 和 globalCompositeOperation。

1.　globalAlpha 属性

globalAlpha 属性用于设置或者返回绘图的当前透明值。该属性值必须是介于 0.0（完全透明）与 1.0（不透明）之间的数字。使用示例如下：

```
context.globalAlpha=1;                                   //设置为不透明
context.globalAlpha=0.5;                                 //设置为半透明
```

HTML5+CSS3+JavaScript　网页设计

135

2. globalCompositeOperation 属性

globalCompositeOperation 属性用于设置或者返回如何将一个源（新的）图形绘制到目标（已有）的图形上。其中，源图形是指将要绘制的新图形，目标图形是指已经放置在画布上的图形。该属性的值是一个枚举值，可选值及说明如表 5-2 所示。

表 5-2   globalCompositeOperation 属性的取值

属性取值	说　明
source-over	默认设置，表示新图形覆盖在原有图形之上
destination-over	在原有图形之上绘制新图形
source-in	新图形仅仅出现与原有图形相重叠的部分，其他区域都变成透明的
destination-in	原有图形中与新图形重叠的部分会被保留，其他区域都变成透明的
source-out	只有新图形与原有内容不重叠的部分会被绘制出来
destination-out	原有图形与新图形不重叠的部分会被保留
source-atop	只绘制新图形和原有图形重叠的部分与未被重叠覆盖的原有图形，新图形的其他部分变成透明
destination-atop	只绘制原有图形被新图形重叠覆盖的部分与新图形的其他部分，原有图形中的其他部分变成透明，不绘制新图形中与原有图形相重叠的部分
lighter	两图形中重叠部分做加色处理
darker	两图形中重叠的部分做减色处理
xor	重叠的部分会变成透明
copy	只有新图形会被保留，其他都被清除

【例 5-14】

下面通过一个简单的案例实现组合多个图形的效果。本案例通过循环设置 globalCompositeOperation 属性的值实现组合图形的多个效果，具体步骤如下。

01 添加新的 HTML 页面，在页面的合适位置添加 11 个宽度为 100、高度为 100 的 canvas 元素，用来显示组合图形的多个效果。页面的主要代码如下：

```
<body onLoad="draw()">
    <canvas height=100 width=100 id="canvas1"></canvas>
    <canvas height=100 width=100 id="canvas2"></canvas>
    /* 省略其他 canvas 元素的设置 */
</body>
```

02 页面加载时调用 JavaScript 脚本中的 draw() 函数，该函数的具体代码如下：

```
function draw()
{
```

```
var oprtns=new Array("source-atop","source-in","source-out","source-over","destination-atop",
                    "destination-in","destination-out","destination-over","lighter","copy",
                    "darker","xor");
for(var i=0;i<12;i++)
{
        var canvas = document.getElementById("canvas"+(i+1));
        if(canvas && canvas.getContext)
        {
                var context=canvas.getContext("2d");
            context.fillStyle="#FFFFFF";
            context.fillRect(10,10,60,60);
            context.globalCompositeOperation=oprtns[i];
            context.beginPath();
            context.fillStyle="red";
            context.arc(60,60,30,0,Math.PI*2,false);
            context.fill();
        }
    }
}
```

　　上述代码首先声明了一个数组变量保存 type 属性的所有值，然后通过 for 语句显示 canvas 元素的组合效果图。在 for 语句中首先调用 fillRect() 函数绘制填充颜色为白色的正方形，接着指定 globalCompositeOperation 属性的值，最后调用 arc() 函数绘制填充颜色为红色的圆形。

　　03 运行本示例的代码，页面的最终效果如图 5-14 所示。

图 5-14　组合图形的效果

5.5.4 线性渐变

线性渐变是沿着一根轴线（水平或者垂直）改变颜色，从起点到终点颜色进行顺序渐变（从一边拉向另一边）。上下文对象提供 createLinearGradient() 方法创建线性渐变的对象，渐变可用于填充矩形、圆形、线条和文本等。createLinearGradient() 方法的语法格式如下：

```
context.createLinearGradient(x0,y0,x1,y1);
```

在上述语法中需要传入 4 个参数。其中，x0 和 y0 表示渐变开始点的 x 坐标和 y 坐标，x1 和 y1 表示渐变结束点的 x 坐标和 y 坐标。

createLinearGradient() 方法只是创建了一个使用两个坐标点的 LinearGradient 对象。如果要设置渐变的颜色则需要通过 addColorStop() 方法。addColorStop() 方法的语法格式如下：

```
gradient.addColorStop(stop,color);
```

addColorStop() 方法需要传入两个参数：stop 参数指定颜色离开渐变起始点的偏移量，它的值位于 0 与 1 之间；color 参数指定结束位置显示的 CSS 颜色值。图 5-15 描述了偏移量的含义，0 表示起始点，1 表示结束点。

图 5-15　addColorStop() 方法中 stop 参数的含义示意图

技巧

可以多次调用 addColorStop() 方法来改变渐变效果。如果不对渐变对象使用 addColorStop() 方法，那么渐变将不可见。因此，为了获得可见的渐变效果，至少需要创建一个渐变。

【例 5-15】

本示例将结合使用 createLinearGradient() 方法和 addColorStop() 方法实现颜色依次从 black 到 magenta、blue、green、yellow 的渐变。

创建一个示例，使用彩虹的 7 种颜色生成一个线性渐变并绘制到矩形上，实现步骤如下。

01 在 HTML 页面中添加宽度为 600、高度为 200 的 canvas 元素。

02 在画布中绘制颜色的线性渐变，实现多种颜色过渡。代码如下：

```
window.onload = function(){
    var canvas = document.getElementById("canvas1");
    var context = canvas.getContext("2d");
    context.lineWidth = 2;                           // 指定边框的宽度为 2
```

```
    context.strokeStyle = "#FFFFFF";                          // 边框颜色
    context.strokeRect(10,10,550,180);                        // 绘制矩形
    var gradient=context.createLinearGradient(0,0,550,0);     // 创建 LinearGradient 对象
    gradient.addColorStop(0,"#FF0000");                       // 红色
    gradient.addColorStop("0.2","#FF7F00");                   // 橙色
    gradient.addColorStop("0.4","#FFFF00");                   // 黄色
    gradient.addColorStop("0.5","#00FF00");                   // 绿色
    gradient.addColorStop("0.7","#00FFFF");                   // 青色
    gradient.addColorStop("0.9","#0000FF");                   // 蓝色
    gradient.addColorStop(1,"#8B00FF");                       // 紫色
    context.fillStyle=gradient;                               // 将填充颜色设置为渐变
    context.fillRect(10,10,550,180);                          // 使用渐变绘制矩形
}
```

03 在浏览器中运行上述代码，最终渐变效果如图 5-16 所示。

图 5-16　线性渐变的效果

5.5.5　径向渐变

与线性渐变不同，径向渐变是指以圆心为起点沿着圆形的半径向外进行扩散的渐变方式，如绘制太阳时沿着太阳的半径向外扩散出去的光晕就是径向渐变。

实现径向渐变需要通过 createRadialGradient() 函数创建 RadialGradient 对象，该函数的语法格式如下：

```
context.createRadialGradient(xStart,yStart,radiusStart,xEnd,yEnd,radiusEnd);
```

上述语法中包含 6 个参数，xStart 参数和 yStart 参数分别表示渐变开始时圆的圆心横坐标，radiusStart 参数表示开始圆的半径，xEnd 参数和 yEnd 参数分别表示渐变结束时圆心的横坐标，radiusEnd 参数表示结束圆的半径。

径向渐变设定颜色时与线性渐变相同，需要使用 RadialGradient 对象的 addColorStop() 函

HTML5+CSS3+JavaScript　网页设计

数进行设定，同样需要设置 0 到 1 之间的浮点数作为渐变转折点的偏移量。

【例 5-16】

创建一个示例，先调用 createRadialGradient() 函数创建径向渐变对象，再使用 fillStyle 属性、arc() 函数及 addColorStop() 函数等实现绘制径向渐变的效果，实现步骤如下。

01 在 HTML 页面中添加宽度为 600、高度为 200 的 canvas 元素。

02 页面加载时调用 draw() 函数，该函数会实现绘制径向渐变的效果。具体代码如下：

```javascript
function draw()
{
    var canvas = document.getElementById("canvas");                        // 获取 canvas 元素
    var context = canvas.getContext("2d");                                 // 创建画布
    context.lineWidth = 2;                                                 // 指定边框的宽度为 2
    context.strokeStyle = "#FFFFFF";                                       // 边框颜色
    context.strokeRect(10,10,550,180);                                     // 绘制矩形
    var g1 = context.createRadialGradient(400, 0, 0, 400, 0, 400);         // 创建 RadialGradient 对象
    g1.addColorStop(0.1, "rgb(255, 255, 0)");                              // 设置渐变颜色
    g1.addColorStop(0.3, "rgb(0, 255, 255)");
    g1.addColorStop(0.5, "rgb(45, 125, 255)");
    g1.addColorStop(1, "rgb(255, 0, 255)");
    context.fillStyle = g1;
    context.fillRect(10, 10, 550, 180);                                    // 绘制矩形
    var n = 0;
    var g2 = context.createRadialGradient(250, 250, 0, 250, 250, 300);     // 创建 RadialGradient 对象
    g2.addColorStop(0.1, "rgba(43, 255, 243, 0.3)");                       // 设置渐变颜色
    g2.addColorStop(0.7, "rgba(255, 255, 0, 0.5)");
    g2.addColorStop(1, "rgba(0, 0, 255, 0.8)");
    for(var i = 0; i < 10; i++)                                            // 遍历显示圆形
    {
        context.beginPath();                                               // 创建绘制路径
        context.fillStyle = g2;                                            // 设置样式
        context.arc(i * 25, i * 25, i * 10, 0, Math.PI * 2, true);         // 绘制圆形路径
        context.closePath();                                               // 关闭路径
        context.fill();
    }
}
```

上述代码中首先通过 context 对象的 createRadialGradient() 函数创建两个 RadialGradient 对象，然后分别调用该对象的 addColorStop() 函数设置渐变颜色，在 g2 对象中用 addColorStop() 函数指定渐变颜色时，0.3、0.5 和 0.8 分别表示其透明度。for 语句用于循环绘制圆形，在该语句中 beginPath() 函数创建开始的路径，fillStyle 的属性值设置为 g2 对象，arc() 函数绘制圆形。

03 运行本示例的代码进行测试，页面的最终效果如图 5-17 所示。

图 5-17　径向渐变的效果

 ## 5.6　使用图像

在 HTML5 中，不仅可以使用 canvas API 绘制图形，还可以读取磁盘或网络中的图像文件，然后将图像绘制在画布中。下面详细介绍有关图像的操作，如绘制图像和平铺图像等。

5.6.1　绘制图像

在 HTML5 中，绘制图像需要使用 drawImage() 函数，使用该函数可以绘制图像的某一部分，添加或者减少图像的尺寸。drawImage() 函数有三种语法格式，下面依次介绍。

1.　drawImage(image,dx,dy)

这是最常用的一种格式，需要传入 3 个参数：第一个参数是指 image 对象，它不仅可以指向 img 元素，还可以是 video 元素或者 JavaScript 中的 image 对象；第二个参数是指目标 x 坐标，即在画布中的横坐标；第三个参数是指目标 y 坐标，即在画布中的纵坐标。

【例 5-17】

下面通过一个具体的示例演示 drawImage(image,dx,dy) 的使用，步骤如下。

01 在页面中添加一张图片和一个 canvas 元素。代码如下：

```
<img src="images/fox.jpg " id="img" style="border:2px solid #FFF;height:150px;width:150px" />
<canvas id="canvas1" style="border:2px solid #FFF;height:150px;width:150px"></canvas>
```

02 添加 JavaScript 脚本代码，直接调用 drawImage(image,dx,dy) 方法绘制图像，指定绘制图像时的起点坐标（0,0）。代码如下：

```
window.onload = function(){
    var canvas = document.getElementById("canvas1");
    if(canvas.getContext){
        var context = canvas.getContext("2d");
        var image=document.getElementById("img");
        context.drawImage(image,0,0);
```

HTML5+CSS3+JavaScript　网页设计

```
        }
    }
```

03 在浏览器中运行上述代码，查看绘图效果，如图 5-18 所示。

图 5-18　显示普通图像效果

试一试

通过这种形式绘制图像时，如果图像的高度小于或等于画布的高度，那么绘制时图像正常显示。如果图像的高度大于画布的高度，即画布高度不够，那么将会绘制图像的一部分，效果如图 5-19 所示。

图 5-19　图像大于画布宽度的效果

2. drawImage(img,dx,dy,width,height)

与上一种方式相比，这种方式多了两个参数，width 和 height 分别表示绘制图像的宽度和高度。例如，更改例 5-17 中的代码，指定绘制图像的宽度和高度都为 150 像素。代码如下：

```
context.drawImage(image,0,0,150,150);
```

刷新浏览器查看效果，如图 5-20 所示。与图 5-19 对比可以发现，由于在绘制时指定了图像的宽度和高度，因此即使源图尺寸大于画布也不会出现被裁剪的效果。

图 5-20　指定图像的宽度和高度效果

3. drawImage(img,sx,sy,swidth,sheight,dx,dy,width,height)

使用这种格式可以剪切图像，并在画布上定位被剪切的部分。该语法有 9 个参数，其中，img 指定要使用的图像、画布或者视频，sx 和 sy 表示开始剪切时 x 坐标和 y 坐标的位置，swidth 和 sheight 表示被剪切图像的宽度和高度，dx 和 dy 分别表示在画布上放置图像的 x 坐标和 y 坐标的位置；width 和 height 是可选参数，表示要使用的图像的宽度和高度（伸展或者缩小图像）。

例如，继续在例 5-17 的基础上更改内容。代码如下：

```
context.drawImage(image,0,0,150,150,0,0,150,250);
```

刷新浏览器查看效果，如图 5-21 所示。

图 5-21　剪切效果

5.6.2　平铺图像

图像平铺是指按照一定的比例缩小图像并将画布铺满。图像平铺功能的实现有两种方式：使用上下文对象的 drawImage() 函数或者 createPattern() 函数。createPattern() 函数的语法格式如下：

```
context.createPattern(image,type);
```

上述语法中有两个参数，image 表示要平铺的图像，type 表示平铺的类型。type 参数有以下取值。

- **repeat-x**　横向平铺。
- **repeat-y**　纵向平铺。
- **no-repeat**　不平铺。
- **repeat**　全方向平铺。

使用 createPattern() 函数实现平铺图像功能要比使用 drawImage() 函数简单得多，只需要几个简单的步骤即可轻松完成，其主要步骤如下。

01 创建 image 对象并指定图像文件后使用 createPattern() 函数创建填充样式。

02 将样式指定给图形上下文对象的 fillStyle 属性。

03 填充画布。

【例 5-18】

创建一个示例，在画布上分别使用 drawImage() 函数和 createPattern() 函数实现图像的平铺，实现步骤如下。

01 创建一个 HTML5 页面，添加一个宽为 600 像素、高为 200 像素、id 为 canvas1 的画布。

02 编写代码调用 drawImage() 函数实现图像平铺的效果。实现代码如下：

```
window.onload = function(){
    var canvas = document.getElementById("canvas1");
    var context = canvas.getContext("2d");
    var img = new Image();                          // 创建 img 对象
    img.src="images/xy_bg1.png";                    // 要平铺图像的路径
    img.onload = function(){
        var scale = 1.5;                            // 平铺比例
        var n1 = img.width/scale;                   // 缩小后图像宽度
        var n2 = img.height/scale;                  // 缩小后图像高度
        var n3 = canvas.width/n1;                   // 平铺横向个数
        var n4 = canvas.height/n2;                  // 平铺纵向个数
        for(var i=0;i<n3;i++)
            for(var j=0;j<n4;j++)
                context.drawImage(img,i*n1,j*n2,n1,n2);
    }
}
```

上述代码将会按 img 指定图像的 1.5 倍在画布上平铺，平铺效果如图 5-22 所示。

03 编写代码调用 createPattern() 函数实现图像平铺的效果。实现代码如下：

```
window.onload = function(){
    var canvas = document.getElementById("canvas1");
    var context = canvas.getContext("2d");
    var img = new Image();                          // 创建 img 对象
    img.src="images/xy_bg1.png";                    // 要平铺图像的路径
    img.onload = function(){
        var pattern = context.createPattern(img,"repeat");   // 设置平铺方式
        context.fillStyle=pattern;                  // 指定 fillStyle 属性
        context.fillRect(0,0,600,200);              // 填充画布
    }
}
```

上述代码调用 createPattern() 函数指定 repeat 值，因此会在画布上按水平和垂直两个方向平铺 img 元素，平铺效果如图 5-23 所示。

图 5-22　drawImage() 函数平铺效果

图 5-23　createPattern() 函数平铺效果

5.6.3　裁剪和复制图像

裁剪图像是指在画布内使用路径时只绘制该路径所包括区域内的图像，而不绘制路径外部的图像。上下文对象中的 clip() 函数实现了图像的裁剪功能，该函数会使用路径在画布上设置一个裁剪区域，因此必须先创建好路径，然后调用 clip() 函数完成裁剪。

在 5.6.1 节介绍了 drawImage() 函数有 3 种形式，使用该函数时如果传递 9 个参数可以实现图像复制的功能，该功能也可以看作变相地实现了图像裁剪的功能。

【例 5-19】

创建一个示例演示如何使用 clip() 函数和 drawImage() 函数实现图像的裁剪和复制功能。

01 创建一个 HTML5 页面。在页面的合适位置添加一个 img 元素显示原图，以及两个 canvas 元素分别显示裁剪和复制后的效果。代码如下：

```
<img src="images/bg.jpg" style="border:2px solid #F00;height:300px;width:300px;vertical-align: baseline;"/>
<canvas id="canvas1" style="border:2px solid #F00;height:300px;width:300px"></canvas>
<canvas id="canvas2" style="border:2px solid #F00;height:300px;width:300px"></canvas>
```

02 在 canvas1 中显示裁剪后的图像效果，裁剪代码如下：

```
var canvas1 = document.getElementById("canvas1");
var context1 = canvas1.getContext("2d");
var img=new Image();                                    // 创建 img 对象
img.src="images/bg.jpg";                                // 设置图像路径
img.onload = function(){
    context1.beginPath();                               // 开始绘制路径
    context1.arc(150,75,100,0,Math.PI*2,true);          // 绘制圆形
    context1.save();
    context1.closePath();                               // 结束绘制路径
    context1.clip();                                    // 切割选中的圆形区域
    context1.stroke();                                  // 填充切割的路径
    context1.drawImage(img,0,0,300,300);                // 被切割的图像
    context1.restore();
}
```

上述代码首先创建 image 对象，然后调用 arc() 函数绘制圆像，接着调用 clip() 函数裁剪图像，再调用 drawImage() 函数绘制裁剪后的图像。

03 在 canvas2 中显示复制后的图像效果，代码如下：

```
var canvas2 = document.getElementById("canvas2");
var context2 = canvas2.getContext("2d");
var img = new Image();
img.src = "images/bg.jpg";
img.onload = function () {
    context2.drawImage(img, 50, 150, 300, 300,0,0,300,300);
}
```

HTML5+CSS3+JavaScript　网页设计

上述代码首先创建 image 对象 img 并指定该对象的 src 属性，然后在 img 对象的 onload 事件中调用 drawImage() 函数，且在该函数中传入 9 个参数，直接实现图像复制（或裁剪）的效果。

04 运行页面会看到 3 个图像，分别是原图、裁剪效果和复制效果，如图 5-24 所示。

图 5-24　裁剪和复制图像效果

5.7　实践案例：制作图像黑白和反转效果

在网页中对图像进行颜色的转换很重要，同一个图像在网页中相同的位置显示不同的颜色所起到的效果是不一样的。本次案例通过对彩色图像实现黑白和反转效果来讲解如何对图像的颜色进行处理。

黑白效果很容易理解，这里不做介绍。假设，图像上某一点像素的颜色是 RGBA (255,0,100,255)，取反后该像素的 RGBA 变为（0,255,155,255），注意透明度 Alpha 是不变的，这就是反转效果。

无论是黑白效果还是反转效果都需要使用上下文对象的 putImageData() 函数和 getImageData() 函数来实现。

（1）getImageData(x,y,w,h) 函数。

该函数用于获取图像的像素数据。其中，x 参数为横轴坐标，y 参数为纵轴坐标，w 参数为所选区域的宽度，h 参数为所选区域的高度。

（2）putImageData(img,x,y) 函数。

putImageData() 用于修改图像的像素数据。其中，img 参数为需要重新绘制的图像，x 参数为新图像的横轴起始坐标，y 参数为新图像的纵轴起始坐标。

了解这两个函数的作用及语法之后，下面开始实现案例。

01 创建一个 HTML5 页面，在合适位置添加 img 元素显示处理前的原图效果，以及两个 canvas 元素分别应用黑白效果和反转效果。代码如下：

```
<img src="images/timg.jpg" id="img" style="border:2px solid #FFF;vertical-align: baseline;height:300px;width
h:300px" />
    <canvas id="canvas1" style="border:2px solid #FFF;height:300px;width:300px"></canvas>
    <canvas id="canvas2" style="border:2px solid #FFF;height:300px;width:300px"></canvas>
```

02 编写代码实现在画布 canvas1 上显示黑白效果，代码如下：

```
window.onload = function(){
    var canvas1 = document.getElementById("canvas1");
    var picWidth = 300;                                    // 图像宽度
    var picHeight = 300;                                   // 图像高度
    var picLength = picWidth * picHeight;
    var myImage = new Image();
    var ctx1 = canvas1.getContext("2d");
    myImage.src = "images/timg.jpg";                       // 指定图像的路径
    myImage.onload = function() {
      ctx1.drawImage(myImage, 0, 0,300,300);
      getColorData();                                      // 获取图像的数据
      putColorData();                                      // 修改图像的数据
    }
    function getColorData() {
      myImage = ctx1.getImageData(0, 0,300,300);
      for (var i = 0; i < picLength * 4; i += 4) {
        var myRed = myImage.data[i];
        var myGreen = myImage.data[i + 1];
        var myBlue = myImage.data[i + 2];
        myGray = parseInt((myRed + myGreen + myBlue) / 3);
        myImage.data[i] =myGray;
        myImage.data[i + 1]=myGray;
        myImage.data[i + 2] =myGray;
      }
    }
    function putColorData() {
      ctx1.putImageData(myImage,0,0);
    }
}
```

03 编写代码实现在画布 canvas2 上显示反转效果，代码如下：

```
    var canvas2 = document.getElementById("canvas2");
    var ctx2 = canvas2.getContext("2d");
    var img = new Image();
```

```
img.src = "images/timg.jpg";
img.onload = function(){
    ctx2.drawImage(img, 0, 0,300,300);
    var imgData=ctx2.getImageData(0,0,300,300);
    for (i=0; i<imgData.width*imgData.height*4;i+=4)
    {
        imgData.data[i]=255-imgData.data[i];
        imgData.data[i+1]=255-imgData.data[i+1];
        imgData.data[i+2]=255-imgData.data[i+2];
        imgData.data[i+3]=255;
    }
    ctx2.putImageData(imgData,0,0);
}
```

04 保存上述步骤对文档的修改，在浏览器中打开查看效果，如图 5-25 所示。这里要注意，出于安全的考虑，HTML5 禁止跨域对 canvas 进行修改，因此本案例需要在 Web 服务器环境下运行。

图 5-25 黑白和反转效果

 ## 5.8 练习题

一、填空题

1. HTML5 获取上下文对象需要调用 _____ 函数。

2．使用 _____ 函数可以绘制圆形。

3．要保存图像时需要调用 _____ 函数。

4．绘制矩形边框的是 _____ 函数。

5．绘制文本时可以通过设置 _____ 属性设置字体。

6．将图像进行平移需要调用 _____ 函数。

二、选择题

1．_____ 函数可以将图像以 base64 位方式输出到浏览器中。

A．toDataURL()　　　　　　　　　　B．strokeRect()

C．fillRect()　　　　　　　　　　　　D．drawImage()

2．绘制图像完毕，可以调用 _____ 方法关闭路径。

A．startPath()　　　　　　　　　　　B．clip()

C．beginPath()　　　　　　　　　　　D．closePath()

3．通过调用 _____ 属性可以设置阴影的模糊程度。

A．shadowColor　　　　　　　　　　B．shadowBlur

C．shadowOffsetX　　　　　　　　　D．shadowOffsetY

4．在 HTML5 中，下列 drawImage() 方法的参数正确的是 _____。

A．drawImage (x)　　　　　　　　　　B．drawImage (x,y)

C．drawImage(image,dx,dy)　　　　　D．drawImage(image)

5．以填充的方式绘制文字时需要调用 _____ 函数。

A．fillRect()　　　　　　　　　　　　B．Text()

C．fillText()　　　　　　　　　　　　D．strokeText()

6．绘制线性渐变和径向渐变时都需要调用 _____ 函数追加颜色的渐变效果。

A．createLinearGradient()　　　　　　B．createRadialGradient()

C．addColorStop()　　　　　　　　　D．createColorStop()

7．平移一个坐标需要用到下列哪个方法？ _____

A．translate()　　　　　　　　　　　B．scale()

C．rotate()　　　　　　　　　　　　　D．fillRect()

上机练习 1：绘制复杂图形

利用本章介绍的知识绘制一个比较复杂的图像，该图像的最终效果如图 5-26 所示。下面给出了需用到的数学运算代码。

```
var x = Math.sin(0);
var y = Math.cos(0);
var dig = Math.PI / 15 * 11;
for (var i = 0; i < 30; i++) {
    var x = Math.sin(i * dig);
    var y = Math.cos(i * dig);
    context.lineTo(dx + x * s, dy + y * s);
}
```

图 5-26 复杂图形效果

上机练习 2：裁剪图像

利用 drawImage() 方法实现图像的平铺和裁剪功能，最终效果如图 5-27 所示，其中左边是图像的原始效果，右侧是裁剪后的效果。

图 5-27 裁剪图像效果

第6章

HTML5 数据存储

在传统的 HTML 时代，浏览器只是一个简单的"界面呈现工具"：浏览器负责向远程服务器发送请求，并读取服务器响应的 HTML 文档，再"呈现"HTML 文档。但是，如何更好地在客户端存储请求数据，一直是开发者比较棘手的问题。

HTML5 的出现改变了这种局面。HTML5 增加了全新的数据存储方式代替原来的 Cookie 方案，可以临时或者永久地将数据存储在客户端而无须与服务器交互，极大地减轻了服务端的压力，加快了页面浏览的速度。本章将详细介绍 HTML5 中的这种数据存储方式及其使用方法和技巧。

本章学习要点

◎ 了解 HTML5 的 Web 存储
◎ 熟悉 sessionStorage 对象和 localStorage 对象的创建
◎ 掌握 localStorage 对象的使用方法
◎ 掌握本地数据库的基本操作

6.1 Web 存储简介

在 HTML4 中通常使用 Cookie 存储机制，但是由于 Cookies 有限制保存数据空间大小、数据保密性差、代码操作复杂等缺点已经完全无法满足如今开发者的需求。

HTML5 规范定义了一种更好地在客户端存储数据的方式。根据时效性可以将数据分为会话数据和永久数据两种类型，分别对应于 sessionStorage 对象和 localStorage 对象。本节在详细介绍这两个对象的使用之前，首先与传统的 Cookie 进行简单对比。

6.1.1 Web 存储和 Cookie 存储

大家知道，Web 存储和 Cookie 存储都是用来储存客户端数据的。Cookie 是最简单的用来存储客户端数据的一种方式。它需要指定作用域，不可以跨域使用。它的优点在于，允许用户在登录网站时记住用户输入的用户名和密码，这样在下一次登录时就不需要再次输入了，从而达到自动登录的效果。

Web 存储的概念和 Cookie 相似，但是它们还是有区别的。主要区别有以下几点。

（1）储存大小不同。

Cookie 的大小是受限制的，并且每次用户请求一个新的页面时，Cookie 都会被发送过去，这样无形中会造成资源浪费。而 Web 存储中每个域的存储大小默认是 5MB，相比 Cookie 的 4KB 要大得多。

（2）自身方法不同。

Web 存储拥有 getItem()、setItem()、removeItem()、clear() 等方法，Cookie 需要前端开发者自己封装 Cookie 的读取和写入方法。

（3）存储有效时间不同。

Cookie 的失效时间用户可以自行设置，它的失效时间可长可短。但是 Web 存储中的 localStorage 对象只要不手动删除，它的存储时间就永远不会失效；而 sessionStorage 对象只要浏览器关闭，它的存储时间就失效。

（4）作用范围不同。

Cookie 的作用是可以与服务器交互，作为 HTTP 规范的一部分存在，而 Web 存储仅仅是为本地存储数据服务。

任何事物都有两面性，就像 Web 存储和 Cookie 存储，它们自身有优点也有缺陷，Cookie 存储不能替代 Web 存储，同样 Web 存储更不能代替 Cookie 存储。

⚠ 注意

Web 存储的数据取决于浏览器，并且每个浏览器都是独立的。如果用户使用 Opera 浏览器访问网站，那么所有的数据都存储在 Opera 浏览器的 Web 存储库中；如果用户使用 Chrome 浏览器再次访问该站点，将不能够使用通过 Opera 浏览器存储的数据。

6.1.2 sessionStorage 对象

sessionStorage 对象主要是针对一个 session（用户会话）的数据存储。它适用于存储短期的数据，在同域中无法共享，并且在用户关闭窗口后数据将被清除。

在使用 sessionStorage 对象前应先检查浏览器是否支持该对象，检测代码如下：

```
if( typeof(Storag e)!=="undefined" )
{
    // 支持 sessionStorage 对象
} else {
    // 不支持 sessionStorage 对象
}
```

也可以通过以下示例实现：

```
if( !!window.sessionStorage )
{
    // 支持 sessionStorage 对象
} else {
    // 不支持 sessionStorage 对象
}
```

sessionStorage 对象使用 "key:value" 键值对来存储数据，该对象的常用方法如下。
- **setItem()** 保存数据。
- **getItem()** 获取数据。
- **removeItem()** 删除数据。
- **clear()** 清除 localStorage 对象中所有的数据。
- **key()** 获取指定下标的键名称（如同 Array）。

【例 6-1】

下面通过实现一个用户计数器来演示如何使用 sessionStorage 对象写入和读取数据。首先为页面添加显示计数器的 HTML 代码，代码如下：

```
    <p> 当前页面访问量： <span id="num"></span></p>
```

上述代码定义了一个 id 为 num 的 span 元素，用于显示计数器的数字。调用 sessionStorage 对象的代码如下：

```
<script type="text/javascript">
if(supportSessionStorage()){              // 检测是否支持 sessionStorage 对象
    if (sessionStorage.pagecount)         // 判断是否第一次打开
    {
        var old_val = Number(sessionStorage.pagecount);   // 获取当前的数字
        sessionStorage.pagecount= old_val+1;              // 累加后进行保存
    }else{
        sessionStorage.pagecount=1;                       // 设置初始值为 1
    }
    var num = document.getElementById('num');
    num.innerText = sessionStorage.pagecount;             // 在页面显示最新的数字
}
</script>
```

HTML5+CSS3+JavaScript 网页设计

153

上述代码中，访问该页面时首先调用函数 supportSessionStorage() 检测浏览器是否支持 sessionStorage 对象。如果浏览器支持再判断当前会话中是否存在 pagecount 属性，第一次加载时该属性不存在，故使用初始值 1，以后每次加载时都在原来基础上递增。最后将 pagecount 属性显示到页面上。

上述代码使用了 supportSessionStorage() 函数，该函数用于判断当前的浏览器是否支持 sessionStorage 对象，具体实现代码如下：

```
function supportSessionStorage(){                    // 判断当前浏览器是否支持 sessionStorage 对象
    try{
        if(!!window.sessionStorage ) return window.sessionStorage;
    }catch(e){
        return undefined;
    }
}
```

在上述代码中，如果浏览器支持 sessionStorage 对象，那么全局对象 window 上会有一个 sessionStorage 属性。反之，如果浏览器不支持该特性，那么该属性值为 undefined。

在支持 sessionStorage 对象的浏览器中打开页面，然后刷新几次页面会看到数字的变化，如图 6-1 所示。使用 Chrome 浏览器可以查看 sessionStorage 对象中存储的具体数据，方法是按 F12 键打开调试控制台，然后在 Resources 分类下展开 Session Storage 节点，即可查看当前会话中所有数据的键及对应的值。从图 6-2 中可以看到当前存在一个名为 pagecount 的键，对应的值是 8。

图 6-1　会话计数器效果　　　　　　　　　图 6-2　调试控制台

6.1.3　localStorage 对象

使用 sessionStorage 对象存储的数据只在用户的临时会话中有效，如果关闭浏览器，这些数据都将丢失。因此，如果需要长期在客户端保存数据，不建议使用 sessionStorage 对象，而是使用 localStorage 对象。

localStorage 对象与 sessionStorage 对象具有相同的方法，两者的唯一区别就是 localStorage 对象可以将数据长期保存在客户端，除非手动将其清除。

> ⚠ **注意**
>
> 尽管使用 localStorage 对象可以将数据长期保存在客户端，但在跨浏览器读取数据时，数据仍然不可共享，即每一个浏览器只能读取各自浏览器中保存的数据，不能访问其他浏览器中保存的数据。

【例 6-2】

对例 6-1 进行修改，使用 localStorage 对象来实现可以跨页面的计数器功能。核心代码如下：

```
if(supportlocalStorage()){                              // 检测是否支持 localStorage 对象
    if (localStorage.pagecount)                         // 判断是否为第一次打开
    {
        var old_val = Number(localStorage.pagecount);   // 获取当前的数字
        localStorage.pagecount= old_val+1;              // 累加后进行保存
    }else{
        localStorage.pagecount=1;                       // 设置初始值为 1
    }
    var num = document.getElementById('num');
    num.innerText = localStorage.pagecount;             // 在页面显示最新的数字
}
```

supportlocalStorage() 函数用于判断当前浏览器是否支持 localStorage 对象，它的实现可参考例 6-1 中的 supportSessionStorage() 函数。打开多个浏览器窗口刷新页面会发现计数器是连续变化的，这也说明数据是共享的，如图 6-3 所示。

图 6-3　跨页面计数器效果

> 👉 **提示**
>
> localStorage 对象存储的数据同样可以在 Chrome 浏览器的控制台查看，方法是在 Resources 分类下展开 Local Storage 节点。

 ## 6.2　操作本地数据

localStorage 对象和 sessionStorage 对象提供了相同的方法来进行写入数据、读取数据以及清空数据等操作。本节以 localStorage 对象为例讲解具体操作数据的实现过程。

6.2.1 保存数据

保存数据最简单的方法就是调用 localStorage 对象的 setItem() 方法。该方法的语法格式如下：

```
localStorage.setItem(key,value)
```

其中，key 参数表示要保存数据的键名，value 参数表示要保存数据的值。在使用 setItem() 方法保存数据时对应格式为"键名，键值"。一旦键名设置成功，则不允许修改；如果有重复的键名，将用新的键值取代原有的键值。

【例 6-3】

使用 localStorage 对象的 setItem() 方法实现存储设备名称和设备型号，代码如下：

```
var localStorage = supportlocalStorage();
if(localStorage){
    localStorage.setItem("name"," 测试设备 ");              // 存储设备名称
    localStorage.setItem("model"," 小米 2s");                 // 存储设备型号
}else{
    alert(" 浏览器不支持 localStorage 对象 ");
}
```

如上段代码所示，使用 localStorage 对象的 setItem() 方法，将设备名称通过 name 键进行保存，通过 model 键保存设备型号。如图 6-4 所示为保存数据成功后的效果。

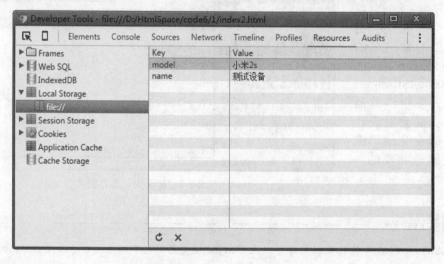

图 6-4　保存数据

setItem() 方法还有两种简化的形式，同样是使用 name 键保存设备名称数据，等价代码如下：

```
localStorage.name = " 测试设备 ";                    // 使用对象形式存储设备名称
localStorage["name"] = " 测试设备 ";                 // 使用数组形式存储设备名称
```

如果用户存储数据的数量已经达到浏览器的上限，浏览器会抛出一个 QUOTA_ EXCEEDED_ERR 异常。使用该异常的示例代码如下：

```
try
{
    localStorage.setItem("name"," 测试设备 ");                      // 存储设备名称
}catch(e){
    if(e == QUOTA_EXCEEDED_ERR){
        alert(" 数量超过浏览器上限，保存失败！ ");
    }
}
```

上段代码在保存数据时如果发生 QUOTA_EXCEEDED_ERR 异常，将会弹出对话框提示存储数量超过上限。

6.2.2　读取数据

使用 setItem() 方法保存数据后，如果需要读取被保存的数据可以调用 localStorage 对象的 getItem() 方法。该方法的语法格式如下：

```
localStorage.getItem(key)
```

其中，key 参数表示要读取数据所对应的键名，该方法会返回一个 key 键名对应的键值，如果键名不存在则返回一个 null 值。

【例 6-4】

创建一个实例，实现在系统后台的首页显示用户在登录页面输入的账号。要实现这个功能主要有两个步骤，第一步是在登录页面保存数据，第二步是在系统后台首页读取数据。使用 localStorage 对象实现的主要步骤如下。

<u>01</u> 新建一个 HTML5 页面。在页面中设计一个用于输入登录账号和密码的表单，本示例使用的登录表单代码如下：

```
<form    action="mysuperscript.php" autocomplete="on">
    <h1> 智能考勤系统 </h1>
    <p>
        <label for="username" class="uname" data-icon="u" >账号 </label>
        <input id="username" name="username" required="required" type="text" placeholder=" 用户
名或者邮箱 "/>
    </p>
    <p>
        <label for="password" class="youpasswd" data-icon="p"> 密码 </label>
        <input id="password" name="password" required="required" type="password" placeholder="
密码 " />
    </p>
    <p class="keeplogin">
        <input type="checkbox" name="loginkeeping" id="loginkeeping" value="loginkeeping" />
```

```
                <label for="loginkeeping"> 记住 </label>
        </p>
            <p class="login button">
            <input type="button" value=" 登录 " onclick="btnlogin_click();"/>
        </p>
    </form>
```

02 从登录表单的代码可以看出，单击"登录"按钮会执行 btnlogin_click() 函数。该函数实现了在 localStorage 对象中保存账号的功能，实现代码如下：

```
function btnlogin_click(){
    var username=$$("username").value;                    // 获取账号文本框内容
    var password=$$("password").value;                    // 获取密码框内容

    var localStorage = supportlocalStorage();             // 判断是否支持 localStorage 对象
    if(localStorage){
        localStorage.setItem("username",username);        // 保存用户名
        localStorage.setItem("password",password);        // 保存密码
        alert(" 登录成功 ");
    }else{
        alert(" 浏览器不支持 localStorage 对象 ");
    }
}
```

03 打开系统后台页面，在合适位置添加一个 span 元素用于显示登录后的账号。本示例中的代码如下：

```
<span id="username"></span>
```

04 调用 getItem() 方法从 localStorage 对象中读取数据并显示到 span 元素。实现代码如下：

```
window.onload=function(){
    var localStorage = supportlocalStorage();             // 判断是否支持 localStorage 对象
    var username = localStorage.getItem("username");      // 获取 username 键对应的数据
    if(username==null)
    {
        alert(" 未登录，请返回登录页面。");
    }else{
        $$("username").innerText = username;              // 显示到页面
    }
}
```

如果用户直接访问当前页面，由于 localStorage 对象中不存在键 username 的数据，所以

getItem("username") 会返回一个 null，此时提示"未登录，请返回登录页面"。反之，如果不为 null，则将它显示到页面。

05 运行登录页面，输入账号和密码，如图 6-5 所示。访问系统后台首页查看显示效果，如图 6-6 所示。

图 6-5　登录页面

图 6-6　系统后台首页

getItem() 方法也有两种简化的形式，同样是读取 username 键对应的数据，等价代码如下：

```
var username = localStorage.username;        // 使用对象形式读取数据
var username = localStorage["username"];      // 使用数组形式读取数据
```

6.2.3　清空数据

如果要删除某个键名对应的数据，只需调用 localStorage 对象的 removeItem() 方法并传递一个键名即可。该方法的语法格式如下：

```
localStorage. removeItem(key);
```

如果要删除的数据比较多，使用 removeItem() 方法逐条删除比较麻烦。此时，可以调用 localStorage 对象中的 clear() 方法，该方法的功能是清空全部 localStorage 对象保存的数据，其语法格式如下：

```
localStorage.clear();
```

例如，要删除例 6-4 中保存的账号数据，实现代码如下：

```
var localStorage = supportlocalStorage();
localStorage.removeItem("username");
```

6.2.4　遍历数据

如果要查看 localStorage 对象中保存的所有数据，则需要遍历这些数据。这需要借助于 localStorage 对象的两个属性：length 和 key。其中，length 属性可以获取保存数据的总量；key 属性可以获取数据的键名，该属性常与索引号（index）配合使用，表示第几条键名对应的数据记录。其中，索引号以 0 值开始，如果取第二条键名对应的数据，index 值应该为 1。

【例 6-5】

创建一个实例，实现每次刷新页面时都会在当前 localStorage 对象中存储 5 个数据，并在页面上显示当前数据的总数，以及每个数据的键名和值，还可以一键清空所有数据；主要实现步骤如下。

01 新建一个 HTML5 页面。在页面的合适位置添加显示数据数量的 span 元素，用于清空操作的 button 元素，以及用于显示数据列表的 table 元素。本示例使用的代码如下：

```html
<h1> 遍历数据 </h1>
<p> 当前数据总量： <span id="num"></span> <button onclick="clearData()"> 清除所有 </button></p>
<p>
  <table align=center border=1  width="400px">
  <tr>
    <th> 键名 </th>
    <th> 键值 </th>
  </tr>
  <tbody id="message"></tbody>
  </table>
</p>
```

02 在页面加载完成后显示 localStorage 中存储数据的总数量及每个数据的内容。实现代码如下：

```javascript
window.onload = function(){
    var localStorage = supportLocalStorage();            // 获取 localStorage 对象
    if(localStorage){
        initData();                                      // 初始化数据
        showData();                                      // 显示数据
    }
}
```

supportLocalStorage() 函数会返回一个 localStorage 对象，如果返回 null 表示浏览器不支持 localStorage 对象。

03 initData() 函数可以实现在当前的 localStorage 对象中增加 5 个数据，具体实现代码如下：

```javascript
function initData(){
    for (var i = 1; i <= 5; i++) {
        var key = "index_"+RetRndNum(3);                 // 获取一个随机的字符串作为键
        var value = RetRndNum(8);                        // 获取一个随机的数字作为数据
        localStorage.setItem(key,value);                 // 保存数据
    }
}
```

如上述代码所示，for 语句共循环 5 次，每次都会获取一个随机的字符串作为键，并将随机生成的数字作为数据进行保存。

04　生成随机数的 RetRndNum() 函数的实现代码如下：

```
// 生成指定长度的随机数
function RetRndNum(n){
    var strRnd="";
    for(var intI=0;intI<n;intI++){
            strRnd+=Math.floor(Math.random()*10);
    }
    return strRnd;
}
```

05　showData() 函数的作用是从 localStorage 对象读取所有的数据并显示，具体实现代码如下：

```
function showData(){
    var count = localStorage.length;                   // 获取数据的总数量
    $$("num").innerText = count;                        // 显示到页面的 span 元素中

    var strHTML = "";
    for(var key_index=0;key_index<count;key_index++){   // 遍历所有数据
        var strkey=localStorage.key(key_index);         // 获取数据的键名
        var strval=localStorage.getItem(strkey);        // 获取数据的内容
        strHTML+="<tr><td>"+strkey+"</td>";
        strHTML+="<td>"+strval+"</td>";
        strHTML+="</tr>";
    }
    $$("message").innerHTML=strHTML;                    // 显示到页面的 table 元素中
}
```

如上述代码所示，调用 localStorage 对象的 length 属性获取数据的总数量，然后使用 for 循环进行遍历，在遍历时使用 key() 方法获取当前数据的键值，再使用 getItem() 方法获取该键值对应的数据，最后进行字符串拼接并显示到页面上。

06　单击"清除所有"按钮会执行 clearData() 函数，该函数的实现代码如下：

```
function clearData(){
    localStorage.clear();                              // 清空 localStorage 对象的所有数据
    showData();                                        // 更新页面
}
```

如上述代码所示，先调用 localStorage 对象的 clear() 方法清空所有数据，再调用 showData() 函数更新页面。

07　在浏览器中打开页面，第一次打开时会在表格中显示 5 条数据的键名和键值，如

图 6-7 所示。这些数据在控制台中的效果如图 6-8 所示。以后每刷新一次页面都会增加 5 条数据。如果单击"清除所有"按钮，表格将被清空。

图 6-7 表格显示所有数据

图 6-8 控制台显示所有数据

6.3 实践案例：实现工程管理模块

在本节之前介绍的方法只能在 localStorage 对象中存储简单类型的数据，如数字或者字符串。为了处理相对复杂的数据结构，在 HTML5 中可以通过 localStorage 数据与 JSON 对象的转换，快速实现存储更多数据的功能。

如果要将字符串数据转换为 JSON 对象，需要调用 JSON 对象的 parse() 方法，该方法的语法格式如下：

```
JSON.parse(data)
```

其中，data 参数表示要转换的数据，通常是从 localStorage 对象中读取的数据。该方法会返回一个表示 data 数据的 JSON 对象。

通过 stringify() 方法可以将一个实体对象转换为 JSON 格式的文本数据，该方法的语法格式如下：

```
JSON.stringify(obj)
```

其中，obj 参数表示一个任意的实体对象，调用该方法将返回一个由实体对象转换成 JSON 格式的字符串。

下面就结合上面两个方法实现一个简单的工程管理模块，主要功能包括添加工程、查看工程列表和删除工程。每个工程包含的字段有工程编号、工程名称、占地面积、负责人和状态，主要实现步骤如下。

01 新建一个 HTML5 页面，并在合适位置根据工程的字段制作一个表单。本案例使用的表单代码如下：

```html
<form class="form-horizontal" action="#" method="get" >
    <div class="form-group">
        <label class="col-sm-2   col-sm-offset-2 control-label"> 工程编号 </label>
        <div class="col-sm-6">
            <input type="text" class="form-control" id="loc_id">
        </div>
    </div>
    <div class="form-group">
        <label class="col-sm-2   col-sm-offset-2 control-label"> 工程名称 </label>
        <div class="col-sm-6">
            <input type="text" class="form-control" id="loc_name">
        </div>
    </div>
    <div class="form-group">
        <label class="col-sm-2   col-sm-offset-2 control-label"> 占地面积 </label>
        <div class="col-sm-6">
            <input type="number"   class="form-control" value="20" id="loc_path">
        </div>
    </div>
    <div class="form-group">
        <label class="col-sm-2   col-sm-offset-2 control-label"> 负责人 </label>
        <div class="col-sm-6">
            <input type="text" class="form-control" id="loc_person">
        </div>
    </div>
    <div class="form-group">
        <label class="col-sm-2   col-sm-offset-2 control-label"> 状态 </label>
        <div class="col-sm-6">
            <select id="loc_state" class="form-control">
                <option value=" 未开工 "> 未开工 </option>
                <option value=" 监测中 "> 监测中 </option>
                <option value=" 故障中 "> 故障中 </option>
            </select>
        </div>
    </div>
    <div class="form-group">
        <label class="col-sm-2   col-sm-offset-2 control-label"></label>
        <div class="col-sm-6">
            <button type="button"   onclick="saveData()" class="btn btn-primary btn-block btn-md">
确 定 </button>
        </div>
```

```
        </div>
    </form>
```

上述表单的最终效果如图 6-9 所示。

图 6-9　录入工程信息

02 在添加工程的表单中单击"确定"按钮会执行 saveData() 函数，该函数收集用户在表单中输入的信息，然后添加到当前的 localStorage 对象中，再加载最新的数据。该函数的实现代码如下：

```
    var localStorage = supportlocalStorage();
function saveData(){                                      // 保存工程信息
    var id=$("#loc_id").val();                            // 获取工程编号
    var name=$("#loc_name").val();                        // 获取工程名称
    var path=$("#loc_path").val();                        // 获取占地面积
    var person=$("#loc_person").val();                    // 获取工程负责人
    var state=$("#loc_state").val();                      // 获取工程状态
    // 封装成一个 JavaScript 数据对象
    var new_data = {
        id:id,
        name:name,
        path:path,
        person:person,
        state:state
    };

    var loc_data_str = localStorage.getItem("loc_data");  // 获取原来的数据
    var ret = [];
```

```
    if(loc_data_str == null){                              // 如果为 null，表示第一次执行
        ret = [new_data];                                  // 把数据对象放到数组中
    }else{
        ret = JSON.parse(loc_data_str);                    // 把数据转换成 JavaScript 数组
        ret.push(new_data);                                // 向数组中追加新的数据对象
    }
    var ret_str = JSON.stringify(ret);                     // 把数组转换成字符串
    localStorage.setItem('loc_data',ret_str);              // 把字符串保存到 localStorage 对象

    showData();                                            // 加载最新的数据
}
```

如上述代码所示，在保存时需要做多种工作，第一步是获取用户输入的数据，第二步是将数据封装成一个 JavaScript 对象，第三步是把 JavaScript 对象保存到当前的 localStorage 对象中，第四步是重新加载最新的数据列表。

其中，第三步是核心步骤，它会从当前的 localStorage 对象中获取 loc_data 键对应的数据，如果是第一次添加，由于之前还没有保存过，所以会获取一个 null 值，此时会将封装好的 JavaScript 数据对象放到数组中。反之，如果不是 null，则会调用 JSON 的 parse() 方法将表示工程列表的字符串转换成 JavaScript 数组，再向数组中添加当前的数据对象。接着调用 JSON 的 stringify() 方法将数组转换成字符串，再重新保存到 localStorage 对象的 loc_data 键中。

03 在页面的合适位置添加一个 table 元素用于显示工程列表。本案例中的代码如下：

```
<table class="table table-striped text-center">
    <thead>
        <tr>
            <th> 工程编号 </th>
            <th> 工程名称 </th>
            <th> 占地面积 </th>
            <th> 负责人 </th>
            <th> 状态 </th>
            <th> 操作 </th>
        </tr>
    </thead>
    <tbody id="data-body">        </tbody>
</table>
```

04 showData() 函数可以实现从当前 localStorage 对象中读取数据并显示到 table 元素，具体实现代码如下：

```
function showData(){
    var loc_data_str = localStorage.getItem("loc_data");        // 获取工程列表字符串
    if(loc_data_str != null){
```

```
                var ret = JSON.parse(loc_data_str);                          // 转换成数组

                var strHTML = "";
                for(index in ret){                                           // 遍历数组
                    var loc=ret[index];                                      // 从数组中获取一个数据对象

                    strHTML+="<tr><td>"+loc.id+"</td>";                       // 工程编号
                    strHTML+="<td>"+loc.name+"</td>";                         // 工程名称
                    strHTML+="<td>"+loc.path+"</td>";                         // 占地面积
                    strHTML+="<td>"+loc.person+"</td>";                       // 工程负责人
                    strHTML+="<td>"+loc.state+"</td>";                        // 工程状态
                    strHTML+='<td><i class="fa fa-trash" onclick="del('+loc.id+')"></i></td>'; // 操作按钮
                    strHTML+="</tr>";
                }
                $("#data-body").html(strHTML);                               // 显示到页面的 table 元素中
            }
        }
```

上述代码将数据转换成数组之后使用 for 语句进行遍历，在遍历时将每一个工程属性组成一个字符串，最后显示到 table 元素中。

05 在当前页面中添加两个工程信息，此时的工程列表如图 6-10 所示。所有的工程信息其实都保存在键为 loc_data 的 localStorage 对象中，如图 6-11 所示为此时该键所对应的内容。由于 localStorage 对象中只能存储字符串，因此在显示和存储时需要在 JSON 和字符串之间进行转换。

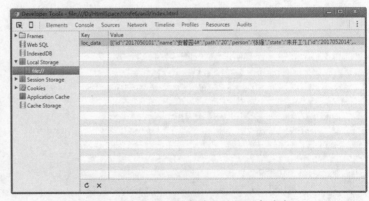

图 6-10　查看工程列表　　　　　　　　　图 6-11　查看工程列表对应的数据字符串

06 在图 6-10 所示的工程列表中如果单击"操作"列下对应的🗑按钮，可以删除当前的工程。该按钮对应的是 del() 函数，具体实现代码如下：

```
function del(id){                                                      // 删除 id 参数指定的工程数据
    var loc_data_str = localStorage.getItem("loc_data");              // 获取工程列表字符串
    if(loc_data_str != null){
```

```
        var ret = JSON.parse(loc_data_str);                 // 转换成数组

        for(index in ret){                                  // 遍历所有数据
          var loc=ret[index];                               // 从数组中获取一个数据对象

          if(id == loc.id){                                 // 如果当前对象的编号是要删除的编号
            ret.splice(index, 1);                           // 从数组中移除当前数据
            break;
          }
        }
        var ret_str = JSON.stringify(ret);                  // 把数组转换成字符串
        localStorage.setItem('loc_data',ret_str);           // 把字符串保存到 localStorage 对象

        showData();                                         // 加载最新的数据
      }
    }
```

6.4 操作本地数据库数据

在 HTML4 以及之前的版本中，数据库只能存放在服务器端，再通过服务器端语言来访问数据库。但是在 HTML5 中，可以像本地文件那样轻松地对内置数据库进行直接访问。

HTML5 中的本地数据库全称是 Web SQL DataBase，它提供了关系数据库的基本功能，可以存储页面中交互的复杂的数据。它通过事务驱动实现对数据的管理，既可以保存数据，也能缓存从服务器获取的数据。

6.4.1 创建数据库

与客户端数据存储相比，HTML5 本地数据库具有以下优势。

- 可以自定义要设置的存储空间。
- 可以跨域访问。
- 存储结构更加自由。
- 可以方便地使用 Web SQL 对数据进行读写。

要通过 HTML5 本地数据库存储数据，第一步就是创建或打开一个数据库。这需要调用 openDatabase() 方法，该方法的语法格式如下：

```
openDatabase(DBName,DBVersion,DBDescribe,DBSize,Callback());
```

其中，各个参数的含义如下。

- **DBName**　表示数据库名称。
- **DBVersion**　表示版本号。
- **DBDescribe**　表示对数据库的描述。
- **DBSize**　表示数据库的大小，单位为字节。如果是 2MB，必须写成 2*1024*1024。

● **Callback()** 表示创建或打开数据库成功后执行的一个回调函数。

调用 openDatabase() 方法后如果指定名称的数据库存在，则打开该数据库，否则创建一个指定名称的空数据库。

例如，下面的示例代码演示了如何调用 openDatabase() 方法创建一个数据库。

```
function CreateDatabase(){
    var db;
    db=openDatabase('studentDB','2.0','stumanager',2*1024*1024,);
    function(){
        alert(" 数据库创建成功 ");
    });
}
```

上述代码创建了一个名为 studentDB，版本号为 2.0 的 2MB 数据库对象，如果创建成功则执行回调函数，并在回调函数中显示执行成功的提示信息。

6.4.2 执行 SQL 语句

创建或打开数据库之后，就可以使用数据库对象中的 transaction() 方法执行事务处理。每一个事务处理请求都作为数据库的独立操作，可以有效地避免在处理数据时发生冲突。其调用的语法格式如下：

```
transaction(TransCallback,ErrorCallback,SuccessCallback);
```

其中，各个参数的含义如下。

● **TransCallback** 表示事务回调函数，可以写入需要执行的 SQL 语句。

● **ErrorCallback** 表示执行 SQL 语句出错时的回调函数，可选参数。

● **SuccessCallback** 表示执行 SQL 语句成功时的回调函数，可选参数。

【例 6-6】

在上节创建的 studentDB 数据库中添加一个 student 表，然后在表中插入两行数据。主要实现代码如下：

```
if(db){
    var sql="create table if not exists student";          // 创建 student 表的 SQL 语句
    sql+="(id unique,name text,age int,score int)";
    db.transaction(function(tx){                           // 执行 SQL 语句
        tx.executeSql(sql)
    },
    function(){                                            // 执行失败时执行此函数
        document.write("student 表创建失败 <br/>");
    },
    function(){                                            // 执行成功时执行此函数
        document.write("student 表创建成功 <br/>");
    });
}
```

上述代码中，db 为打开的 studentDB 数据库对象，然后定义一个 SQL 语句，该语句的功能是：如果不存在 student 表则新建它。student 表包含 4 个字段：id、name、age 和 score。其中，字段 id 为主键，不允许重复；name 字段为字符型；age 和 score 字段为 int 类型。最后调用 transaction() 方法打开一个事务并通过 executeSql() 方法执行 SQL 语句，再把执行结果输出到页面。

executeSql() 方法的语法格式如下：

```
executeSql(sqlString,[Arguments],SuccessCallback,ErrorCallback);
```

其中，sqlString 参数表示需要执行的 SQL 语句，Arguments 参数表示语句需要的实参，SuccessCallback 参数表示 SQL 语句执行成功时的回调函数，ErrorCallback 参数表示 SQL 语句执行出错时的回调函数。

下面的语句使用 executeSql() 方法执行 INSERT 语句，在 student 表中插入一行数据。

```
db.transaction(function(tx){
    var sql='insert into student values(1," 张强 ",15,90);';
    document.write(" 成功向 student 表插入一条数据 <br/>");
    tx.executeSql(sql);
});
```

在上述代码中仅指定了 executeSql() 方法的第一个参数，忽略了其他 3 个参数。

下面的语句是在 executeSql() 方法中使用形参占位符来向 student 表插入一行数据。

```
var sql="insert into student values(?,?,?,?)";
var id=2;
var name=" 李好 ";
var age=21;
var score=82;
tx.executeSql(sql,[id,name,age,score]);
document.write(" 成功向 student 表插入一条数据 <br/>");
```

使用这种形式要注意，形参 "?" 的数量必须与后面的实参数量完全对应。如果 SQL 语句中没有 "?" 形参，则第二个参数必须为空，否则执行 SQL 语句时将会报错。

将上述代码保存在一个文件中。在浏览器中打开查看效果，页面会输出 4 行提示信息。在控制台中可以查看当前的数据库名称、数据库表名称以及表数据，如图 6-12 所示。

图 6-12　插入数据后的效果

6.5 实践案例：查看学生列表

上节介绍了在创建的本地数据库中执行 SQL 语句的方法，其实就是先调用 transaction() 方法开启一个事务，再调用 executeSql() 方法执行 SQL 语句。executeSql() 方法除了可以执行数据更新语句之外，还可以执行查询语句。

本次案例实现了查询 student 表中所有学生数据并显示到页面上的功能，主要实现步骤如下。

01 在页面合适位置使用 table 元素制作一个显示学生列表的表格。代码如下：

```
<table align="center" border=1   width="500px">
<tr>
  <th> 学号 </th>
  <th> 姓名 </th>
  <th> 年龄 </th>
  <th> 成绩 </th>
  </tr>
<tbody id="message"></tbody>
</table>
```

02 在页面中添加 6.4.2 节的代码，即最终要求 student 表中有数据。

03 使用 SELECT 语句查询 student 表，并将查询结果集中的数据显示到页面。实现代码如下：

```
if(db){
    var sql="select * from student";                      // 准备查询语句
    db.transaction(function(tx){
        tx.executeSql(sql,[],                             // 执行查询
        function(tx,result){                             // 执行成功，处理查询结果集
            var strHtml ="";
            for(var index=0;index<result.rows.length;index++)// 遍历结果集
            {
                var row=result.rows[index];                 // 从结果集中取出一行
                strHtml+="<tr><td>"+row.id+"</td>";         // 编号
                strHtml+="<td>"+row.name+"</td>";           // 姓名
                strHtml+="<td>"+row.age+"</td>";            // 年龄
                strHtml+="<td>"+row.score+"</td>";          // 成绩
                strHtml+="</tr>";
            }
            $$("message").innerHTML=strHtml;                // 显示到页面
        }
        ,
        function(tx,ex){                                   // 执行失败，显示错误信息
            alert(" 发生错误，描述： "+ex.message);
            }
```

```
        );
    });
}
```

上述语句调用了 executeSql() 方法的完整形式，第一个参数是 SELECT 查询语句，由于没有形参第二个参数为空，第三个参数是执行成功后处理结果集的回调函数，第四个参数是执行失败时的回调函数。

这里重点是第三个参数的回调函数，如果执行成功则在该回调函数中会有一个表示结果集的 result 参数。结果集的 rows 属性是一个数组，里面保存的是所有的结果。通过 rows.length 获取数组的长度（即结果集中的行数），再使用 for 语句遍历每一个元素。最后将遍历后的字符串显示到页面上。

04 保存上述代码对页面的修改。在浏览器上运行页面，最终效果如图 6-13 所示。在此案例的基础上还可以实现学生信息的删除和查询功能，读者可以自己完成，这里不再介绍。

图 6-13　查看学生列表

 ## 6.6　练习题

一、填空题

1. Web Storage 分为 sessionStorage 和 _____ 两种。
2. 当用户关闭浏览器窗口后，_____ 对象存储的数据会丢失。
3. 如果要删除 localStorage 对象的全部数据，可以使用 _____ 方法。
4. _____ 方法返回一个由实体对象转换成的 JSON 格式的文本数据。
5. 本地数据库执行 SQL 语句主要使用 _____ 方法。

二、选择题

1. Web 存储和 Cookie 存储的区别，下列选项中 _____ 是正确的。
A. Web 存储和 Cookie 存储的大小都不受限制，可以任意使用
B. Web 存储中每个域的存储大小默认是 5MB，比 Cookie 的 4KB 要大得多
C. Cookie 的安全性非常高，Web 存储的安全性很低
D. Web 存储和 Cookie 存储没有多大的区别，它们之间可以相互代替
2. 假设要使用 sessionStorage 对象写入键名 name，键值是"陈汉虎"的数据，下面 _____ 的写法是正确的。
A. sessionStorage.setItem("name", " 陈汉虎 ")
B. localStorage.setItem("name", " 陈汉虎 ")

C. sessionStorage.getItem(" 陈汉虎 ")

D. sessionStorage.setItem(" 陈汉虎 ","name")

3．下列属于 JSON 方法的是 _____。

A. pause() 方法和 stringify() 方法

B. pause() 方法和 parse() 方法

C. parse() 方法和 getItem() 方法

D. parse() 方法和 stringify() 方法

4．下面代码中，打开和创建本地数据库的是 _____。

A. context.arc(100,100,75,0,Math.PI*2,FALSE);

B. var db=openDatabase('db','1.0','first database',2*1024*1024);

C. tx.executeSql('CREATE TABLE tweets(id,date,tweet)');

D. 以上都不正确

5．关于本地数据库，下列选项 _____ 的说法是错误的。

A. executeSql 方法的第一个参数指执行的 SQL 语句，第二个参数指 SQL 语句中传入的参数，多个参数之间用逗号分隔

B. openDatabase() 方法创建或者打开一个数据库，如果数据库不存在，则创建数据库

C. parse() 方法可以将 localStorage 数据转换为 JSON 对象

D. stringify() 方法可以将一个实体对象转换为 JSON 格式的文本数据

上机练习：实现基于数据库的收藏夹管理

在 6.3 节通过 localStorage 对象和 JSON 实现了一个简单的工程管理模块。在学习了 HTML5 本地数据库的知识之后，本次上机要求实现一个带数据库的收藏管理模块，包括查看收藏夹列表，以及收藏网站的添加、修改和删除。最终运行效果如图 6-14 所示。

图 6-14　收藏夹运行效果

第7章

文件和离线应用

HTML5 越来越受到人们的重视与青睐，其中最大的原因就是 HTML4 的诸多局限在 HTML5 中得到了很大程度的改善，同时增加了很多实用的新特性。

本章将从文件和离线两个方面展开对 HTML5 新特性的讲解，主要包括允许选择多个文件、读取文件的信息和内容、实现文件上传以及判断是否在线等。

 本章学习要点

◎ 掌握使用 **file** 对象读取文件信息的方法
◎ 熟悉限制文件类型的实现方式
◎ 掌握 **FileReader** 接口读取文件内容的方法
◎ 了解 **FileReader** 接口中与文件读取有关的事件
◎ 了解 **FileError** 接口的错误编码
◎ 了解 **HTML5** 的离线缓存
◎ 了解 **manifest** 文件的作用

7.1 操作文件

与 HTML4 一样，HTML5 同样可以使用 file 类型来创建文件域。不同的是，HTML5 允许在文件域中选择多个文件，每个文件为一个 file 对象。File 对象封装了本地对文件的简单处理，下面详细介绍该对象的使用。

7.1.1 获取文件信息

在 HTML5 中，创建文件域的具体方法是在 form 内创建一个类型为 file 的 input 元素，然后运行即可。浏览器会自动识别并创建相应的浏览按钮和选择文件对话框。

在 file 类型中选择的文件其实是一个 File 对象。File 对象有以下 4 个属性。

- **name 属性**　表示选中文件不带路径的名称。
- **size 属性**　使用字节表示的文件大小。
- **type 属性**　使用 MIME 表示的文件类型。
- **lastModifiledDate 属性**　表示文件的最后修改日期。
- **multiple 属性**　表示是否允许同时选择多个文件，默认值为 false。

【例 7-1】

创建一个示例，使用 HTML5 的 File 对象获取用户选择文件的名称、大小、类型和修改日期。

01 创建一个表单，并将 File 对象的 multiple 属性设置为 true，使用户可以选择多个文件。代码如下：

```
<h2 style="font-size:18px;"> 附件上传 </h2>
<form id="form1">
选择文件
    <input type="file" id="iptFile" multiple="true" />
    <input type="button" value=" 确定 " onclick="selectedFiles()" />
</form>
```

02 在上传表单的下方添加一个表格显示最终结果，代码如下：

```
<table width="100%" cellspacing="1" cellpadding="1" border="1" class="mytable">
    <tr>
      <th> 文件名称 </th>
      <th> 文件大小 </th>
      <th> 文件类型 </th>
      <th> 上次修改日期 </th>
    </tr>
    <tbody id="bodyFiles">
    </tbody>
</table>
```

03 现在运行示例，即可在弹出的对话框中选择多个文件。如图 7-1 所示为选中多个文件时的预览效果。

04 为了实现在单击"确定"按钮后显示这些文件的信息，还需要编写 selectedFiles() 函数，具体实现代码如下：

```
function selectedFiles()
{
    var result=$("bodyFiles");
    var selectedFiles = $("iptFile").files;
      for(var i=0;i<selectedFiles.length;i++)                          // 遍历选中的多个文件
      {
                var aFile=selectedFiles[i];
                var str="<tr><td>"+aFile.name+"</td><td>"
                +aFile.size+" 字节 </td><td>"+aFile.type+"</td><td>"
                +aFile.lastModifiedDate+"</td></tr>";
                result.innerHTML+=str;
      }
}
```

当使用 multiple 属性后，用户选择的多个文件实际上保存在一个 files 数组中，其中的每个元素都是一个 File 对象。因此，为了获取每个文件的信息需要对 files 数组进行遍历，再逐个获取文件名称、大小、类型和修改日期。代码运行效果如图 7-2 所示。

图 7-1　选中多个文件的效果

图 7-2　显示多个文件信息的效果

7.1.2　限制文件类型

通过上节的学习，我们知道使用 File 对象的 type 属性可以获取文件的类型。根据这个特性，我们可以在 JavaScript 中判断用户选择的文件是否为特定类型，从而实现对文件类型进行限制的功能。

01 选择多个文件后，遍历每一个 File 对象，获取对象的类型。

02 将获取的对象类型与设置的过滤类型进行匹配。

03 如果不匹配，则提示上传文件类型出错或拒绝上传等信息，从而实现对上传文件的类型进行过滤的功能。

04 如果匹配，则可成功上传。

【例 7-2】

下面对 7.1.1 节的 selectedFiles() 函数进行修改，增加判断文件类型的功能，使用户只能上传图片类型的文件。修改后的函数代码如下：

```
function selectedFiles()
{
    var result=$("bodyFiles");
    var selectedFiles = $("iptFile").files;
    var errnum=0;
        for(var i=0;i<selectedFiles.length;i++)                    // 遍历选中的多个文件
        {
            var aFile=selectedFiles[i];
            if(!/image\/\w+/.test(aFile.type))                      // 判断类型是否匹配
            {
                errnum++;
                console.log(aFile.name+" 不是合法的图片文件，不能上传。"); // 输出不合法文件
                continue;
            }

            var str="<tr><td>"+aFile.name+"</td><td>"
            +aFile.size+" 字节 </td><td>"+aFile.type+"</td><td>"
            +aFile.lastModifiedDate+"</td></tr>";
            result.innerHTML+=str;
        }
    console.log(" 本次一共选择 "+selectedFiles.length+" 个文件，其中 "+errnum+" 个文件不是图片。")
}
```

这里主要是通过判断 type 属性的值是否以"image/"开头来区分图片类型。现在运行程序仍然可以在对话框中选择任何类型的文件。单击"确定"按钮将会对文件类型进行判断，不匹配的文件将会在控制台输出。最终仅在列表中显示符合条件的文件，如图 7-3 所示。

图 7-3　限制文件类型

使用这种方法虽然能够根据文件返回的类型过滤所选择的文件，但是需要编写额外的代码。在 HTML5 中还可以为 File 类型添加 accept 属性来指定要过滤的文件类型。设置完 accept 属性后，在浏览器中选择文件时会自动筛选符合条件的文件。

【例 7-3】

通过为 File 类型的 input 元素添加 accept 属性限制用户只能选择 PNG 和 JPEG 格式的图片。实现代码如下：

```
<input type="file" id="iptFile" multiple="true"    accept="image/png,image/jpeg"/>
```

这里限制可选择的文件类型为"image/jpeg"和"image/png"，如图 7-4 所示为在

Chrome 浏览器中选择文件的效果，如图 7-5 所示为在 FireFox 浏览器中选择文件的效果。

图 7-4 Chrome 浏览器选择文件效果

图 7-5 FireFox 浏览器选择文件效果

 ## 7.2 实践案例：文件上传

通过前面的练习我们已经掌握了如何获取选择文件的基本信息，也能够限制文件的类型。但是这些文件只是保存在本地，并没有实现上传功能。

本次案例将使用 HTML5 结合 PHP 代码将用户选择的多个文件批量上传到服务器，具体步骤如下。

01 创建一个文件 index.html 作为实例文件。

02 在页面的合适位置使用 form 创建一个表单，再添加 File 类型的对象 file 和其他按钮。

```
<form id="form1"  enctype="multipart/form-data" method="post" action="server.php">
    选择文件
    <input type="file" id="iptFile" multiple="true"  name="file[]"/>
    <input type="button" value=" 确 定 " onclick="selectedFiles()" /><input type="submit" name="upload"
value=" 上传 "/>
    </form>
```

在上述代码中，File 类型使用了 multiple 属性，从而可以选择多个文件。单击" 确定 "按钮后执行 selectedFiles() 函数，而单击"上传"按钮则会提交表单。

03 在表单下方制作一个用于显示选中文件信息的表格。编写 selectedFiles() 函数显示选中文件的信息，具体实现可参考 7.1.1 节。

04 创建服务器端的 server.php 文件，用于在单击"上传"按钮之后实现上传功能，具体代码如下：

```
<?php
header("content-type:text/html;charset=utf-8");
if(isset($_POST["upload"]))                                          // 单击"上传"按钮
```

```
{

    // 遍历所有文件
    for($i=0; $i<count($_FILES['file']['name']); $i++) {
    // 获取文件名称
    $tmpFilePath = $_FILES['file']['tmp_name'][$i];
    // 判断文件是否为空
    if ($tmpFilePath != ""){
      // 指定文件的上传路径
      $newFilePath = "./uploads/" . $_FILES['file']['name'][$i];
      // 上传到服务器
      move_uploaded_file($tmpFilePath, $newFilePath);
    }
    }
    echo " 上传成功，本次一共上传 ".count($_FILES['file']['name'])." 个文件。";


}
?>
```

上述代码非常容易理解。首先判断是否有文件，如果有则通过循环逐一进行上传处理，将文件保存到程序所在的 uploads 目录中，最后提示上传成功。

05 至此，实例就制作完成了。运行 index.html 文件，选择多个文件之后单击"确定"按钮查看它们的信息，如图 7-6 所示。

06 单击"上传"按钮开始上传操作，完成之后会给出提示信息。为了验证文件是否上传成功，可以打开程序所在的 uploads 目录查看刚才上传的文件，如图 7-7 所示。

图 7-6 预览运行效果

图 7-7 查看上传的文件

7.3 FileReader 接口

使用 File 对象提供的各种属性可以获取文件的相关信息，如名称、大小和类型等。但是，如果要读取文件的内容则需要调用 HTML5 中新增的 FileReader 接口。FileReader 接口提供了很多用于读取文件的方法，以及监听读取进度的事件。本节将详细介绍该接口的使用方法。

7.3.1 FileReader 接口简介

FileReader 接口主要用来将文件载入内存并读取文件中的数据。该接口提供了一组异步 API，通过这些 API 可以从浏览器的主线程中异步访问文件系统中的数据。

由于 FileReader 接口是 HTML5 的新特性，因此并非所有浏览器都支持，在使用之前必须先判断浏览器是否对 FileReader 接口提供支持，代码如下：

```
if(typeof FileReader=="undefined")
{
    alert(" 对不起，浏览器不支持 FileReader 接口。");
}else{
    alert(" 浏览器环境正常。");
    var fd=new FileReader();
}
```

当访问不同的文件时必须创建不同的 FileReader 接口实例。因为每调用一次 FileReader 接口都将返回一个新的 FileReader 对象，这样才能访问不同文件中的数据。

FileReader 接口的常用方法如表 7-1 所示。

表 7-1　FileReader 接口的常用方法

方法名称	方法说明	解释说明
readAsBinaryString(file)	以二进制格式读取文件内容	调用该方法时，将 File 对象返回的数据以二进制字符串的形式读入内存
readAsArrayBuffer(file)	以数组缓冲的方式读取文件内容	调用该方法时，将 File 对象返回的数据以数组缓冲的形式读入内存
readAsText(file,encoding)	以文本编码的方式读取文件内容	encoding 参数表示文本文件编码的方式，默认值为 UTF-8。调用该方法时，以 encoding 指定的编码格式将获取的数据按文本方式读入内存
readAsDataURL(file)	以数据 URL 格式读取文件内容	调用该方法时，将 File 对象返回的数据以一串数据 URL 字符的形式展示在页面中
abort()	读取数据中止时，将自动触发该方法	如果在读取文件数据过程中出现异常或错误，将触发该方法，返回错误代码信息

7.3.2 读取文本文件内容

使用 FileReader 接口的 readAsText() 方法可以以文本格式读取文件的内容。readAsText() 方法有两个参数，第一个参数是 file 类型表示要读取的文件，第二个参数是字符串类型用于指定读取时使用的编码，默认值为 UTF-8。

下面使用 readAsText() 方法制作一个实现读取用户选择的文本文件内容的案例，最终将内容显示在页面上。首先创建一个表单，添加文件上传域和结果显示布局。代码如下：

```html
<h2 style="font-size:18px;"> 游戏简介上传 </h2>
<form id="form1">
选择一个文本文件
    <input type="file" id="iptFile"    />
    <input type="button" value=" 确定 " onclick="readFileContent()" />
</form>
<p id="ret"></p>
```

上述代码的重点是 file 类型和"确定"按钮，file 类型允许用户选择一个文件。单击"确定"按钮后执行 readFileContent() 函数将文件内容显示在下方的 p 元素中。

readFileContent() 函数的实现代码如下：

```javascript
function readFileContent()                          // 读取文本文件的内容
{
    if($("iptFile").files.length)                   // 判断是否选择了文件
    {
            var aFile=$("iptFile").files[0];
            if(!/text\/\w+/.test(aFile.type))       // 判断是否为文本文件
            {
                    alert(aFile.name+" 不是文本文件不能读取 .");
                    return false;
            }

            if(typeof FileReader=="undefined")      // 判断当前浏览器是否支持 FileReader 接口
            {
                    alert(" 对不起，浏览器不支持 FileReader 接口。");
            }
            else{
                    var fd=new FileReader();         // 创建 FileReader 接口的对象
                    fd.onload=function(res){         // 显示文件内容
                            $("ret").innerHTML=this.result;
                    }
                    fd.readAsText(aFile);            // 开始读取
            }
    }
    else{
            alert(" 没有选择文件，不能继续。");
            return false;
    }
}
```

如上述代码所示，在 readFileContent() 函数中针对是否选择了文件、文件类型是否为文本文件以及浏览器是否支持 FileReader 接口的情况进行了判断。真正使用 readAsText() 方法读取文件内容的代码非常简单，不过要注意结果属性 result 只能在 onload 事件中使用。

现在运行即可查看读取文本文件内容的效果。如图 7-8 所示为 Chrome 浏览器运行效果，图 7-9 所示为 Firefox 浏览器运行效果。

图 7-8　Chrome 浏览器运行效果

图 7-9　Firefox 浏览器运行效果

7.3.3　监听读取事件

除了读取文件的方法外，FileReader 接口还提供了很多事件，以及一套完整的事件处理机制。通过这些事件的触发，可以清晰地捕获读取文件的详细过程，以便更加精确地定位每次读取文件事件的先后顺序，为编写事件代码提供有力的支持。FileReader 接口的常用事件如表 7-2 所示。

表 7-2　FileReader 接口的常用事件

事件名称	描　述
onloadstart	当读取数据开始时，触发该事件
onprogress	当正在读取数据时，触发该事件
onabort	当读取数据中止时，触发该事件
onerror	当读取数据失败时，触发该事件
onload	当读取数据成功时，触发该事件
onloadend	当请求操作成功时，无论操作是否成功，都将触发该事件

经过反复测试证明，一个文件通过 FileReader 接口中的方法正常读取时，触发事件的先后顺序如图 7-10 所示。

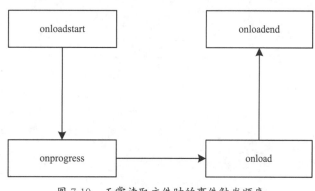

图 7-10　正常读取文件时的事件触发顺序

针对图 7-10 的说明如下。

● 大部分文件读取过程都集中在 onprogress 事件，该事件耗时最长。

● 如果文件在读取过程中出现异常或中止，那么 onprogress 事件将结束，直接触发 onerror 或 onabort 事件，而不会触发 onload 事件。

● onload 事件是在文件读取成功时触发，而 onloadend 虽然也在文件操作成功时触发，但该事件不论文件读取是否成功都将触发。因此，想要正确获取文件数据，必须在 onload 事件中编写代码。

【例 7-4】

对上节读取文本文件内容的案例进行修改，实现单击"确定"按钮后监听 onload、onloadstart、onloadend 和 onprogress 事件。

使用 readFileContent() 函数替换原来的同名函数即可，代码如下：

```javascript
function readFileContent()                    // 读取文本文件的内容
{
    if($("iptFile").files.length)             // 判断是否选择了文件
    {
            var aFile=$("iptFile").files[0];
            if(!/text\/\w+/.test(aFile.type))     // 判断是否为文本文件
            {
                    alert(aFile.name+" 不是文本文件不能读取 .");
                    return false;
            }
            if(typeof FileReader=="undefined")    // 判断当前浏览器是否支持 FileReader 接口
            {
                    alert(" 对不起，浏览器不支持 FileReader 接口。");
            }else
            {
                    var fd=new FileReader();      // 创建 FileReader 接口的对象
                    fd.readAsText(aFile);         // 开始读取
                    fd.onload=function(res){      //onload 事件
                            $("ret").innerHTML+=" 数据读取成功！ <br/>";
                    }
                    fd.onloadstart=function(res){ // onloadstart 事件
                            $("ret").innerHTML+=" 开始读取数据 ...<br/>";
                    }
                    fd.onloadend=function(res){   // onloadend 事件
                            $("ret").innerHTML+=' 文件读取成功！ <br/>';
                    }
                    fd.onprogress=function(res){  // onprogress 事件
                            $("ret").innerHTML+=" 正在上传数据 ...<br/>";
                    }
            }
    }
}
```

```
        else{
                alert(" 没有选择文件，不能继续。");
                return false;
        }
    }
```

如上述代码所示，监听文件正常读取过程中将触发的 4 个事件，在每个事件中都将读取状态显示到页面。

运行该页面，选择一个文本文件后单击"确定"按钮开始读取，读取效果如图 7-11 所示。

图 7-11　文件读取过程中各事件执行的先后顺序

7.3.4　处理读取异常

虽然使用 FileReader 接口中的方法可以快速实现对文件的读取。但是，在文件读取的过程中，不可避免地会出现各种类型的错误和异常。这时便可以通过 FileError 接口获取错误与异常所产生的错误代码，再根据返回的错误代码分析具体发生错误与异常的原因。

在出现下列情况时，可能会导致 FileReader 接口出现潜在的错误与异常。

- 访问某个文件的过程中，该文件被移动、删除或者被其他应用程序修改。
- 由于权限原因，无法读取文件的数据信息。
- 文件出于案例因素的考虑，在读取文件时返回一个无效的数据信息。
- 读取文件太大，超出 URL 网址的限制，将无法返回一个有效的数据信息。
- 在读取文件的过程中，应用程序本身触发了中止读取的事件。

在异步读取文件的过程中，出现错误与异常都可以使用 FileError 接口，该接口主要用于异步提示错误。当 FileReader 对象无法返回数据时，将形成一个错误属性，而该属性则是一个 FileError 接口，通过该接口列出错误与异常的错误代码信息。

表 7-3 列出了 FileError 接口中提供的错误代码以及对应的说明。

表 7-3　FileError 接口错误代码

错误代码	错误常量	说　明
1	NOT_FOUND_ERR	无法找到文件或者原文件已经被修改
2	SECURITY_ERR	出于安全考虑，无法读取文件数据

（续表）

错误代码	错误常量	说　明
3	ABORT_ERR	由 abort 事件触发的中止读取过程
4	NOT_READABLE_ERR	由于权限原因，不能读取文件数据
5	ENCODING_ERR	读取的文件太大，超出读取时地址的限制

例如，下面的示例代码演示了读取文件时的异常处理。

```javascript
var reader = new FileReader();
reader.readAsText(file,"gb2312");
reader.onload = function(e){                                    // 添加 onload 事件
    document.getElementById("showInfo").innerHTML = this.result;
}
reader.onerror=function(res){                                   // 添加 onerror 事件
    var num=res.target.error.code;                             // 获取错误代码
    document.getElementById('showInfo').innerHTML=" 文件无法显示：";
    if(num==1){
            document.getElementById('showInfo').innerHTML+=" 无法找到或原文件已被修改！ ";
    }else if(num==2){
            document.getElementById('showInfo').innerHTML+=" 无法获取数据文件！ ";
    }else if(num==3){
            document.getElementById('showInfo').innerHTML+=" 中止文件读取的过程！ ";
    }else if(num==4){
            document.getElementById('showInfo').innerHTML+=" 无权读取数据文件！ ";
    }else if(num==5){
            document.getElementById('showInfo').innerHTML+=" 读取的文件太大！ ";
    }
}
```

 ## 7.4　实践案例：预览图片

使用 FileReader 接口的 readAsDataURL() 方法实现不通过后台及时预览图片的功能，其中允许用户选择多个图片文件，单击按钮提交后显示这些文件的缩略效果图。

readAsDataURL() 方法可以将文件读取为一串 URL 字符串。该字符串通常会使用特殊格式的 URL 形式直接读入页面，如图像格式等。该方法的语法格式如下：

```javascript
var result = FileReader.readAsDataURL(blob);
```

blob 参数表示文件为只读原始数据对象。readAsDataURL() 方法的返回值是一个表示数据的本地对象，案例的主要实现步骤如下。

01 参考例 7-1 在页面中添加表单，允许多选文件的 input 元素和一个"确定"按钮。

02 在表单下方添加一个 id 是 ret 的 p 元素，该元素用于显示选中的图片。代码如下：

```
<p id="ret"></p>
```

03 单击"确定"按钮会调用 selectedFiles() 函数。该函数用于获取用户选择的文件，并且进行判断，如果选择的文件是图片则将其显示在页面上，否则会输出到控制台。代码如下：

```
function selectedFiles()
{
    var result=$("ret");
    var selectedFiles = $("iptFile").files;
    for(var i=0;i<selectedFiles.length;i++)            // 遍历选中的多个文件
    {
            var file = selectedFiles[i];               // 获取单个文件
            var imageType = /image.*/;                 // 声明文件类型
            if (!file.type.match(imageType)) {         // 如果上传文件不合法
                console.log(file.name+" 不是图像文件，因此不能上传。");
                continue;
            }
            var reader = new FileReader();             // 实例 FileReader 接口对象
            reader.onload = function(e){               // 显示图像
                result.innerHTML +=
                "<img src="+e.target.result+" width=100 height=100 style='padding-
right:1px; padding-bottom:1px;' />";
            };
            reader.readAsDataURL(file);
    }
}
```

04 运行页面，选择一些文件再单击"确定"按钮预览图片。如图 7-12 所示为选中了 12 个文件，从控制台输出可以看出有 3 个不是图片。

图 7-12　显示预览图像的效果

7.5　离线应用

随着 Web 应用的普及，Web 离线应用显得尤为重要。因为 Web 应用程序要时刻与服务器保持交互才能正常工作。一旦中断网络，Web 的相关应用也随之停止。在 HTML5 中新添加了离线应用功能，可以实现本地缓存和离线应用开发。

7.5.1　离线 Web 应用程序概述

离线 Web 应用程序是指当客户端与 Web 应用程序的服务器没有建立连接时，也能够正常在客户端本地使用该 Web 应用程序进行有关的操作。HTML5 中引用了离线应用程序缓存，使得在无网络连接状态下运行应用程序成为可能。

开发人员可以指定 HTML5 应用程序中具体哪些资源（如 CSS、JavaScript 和 HTML 等）脱机时可用。离线应用的场景很多，常见的情况如下。

- 编辑文档。
- 编辑和显示演示文档。
- 创建待办事宜列表。
- 阅读和撰写电子邮件。

使用离线存储避免了加载应用程序时所需的常规网络请求，如果缓存清单文件是最新的，浏览器就不用检查其他资源是否为最新。大部分应用程序可以从本地应用缓存中加载完成，另外从缓存中加载资源可省带宽，这对移动 Web 应用是相当重要的。

既然使用本地缓存的 API 可以实现离线 Web 应用程序的开发，那么它和浏览器网页缓存有哪些区别呢？以下几点列出了比较明显的区别。

（1）本地缓存是为整个 Web 应用程序服务的；浏览器的网页缓存只服务于单个网页。

（2）本地缓存只缓存那些指定需要缓存的网页；任何网页都具有网页缓存。

（3）本地缓存是可靠的，开发人员可以控制哪些内容进行缓存，哪些内容不进行缓存；网页缓存是不安全、不可靠的。

（4）开发人员可以通过编程的方法来控制缓存的更新，利用缓存对象的各种属性、状态和事件等开发强大的离线应用程序。

7.5.2　manifest 文件

为了能够在离线状态下访问 Web 应用，应将离线时需要缓存的文件的 URL 写入 manifest 文件。当浏览器与服务器建立联系后，浏览器会根据 manifest 文件所列的缓存清单将相应的资源文件缓存在本地。

manifest 是一个简单的文本文件，在该文件中以清单的形式列举了需要被缓存或不需要被缓存的资源文件的名称，以及这些资源文件的访问路径。开发人员可以为每一个页面单独指定一个 manifest 文件，也可以为整个 Web 应用程序指定一个总的 manifest 文件。

1. 创建 manifest 文件

使用任何文本编辑器都可以新建 manifest 文件，只要在保存文件时将扩展名设置为"·manifest"即可。例如，创建名称为 hello.manifest 的文件，该文件的详细内容如下：

```
CACHE MANIFEST
#version 0.0.0
```

HTML5+CSS3+JavaScript 网页设计

```
CACHE:
# 带相对路径的资源文件
javascript/common.js
style/good.css
images/logo.jpg
NETWORK:
# 列出在线时需要访问的资源文件
index.aspx
index.aspx.cs
FALLBACK:
# 以成对形式列出不可访问文件的替补资源文件
/product/AddProduct.php                    /user/AddUser.php
```

在 manifest 文件中指定资源文件的时候，可以把资源文件分为三类：CACHE、NETWORK 和 FALLBACK。具体说明如下。

（1）CACHE 表示离线时浏览器需要缓存服务器资源到本地的文件列表。为某个页面编写 manifest 类型文件时不需要将该页面放入列表中，因为浏览器在进行本地资源缓存时自动将这个页面进行了缓存。

（2）NETWORK 表示在线时需要访问的资源文件列表，即指定不进行本地缓存的资源文件。这些文件只有在浏览器与服务器之间建立联系时才能访问。如果设置为"*"，则表示除了 CACHE 类型中标明需要缓存的文件外都不进行缓存。

（3）FALLBACK 表示以成对方式列出不访问文件的替补文件。第一个文件为能够在线访问时使用的资源文件，第二个文件为不能在线访问时使用的备用资源文件。

上述 3 个类型都是可选的，但是如果文件开头没有指定任何类型而直接使用资源文件，浏览器会把这些资源文件默认为 CACHE 类型，直到遇到第一个类型为止。另外 manifest 文件允许同一类型出现多次，如以下清单中的代码。

```
CACHE MANIFEST
#version 5.6.0
CACHE:
# 带相对路径的资源文件
javascript/login.js
images/logo.jpg
NETWORK:
# 列出在线时需要访问的资源文件
http://192.168.0.9:5433/admin/login.php
CACHE:
# 追加 CACHE 类型中的内容
/user/AddUser.php
```

在 manifest 文件中编写代码时需要注意以下几点。

● manifest 文件中的第一行必须是"CACHE MANIFEST"，它的作用是告诉浏览器这是一个缓存配置文件，即对本地缓存中的资源文件进行具体设置。

- 在清单中编写注释时要另起一行，并且以"#"开头。
- 通过注释的方式标明每一个 manifest 文件的版本号，以便更新文件时使用。

2. 绑定页面

绑定页面时需要在 Web 应用程序页面中 html 元素的 manifest 属性中指定文件的 URL。指定方法如下：

```
<html manifest="newfile.manifest">/* 省略具体代码 */</html>
```

3. 配置 IIS 服务器

创建 manifest 文件并将该文件与页面绑定后无法实现 Web 页面的离线访问，还需要让服务器支持扩展名为".manifest"的文件，否则服务器无法读取 manifest 类型的文件。

下面以 Windows 服务器为例，介绍如何使 IIS 支持 manifest 类型的文件，其具体步骤如下。

01 打开 IIS 后选中"默认网站"或其他站点名称，然后单击右键并选择"属性"命令，弹出对话框。在对话框中切换到"HTTP 头"选项卡，如图 7-13 所示。

02 单击"文件类型"按钮，在弹出的对话框中单击"新类型"按钮，弹出添加"文件类型"对话框，如图 7-14 所示。

03 输入扩展名和内容类型后单击"确定"按钮，完成对 manifest 文件类型的创建，效果如图 7-15 所示。

图 7-13 "HTTP 头"选项卡

图 7-14 "文件类型"对话框

图 7-15 添加文件类型完成

【例 7-5】

前面已经详细介绍了 manifest 文件的创建、使用以及如何在 IIS 服务器上进行配置。下面通过一个示例演示在断开网络之后仍然能够百度首页的图片，主要步骤如下。

01 添加新的 HTML 页面，在页面的合适位置导入脚本文件并添加 image 元素和 input 元素等，页面的主要代码如下：

```
<html manifest="base.manifest">
<head>
  <meta http-equiv="Content-Type" content="text/html; charset=utf-8" />
```

```
        <title> 离线的基本应用 </title>
        <link href="css/base.css" rel="stylesheet" type="text/css" />
    </head>
    <body>
        <div id="m">
                <p><img src="http://www.baidu.com/img/baidu_sylogo1.gif" width="270" height="129" ></p>
                /* 省略其他代码 */
        </div>
    </body>
</html>
```

02　HTML 页面绑定了名称为 base.manifest 的文件。创建该文件并列举服务器需要缓存至本地的文件清单。该文件的具体代码如下：

```
CACHE MANIFEST
#version 5.2.0
CACHE:
# 带相对路径的资源文件
css/base.css
http://www.baidu.com/img/baidu_sylogo1.gif
NETWORK:
# 列出在线时需要访问的资源文件
http://www.baidu.com/cache/global/img/gs.gif
```

03　首先在有网络的情况下运行页面，然后断开网络连接重新运行页面，两次的运行效果相同。如图 7-16 所示为 FireFox 浏览器下的运行效果。

图 7-16　页面运行效果

4.　浏览器与服务器的交互

当使用离线应用程序时理解浏览器和服务器之间的通信模式是相当重要的，例 7-5 通过在页面上绑定 base.manifest 文件缓存了两个资源文件，其中浏览器与服务器的数据交互过程如下。

（1）浏览器：请求访问页面 http://localhost/base/lixian/base.html。
（2）服务器：返回 base.html 页面。

HTML5+CSS3+JavaScript　网页设计

（3）浏览器：解析返回的 base.html 页面，请求服务器返回该页面包含的全部资源文件，包括 base.manifest 文件。

（4）服务器：返回浏览器请求的所有资源文件。

（5）浏览器：解析返回的 base.manifest 文件，请求返回 URL 清单中的资源文件。

（6）服务器：再次返回 URL 清单中本地缓存的文件。

（7）浏览器：对本地缓存进行更新，将新获取的 URL 清单中的资源文件更新至本地缓存，且触发一个事件通知本地缓存被更新。

经过上述步骤，浏览器清单中列出的文件已经完全载入了缓存。如果再次打开浏览器访问 base.html 且 base.manifest 文件没有被修改过，浏览器与服务器的数据交互过程如下。

（1）浏览器：再次请求页面 http://localhost/base/lixian/base.html。

（2）浏览器：找到此页面被本地缓存，于是使用本地缓存中的 base.html 页面。

（3）浏览器：使用所有本地缓存中的资源文件解析 base.html 网页。

（4）浏览器：向服务器请求 manifest 文件。

（5）服务器：返回一个 304 代码，通知浏览器 manifest 没有发生变化。

如果网页上的资源文件被本地缓存过，下次请求打开这个页面时总是会先使用本地缓存中的资源，然后再请求 manifest 文件。

如果再次打开浏览器访问 base.html 页面且 base.manifest 文件已经被更新过，那么浏览器与服务器之间的数据交互如下。

（1）浏览器：再次请求页面 http://localhost/base/lixian/base.html。

（2）浏览器：找到此页面被本地缓存，于是使用本地缓存中的 base.html 页面。

（3）浏览器：使用所有本地缓存中的资源文件解析 base.html 网页。

（4）浏览器：向服务器请求 manifest 文件。

（5）服务器：返回更新过的 manifest 文件。

（6）浏览器：处理 manifest 文件，如果该文件已经被更新则请求所有要求进行本地缓存的资源文件，包括 base.html 页面本身。

（7）浏览器：返回要求进行本地缓存的资源文件。

（8）对本地缓存进行更新，将新获取的 URL 清单中的资源文件更新至本地缓存，且触发一个事件通知本地缓存被更新。

⚠ 注意

即使资源文件被修改过，但是任何之前载入缓存的资源都不会发生变化，只有重新打开这个页面时才会使用更新后的资源文件。

🔊 7.5.3 applicationCache 对象

applicationCache 对象代表本地缓存，可以用来通知用户本地缓存已经被更新，也允许用户手动更新本地缓存。但是只有在 manifest 文件被修改时，该对象才会触发一个事件表示已经更新。

1. applicationCache 对象的事件

applicationCache 对象中包含一系列的事件，它们的具体说明如表 7-4 所示。

表 7-4　applicationCache 对象的常用事件

事件名称	说　明
checking	检查 manifest 文件是否存在
downloading	检查到 mainfest 文件已更新就执行下载操作
noupdate	返回 304 表示没有更新，通知浏览器直接使用本地文件
progress	下载时周期性触发，可以通过该事件获取已经下载的文件个数
cached	下载后结束触发，表示缓存已经成功
updateready	检测本地缓存是否完成更新
obsolete	加入 manifest 缓存文件，返回 HTTP404 错误或者 410 错误时，触发该事件
error	本地缓存出现错误触发该事件

表 7-4 所示事件中任何与本地缓存有关的处理发生错误都会触发 error 事件。可能会触发 error 事件的情况分为以下几种。

- 开始更新本地缓存时缓存名单被再次更改。
- 缓存名单被找到且更改，但浏览器不能下载某个缓存名单中的资源。
- 缓存名单被找到且没有更改，但引用缓存名单中的 HTML 页面不能正确下载。
- 缓存名单中返回一个 404 错误（页面未找到）或者 410 错误（永久消失）。

【例 7-6】

本案例将浏览器与服务器交互过程中所发生的事件显示到页面上，实现的具体步骤如下。

01 添加新的 HTML 页面，在页面的合适位置添加 div 元素，该元素显示事件列表。页面的具体代码如下：

```
<body onLoad="init();">
    <div id="mr" style="height:100px; width:100%; text-align:left; margin-top:20px;"></div>
</body>
```

02 页面加载时调用 init() 函数，在该函数中添加多个可能触发的事件，其具体实现代码如下：

```
function init()
{
    var msg = document.getElementById("mr");
    applicationCache.addEventListener("checking",function(){
            msg.innerHTML += " 检测该文件是否存在 ...<br/>";
    },true);
    applicationCache.addEventListener("noupdate",function(){
            msg.innerHTML += " 没有最新的缓存更新 ...<br/>";
    },true);
    applicationCache.addEventListener("downloading",function(){
```

HTML5+CSS3+JavaScript　网页设计

HTML5+CSS3+JavaScript 网页设计

```
                msg.innerHTML += " 正在下载可用的缓存 ...<br/>";
        },true);
        applicationCache.addEventListener("progress",function(){
                msg.innerHTML += " 本地缓存正在更新中 ...<br/>";
        },true);
        applicationCache.addEventListener("updateready",function(){
                msg.innerHTML += " 触发了缓存事件 ...<br/>";
        },true);
        applicationCache.addEventListener("cached",function(){
                msg.innerHTML += " 下载结束后缓存已经成功 ...<br/>";
        },true);
        applicationCache.addEventListener("error",function(){
                msg.innerHTML += " 本地缓存更新时出现错误 ...<br/>";
        },true);
    }
```

03 运行本案例进行测试。当在浏览器中打开网页且 manifest 文件没有更新时，效果如图 7-17 所示。当在浏览器中打开网页且 manifest 文件已经更新时，效果如图 7-18 所示。

图 7-17　没有更新 manifest 文件时的效果

图 7-18　更新 manifest 文件时的效果

2. applicationCache 对象的方法

applicationCache 对象除了包含事件外也包含多个方法，其中常用的方法有两个：update() 方法和 swapCache() 方法。它们的具体说明如下。

（1）update()。

update() 方法可以手动更新本地缓存，调用格式为 window.application.update()。如果有可更新的本地缓存调用该方法可以对其进行更新，除了通过 updateready 事件监测是否为可更新的本地缓存外，也可以调用 applicationCache 对象的 status 属性。status 属性有多个值，当该值为 4 时表示有可更新的本地缓存。

（2）swapCache()。

swapCache() 方法也可以用来更新本地缓存，但是它与 update() 方法有两点不同。一是它们更新本地缓存的时间不一样，swapCache() 方法将本地缓存立即更新，它比 update() 方法的执行要早。二是两个方法触发的事件也不一样，swapCache() 方法必须在 updateready 事件中才能调用，而 update() 方法可以随时调用。

applicationCache 对象的 status 属性表示缓存状态，它的可选值及其说明如下。

- **uncache** 数值为 0，表示本地浏览器缓存与应用程序缓存没有关联。
- **idle** 数值为 1，表示应用程序的缓存是最新缓存。
- **checking** 数值为 2，检查 manifest 文件是否存在。
- **downloading** 数值为 3，如果 manifest 文件已经被更新，则处于开始下载时。
- **updateready** 数值为 4，确定 manifest 文件可以被更新。
- **obsolete** 数值为 5，表示找到文件时的状态。

⚠ 注意

虽然使用 swapCache() 方法可以立刻更新本地缓存，但是并不意味着页面上的图像和脚本文件也会被立刻更新，更新在重新打开本页面时才会生效。

【例 7-7】

创建一个案例，通过调用 update() 方法和 swapCache() 方法实现更新本地缓存的功能。实现该功能的具体步骤如下。

01 添加新的 HTML 页面，在页面的合适位置添加 h2 元素，该元素用于显示更新的标题。代码如下：

```
<body onLoad="init();">
    <h2>applicationCache 对象的方法示例 </h2>
</body>
```

02 页面加载时会自动调用 init() 函数，该函数实现更新本地缓存的功能，其具体代码如下：

```
function init()
{
    setInterval(function(){
            applicationCache.update();
    },5000);
    applicationCache.addEventListener("updateready",function(){
            if(confirm("本地缓存已经被更新，需要通过刷新页面获取最新应用程序版本,是否刷新？"))
            {
                    applicationCache.swapCache();
                    location.reload();
            }
    },true);
}
```

上述代码每隔 5 秒调用一次 applicationCache 对象的 update() 方法检查服务器上的 manifest 文件是否更新，如果有更新浏览器会自动下载该文件中所有请求本地缓存的资源文件，当这些资源文件下载完毕时触发 updateready 事件，询问是否立刻刷新页面。如果用户选择刷新则调用 swapCache() 方法手动更新本地缓存，更新完成后刷新页面。

HTML5+CSS3+JavaScript 网页设计

193

03 运行本示例的代码进行测试，其最终运行效果如图 7-19 所示。

图 7-19　触发 updateready 事件时的运行效果

3. 检测网络的当前在线状态

如果要实现浏览器与服务器在数据交互时的离线应用，很重要的一个步骤是获取应用的在线状态。只有检测出页面的在线状态，才会在离线后将数据保存到本地，上线时再将数据保存到服务器，从而实现离线数据的交互功能。

通过 Navigator 对象的 onLine 属性可以检测当前网络的状态，该属性的基本用法如下：

```
if(navigator.onLine)                                    // 在线
    alert(" 当前状态：在线 ");
else
    alert(" 当前状态：离线 ");
```

由于 onLine 属性的滞后性，它往往不能及时反馈当前网络的变化状态。而在 HTML5 中通过调用 online 事件和 offline 事件可以及时侦测网络在线与离线状态。

添加新的 HTML 页面，在页面的合适位置添加 p 元素显示网络当前状态。页面代码如下：

```
<body onLoad="init();">
    <h2> 检测网络当前在线状态 </h2>
    <fieldset><legend> 检测网路当前状态 </legend><p id="status"></p></fieldset>
</body>
```

页面加载时调用 init() 函数，在该函数中为 window 对象添加 online 事件和 offline 事件。该函数的具体代码如下：

```
function init()
{
    window.addEventListener("online",function(){
```

```
                document.getElementById("status").innerHTML = " 当前状态为：在线 ";
        },false);
        window.addEventListener("offline",function(){
                document.getElementById("status").innerHTML = " 当前状态为：离线 ";
        },false);
    }
```

运行上述代码进行测试，具体效果不再截图。

7.6 练习题

一、填空题

1. 使用 File 对象的 _____ 属性可以获取不带路径的文件名称。

2. FileError 接口中的 _____ 错误常量表示由 abort 事件触发的读取中止异常。

3. 在 FileReader 接口中，_____ 方法用于读取文本文件。

4. _____ 文件也叫清单文件，它以清单的形式列举了需要被缓存或不需要被缓存的资源文件的文件名称。

5. 清单文件中声明 _____ 表示离线时浏览器需要缓存服务器资源到本地的文件列表。

二、选择题

1. 下列不属于 File 对象的属性的是 _____。

A．type   B．name

C．lastModifiedDate   D．path

2. 如下面代码所示，假设需要获取用户选择文件的数量，应该使用代码 _____。

`<input type="file" id="fileselect" multiple="true" />`

A．document.getElementById("fileselect").files

B．document.getElementById("fileselect").files.count

C．document.getElementById("fileselect").files.length

D．document.getElementById("fileselect"). length

3. 为 file 类型添加 _____ 属性可以限制用户选择文件的类型。

A．accept   B．ext

C．name   D．type

4. FileReader 接口的主要作用是 _____。

A．添加一个图像

B．表示用户选择的文件列表

C．将文件读入内存，并且读取文件中的数据

D．以上皆是

5. 调用 abort() 方法将触发 FileReader 接口的 _____ 事件。

A．abort   B．onabort

C．onerror   D．onend

6．manifest 文件中，如果开头没有指定任何类型而直接写入资源文件，浏览器会自动将这些资源文件看作 _____ 类型。

A．CACHE MANIFEST   B．CACHE

C．FALLBACK   D．NETWORK

7．HTML5 中检测缓存文件是否被更新的属性值是 _____。

A．obsolete   B．idle

C．downloading   D．updateready

上机实践：实现图像的预览效果

根据本章学习的知识制作一个图像预览效果的案例。要求仅允许上传 JPG、PNG 和 BMP 格式的文件，而且大小不能超过 2MB。对于不符合条件的文件都输出到控制台，符合条件的则使用 readAsDataURL() 方法读取并显示在页面上。

第8章

HTML5 高级开发

本章之前的内容，只介绍了 HTML5 中简单的布局元素和表单元素，以及绘图、数据存储和文件的操作。实际上，除了这些功能外，HTML5 还包含多个高级功能，这些功能并不像以前新增元素和属性那样使用频繁。因此，本章将这些高级功能放到一章进行介绍，包括拖放操作、跨文档通信、多线程和地理位置。

通过本章的学习，读者可以了解 HTML5 提供的高级技术，以便熟练使用这些技术实现某些常用的功能。

本章学习要点

◎ 熟悉与拖放 API 相关的操作事件
◎ 掌握 dataTransfer 对象的常用属性和方法
◎ 了解跨文档传输协议的基本概念
◎ 熟悉 Worker 对象的创建和使用
◎ 了解 Geolocation API 的基本知识
◎ 掌握 position 对象的常用属性

8.1 拖放功能

在 HTML4 及之前的版本中，如果要实现文件或元素的拖放操作，需要结合 onmousedown、onmousemove 和 onmouseup 等多个事件来完成。但是 HTML5 提供了支持拖放操作的 API，从而大大简化了拖放的有关代码。

8.1.1 拖放 API 简介

HTML5 新增了一个 draggable 全局属性，该属性为 true 时表示允许元素有拖动效果，并且在拖放过程中会触发拖放事件。调用拖放事件可以更加准确、及时地反映元素从拖动到放下这一过程的各种状态与数据值。表 8-1 列出了执行拖放操作的相关事件及具体说明。

表 8-1 拖放功能的常用事件

事件名称	事件主体	说　明
dragstart	被拖放的元素	在开始拖放操作时触发
drag	被拖放的元素	正在拖放时触发
dragenter	拖放过程中鼠标经过的元素	当被拖放元素进入某元素时触发
dragover	拖放过程中鼠标经过的元素	当被拖放元素在某元素范围内移动时触发
dragleave	拖放过程中鼠标经过的元素	当被拖放元素移出目标元素时触发
drop	拖放的目标元素	当目标元素完全接收被拖放元素时触发
dragend	拖放的对象元素	在整个拖放操作结束时触发

【例 8-1】

下面创建一个案例演示拖动元素在页面中所触发的重要事件状态，主要步骤如下。

01 创建一个 HTML5 页面。在页面中添加 3 个 div 元素，分别表示被拖放的元素、当前所触发的事件状态和目标元素。代码如下：

```
<body onLoad="init();">
```

```
    <h2> 元素的拖放 </h2>
    <div id="divDrag" draggable="true"></div>
    <div id="divTips"></div>
    <div id="divArea"></div>
</body>
```

02 页面加载时调用 init() 函数，该函数的具体实现如下：

```
function init()
{
    document.ondragover = function(e)
    {
            e.preventDefault();                    // 阻止默认方法，取消拒绝被拖放
    }
    document.ondrop = function(e)
    {
```

```
            e.preventDefault();                        // 阻止默认方法，取消拒绝被拖放
    }
    var drag = document.getElementById("divDrag");     // 获取被拖放的元素
    var area = document.getElementById("divArea");     // 获取目标元素
    var status = document.getElementById("divTips");   // 获取 div 元素的显示状态
    drag.addEventListener("dragstart",function(event){
            status.innerHTML = " 元素正在开始拖动 ";
    });
    area.addEventListener("drop",function(){
            status.innerHTML = " 元素拖动成功 ";
    });
    area.addEventListener("dragleave",function(){
            status.innerHTML = " 元素拖动正在离开 ";
    });
}
```

上述代码中添加了页面的 dragover 事件和 drop 事件，它们都使用 e.preventDefault() 方法取消页面的默认值，允许拖放页面。由于在拖放过程中首先被拖放的是页面，如果页面不可以拖放，那么页面中的元素也不可以拖放。分别为拖放元素和目标元素添加 dragstart 事件、drop 事件和 dragleave 事件，在这些事件中通过设置 innerHTML 属性的值显示各种状态。

03 为页面中的 div 元素添加样式，其主要样式代码如下：

```
#divDrag{
    width:100px;
    display:block;
    height:100px;
    background-color:blue;
    border:1px solid red;
}
```

```
#divArea{
    border:1px solid red;
    height:200px;
    display:block;
    width:200px;
}
```

04 在浏览器中打开页面，然后拖动元素查看效果，最终运行效果如图 8-1 所示。

图 8-1　拖动过程触发的事件

8.1.2　dataTransfer 对象

上一节案例中的拖放元素还没有放入目标元素中，如果要实现这个功能需要调用 dataTransfer 对象，dataTransfer 对象专门用于携带拖放功能的数据。表 8-2 列出了 dataTransfer 对象的常用属性及其说明。

199

表 8-2　dataTransfer 对象的常用属性

属性名称	说　明
files	如果有则返回被拖动文件的 FileList 清单
types	返回 dragstart 事件中设置的数据格式，如果是外部文件的拖放则返回 files
effectAllowed	返回允许执行拖放操作的效果，其值包括 none、copy、copyLink、copyMove、link、linkMove、move、all 和 uninitialized
dropEffect	返回已选择的拖动效果，如果该操作效果与起初设置的 effectAllowed 效果不符则拖动操作失败
items	返回 DataTransferItemList 对象，即拖动数据

 提示

　　effectAllowed 属性和 dropEffect 属性都可以自定义拖放过程中的效果，但是它们绑定的元素不同。effectAllowed 用于 dragstart 事件中绑定被拖放元素，而 dropEffect 属性用于绑定目标元素。该属性中指定的效果必须在 effectAllowed 属性中存在，否则不能实现自定义拖放效果。

　　除了属性外，dataTransfer 对象还包含多个方法，这些方法的具体说明如下。
- **setData(DOMString format,DOMString data)**　为元素添加指定数据。
- **getData(DOMString format)**　返回指定的数据，如果数据不存在，则返回空字符串。
- **setDragImage(Element img,long x,long y)**　指定拖放元素时跟随鼠标移动的图片，x 和 y 分别是相对于鼠标的坐标。
- **clearData(DOMString format)**　删除指定格式的数据，如果未指定格式，则删除当前元素携带的所有数据。

　　上述方法中使用了 format 作为形参，它表示读取、存入或清空时的数据格式。该参数的格式包含 4 种：text/plain（文本文字格式）、text/html（HTML 页面代码格式）、text/xml（XML 字符格式）和 text/url-list（URL 格式列表）。

【例 8-2】

　　创建一个案例演示 dataTransfer 对象的使用方法。本案例主要调用 dataTransfer 对象的 setData() 方法和 getData() 方法实现拖放数据的效果，调用 setDragImage() 方法实现设置拖放图标的效果，其主要步骤如下。

　　01 添加新的 HTML 页面，在页面的合适位置添加 p 元素和 img 元素。页面的具体代码如下：

```
<body onLoad="preLoad();">
    <p class="qz424_c4_img t_a_c" id="divArea" style="min-height:200px;border: #9f9f9f 2px solid;margin:
5px;"> </p>
    <p class="qz424_c4_img2 clearfix">
            <img src="images/qz427_bg0.png" id="divDrag" draggable="true"/>
            <img src="images/qz427_bg1.png" id="divDrag1" draggable="true"/>
            <img src="images/qz427_bg2.png" id="divDrag2" draggable="true"/>
            <img src="images/qz427_bg3.png" id="divDrag3" draggable="true"/>
```

```
</p>
</body>
```

02 页面加载时调用 preLoad() 函数，在该函数中获取被拖动的元素和目标元素并分别为它们添加事件。具体代码如下：

```
function preLoad()
{
    var drag = document.getElementById("divDrag");           // 获取被拖动的元素
    var area = document.getElementById("divArea");            // 获取目标元素
    drag.addEventListener("dragstart",function(event){       // 添加 dragstart 事件
            var dt = event.dataTransfer;                     // 获取 dataTransfer 对象
            var objimg =document.getElementById ("ico");
            dt.effectAllowed = "move";
            dt.setDragImage(objimg,10,10);
            dt.setData("text/plain"," 拖动时改变图标 ");
    },false);
    area.addEventListener("dragover",function(event){        // 添加 dragover 事件
            var dt = e.dataTransfer;
            dt.dropEffect = "move";
            e.preventDefault();
    },false);
    area.addEventListener("drop",function(event){            // 添加 drop 事件
            var dt= event.dataTransfer;
            var str = dt.getData("text/plain");
            area.textContent += str+"\n";
            e.preventDefault();                              // 取消拒绝被拖放元素的设置
            e.stopPropagation();                             // 停止其他事件的进程
    },false);
    document.ondragover = function(e)
    {
            e.preventDefault();                              // 阻止默认方法，取消拒绝被拖放
    }
    document.ondrop = function(e)
    {
            e.preventDefault();                              // 阻止默认方法，取消拒绝被拖放
    }
}
```

上述代码为被拖动的元素添加了 dragstart 事件，在该事件中通过 setDragImage() 方法设置拖放图标，通过 effectAllowed() 方法返回拖动时的效果，然后调用 setData() 方法在 dataTransfer 对象中添加拖放数据。接着为目标元素添加 dragover 事件，在该事件中通过 dropEffect 属性设置拖动的效果。最后添加目标元素的 drop 事件，在该事件中调用 getData()

HTML5+CSS3+JavaScript 网页设计

方法读取 dataTransfer 对象中的拖放数据，调用 e.stopPropagation() 方法停止其他事件的进程，否则目标元素不能正常接收拖放来的数据。

03 运行本案例的代码进行测试，拖动时会显示自定义的拖动图标，拖动完成后会在右侧显示自定义的拖放数据，最终运行效果如图 8-2 所示。如果拖动的是普通图片将会显示图片的路径，如图 8-3 所示。

图 8-2 dataTransfer 对象的拖动效果   图 8-3 普通图片的拖动效果

8.2 实践案例：拖放式选择员工

通过上一节的介绍我们已经掌握了如何允许元素拖放、设置拖放数据以及拖放效果。本节通过一个实践案例实现通过拖放的方式从员工列表中选择员工到岗位列表中，具体步骤如下。

01 创建一个 HTML5 页面。在页面的合适位置使用 ul 元素定义员工列表，其中每个 li 元素表示一个员工。再添加一个 ul 元素用于显示结果，这部分代码如下：

```
<div class="yq_mkf_r">
    <ul id="member_list">
        <li class="clearfix item" draggable="true" id='m_1'> <img src="images/0.jpg" alt="" /> 魏卫红
        </li>
        <li class="clearfix item" draggable="true" id='m_2'><img src="images/1.jpg" alt="" /> 刘长玲
        </li>
        <li class="clearfix item" draggable="true" id='m_3'> <img src="images/2.jpg" alt="" /> 杨天路
        </li>
        <li class="clearfix item" draggable="true" id='m_4'> <img src="images/3.jpg" alt="" /> 徐新丽
        </li>
```

```
        <li class="clearfix item" draggable="true" id='m_5'><img src="images/yh_p1.jpg" /> 陈佳豪
        </li>
    </ul>
  </div>
  <div class="yq_mkf_s" >
    <ul id="ret_member"><li class="yq_mkf_s_txt"></li>
    </ul>
  </div>
```

在上述代码中，为 li 元素添加了 draggable 属性允许进行拖动操作，id 为 ret_member 的 ul 元素用于显示结果。

02 页面加载时调用自定义的 init() 函数，该函数的具体代码如下：

```
function init()
{
    var dragItems = document.getElementsByClassName("item");       // 获取所有的 li 元素
    for(var i = 0;i<dragItems.length;i++)                          // 遍历该元素
    {
        dragItems[i].addEventListener("dragstart",function(e){      // 添加 dragstart 事件
            var dt = e.dataTransfer;                                // 获取 dataTransfer 事件
            dt.setData("text/plain",this.id);                       // 在对象中存入数据
        },false);
    }
    var ret_member = document.getElementById("ret_member");        // 获取目标元素
    ret_member.addEventListener("drop",function(e){                // 添加 drop 事件
        var dt = e.dataTransfer;                                    // 获取 dataTransfer 对象
        var intval = dt.getData("text/plain");                      // 从对象中获取数据
        Drop(intval);                                               // 删除图片
    },false);
}
```

上述代码首先通过 getElementsByClassName() 方法获取全部 li 元素，然后遍历时为每个元素添加拖动时触发的 dragstart 事件。在该事件中调用 dataTransfer 对象存入 li 元素对应的 ID 号，即 this.id 的值。之后获取 id 为 ret_member 的目标元素，向该元素添加 drop 事件，在该事件中调用 getData() 读取存入的单个元素的 ID 号，将该 ID 号作为实参调用 Drop() 函数进行移除操作。

03 Drop() 函数通过 removeChild() 方法移除相册中指定的图片形成删除的效果，同时通过全局变量 intDeleNum 累计删除图片的数量，并将总数量的值显示到页面中。该函数的具体代码如下：

```
function Drop(id)
{
    var node = document.getElementById(id);                         // 获取指定的 li 元素
    var ret_member = document.getElementById("ret_member");
```

```
        var html = '<li>'+node.innerText+'<span class="yq_mkf_s_close">×</span></li>';
        node.parentNode.removeChild(node);              // 移除员工
        ret_member.innerHTML += html;
        toast(" 成功添加，员工："+node.innerText);
    }
```

04 通过 document 对象添加页面的 ondragover 事件和 ondrop 事件，它们都调用 e.preventDefault() 方法取消页面的默认值。具体代码如下：

```
document.ondragover = function(e)
{
    e.preventDefault();                          // 阻止默认方法，取消拒绝被拖放
}
document.ondrop = function(e)
{
    e.preventDefault();                          // 阻止默认方法，取消拒绝被拖放
}
```

上述代码中添加页面的 ondragover 事件和 ondrop 事件，它们都使用 e.preventDefault() 方法取消页面的默认值，允许拖放页面。

05 调用自定义的 toast() 函数，该函数用于显示浮动的提示信息，具体实现可参考源码。最后保存对页面的修改。

06 运行 HTML5 页面进行测试，从员工列表中拖动时的效果如图 8-4 所示，添加成功时的效果如图 8-5 所示。

图 8-4　拖动时的效果　　　　图 8-5　添加成功时的效果

8.3 跨文档消息通信

为了代码的安全性，在 JavaScript 脚本中不允许跨域访问其他页面中的元素，这给不同页面间数据的互访带来了障碍。HTML5 解决了这个问题，允许在两个不同的域名与端口之间接收和发送数据。

跨文档消息通信又称为跨文档消息传送（Cross Document Messaging，CDM），是指在来自不同域的页面间传递消息。例如，www.a.com 域中的页面与位于一个内嵌框架中的 www.b.com 域中的页面通信。

跨文档消息通信的核心是 postMessage() 方法。它可以实现向另一个地方传递数据，一般是指包含在当前页面中的 iframe 元素，或者向当前页面弹出的窗口传递数据。接收到跨文档消息时，该方法会以异步形式触发 window 对象的 message 事件。因此，从发送消息到接收消息可能要经过一段时间的延迟。触发 message 事件之后，传递给 onmessage 处理程序的事件包含以下重要数据。

- **data** 作为 postMessage() 方法的第一个参数传入的字符串数据。
- **origin** 发送消息的文档所在的域名，例如 http://www.baidu.com。
- **source** 发送消息的文档的 window 对象代理，这个代理对象主要用于在发送上一条消息的窗口中调用 postMessage() 方法。如果发送消息的窗口来自同一个域，那么这个对象就是 window。

【例 8-3】

创建一个示例，允许在主页面中输入一些信息，然后将该信息传递到另一个页面进行处理，再到主页面中显示结果，实现步骤如下。

01 创建一个普通的 HTML5 页面作为主页面，并添加 form 表单、p 元素和 iframe 元素，其中 p 元素中又包含一个 label 元素和两个 input 元素。代码如下：

```
<form>
    <p>
            <label> 消息内容：</label>
            <input type="text" id="msg" />
            <input type="submit" />
    </p>
    <iframe src="frame.html" id="myframe" frameborder="0" width="480"></iframe>
</form>
```

02 上述页面将作为主页面，并且在该页面中嵌入了一个子页面 frame.html。下面通过 JavaScript 向子页面传递数据，代码如下：

```
var win = document.getElementById('myframe').contentWindow;
addEvent(document.querySelector('form'), 'submit', function(e){
    win.postMessage(document.getElementById('msg').value, "http://localhost");
    if (e.preventDefault)
            e.preventDefault();
    e.returnValue = false;
})

function addEvent(elem, event, func ) {
```

```
        if (!!window.attachEvent){
            elem.attachEvent('on' + event, func);
        }
        else{
            elem.addEventListener(event, func, false);
        }
    }
```

上述代码首先获取子页面对象，然后调用自定义的 addEvent() 函数，在该函数中通过 postMessage() 方法向子页面传递数据。

03 创建 frame.html 文件，页面代码如下：

```
<div class="wrapper">
    <h3 class="subtitle"> 框架来源于域：http://localhost</h3>
    <div class="msg" id="message"> 等待消息 ...</div>
</div>
```

04 在子页面 frame.html 中添加 window 对象的 message 事件，并且用 JavaScript 接收数据，将数据显示出来。代码如下：

```
window.addEventListener('message', receiver, false);
function receiver(e) {
    if (e.origin == 'http://localhost') {
            document.getElementById('message').innerHTML = '<p>'+e.origin+' 输入的内容是 : <strong>'
+ e.data + '</strong></p>';
    }else{
            alert(" 很抱歉，您传递过来的页面并不是来自域名 http://localhost");
    }
}
```

在上述代码中，通过 e.origin 判断并获取从上个页面传递过来的域名，e.data 获取传递过来的数据。

05 在浏览器中输入本例的地址进行测试，页面初始效果如图 8-6 所示。

06 在页面的文本框中输入内容，然后单击 "提交" 按钮查看效果，如图 8-7 所示。

图 8-6 页面初始效果

图 8-7 页面测试效果

206

试一试

　　虽然上面例子的主页面和子页面位于同一个域中，但是这并不影响不同域名之间消息的使用。
读者可以参考上述代码更改域名，实现不同域名之间的跨文档消息传递。

8.4　本地多线程

　　多线程是 HTML5 在 Web 应用程序方面新增的重要特性。进程可以将前台的 JavaScript
代码分割成若干代码块分别交给不同的后台程序处理，从而避免单线程执行缓慢的问题。后
台程序不仅可以被前台调用，而且还可以在后台程序中调用子线程和嵌套线程。

8.4.1　Worker 对象简介

　　Worker 对象是 HTML5 中新增的用来在 Web 应用程序中实现后台处理的一项技术。
为了解决之前版本中耗费时间长、中断执行的处理及长时间无反应的情况，HTML5 也增
加了 Worker API，用户使用此 API 可以很容易地创建后台运行的线程（HTML5 中被称为
worker）。这样如果将可能耗费较长时间的处理交给后台执行，对用户在前台页面中执行的操
作就不会受到影响。

　　Worker 进程能够在不影响用户界面的情况下处理任务，并且可以使用 XMLHttpRequest
来处理 I/O。它也为 Web 前端网页上的脚本提供了一种能在后台进程中运行的方法。一
旦 Worker 被创建，就可以通过 postMessage() 向任务池发送任务请求，执行完之后再通过
postMessage() 返回消息给创建者指定的事件处理程序。

　　创建后台线程的步骤非常简单。只需在 Worker 类的构造函数中传入需要后台执行的脚本
文件的 URL 即可。下面使用 myscript.js 文件作为后台线程创建 Work 对象。

```
var worker = new Worker("myscript.js");
worker.postMessage();
```

　　上述代码中使用 myscript.js 文件创建了一个名为 worker 的后台线程，创建该对象完成后
调用 post Message() 方法向后台线程发送文本格式的数据。

⚠️ **注意**

　　在后台线程中是不能访问页面或窗口对象的，如果在后台线程的脚本文件中使用 window 对象
或 document 对象则会发生错误。

　　为了在前台接收后台线程返回的数据，需要在定义 Worker 对象后添加一个 message 事件，
该事件用于捕获后台线程返回的数据，其调用格式如下：

```
worker.addEventListener("message",function(event){
    alert(event.data);                              // 后台处理完成后返回到前台的数据
    /* 省略其他代码的显示 */
},false)
```

图 8-8 所示为 Worker 对象的简单操作流程。

在了解如何创建和使用 Worker 对象之后，下面通过一个案例演示 Worker 对象的具体应用。

【例 8-4】

本案例中的页面加载时创建一个 Worker 后台线程，当输入内容完成后单击按钮向后台线程发送输入内容，后台线程将数据处理完成后返回前台调用并输入消息。实现该功能的具体步骤如下。

01 添加新的 HTML 页面，在页面的合适位置添加 textarea 元素、input 元素和 div 元素等。具体代码如下：

图 8-8　Worker 对象的操作流程

```html
<div class="media">
    <div class="media-body">
        <div class="yh_fix1a_txt">
            <div class="yh_fix1a_txt2"><span></span></div>
            <textarea class="yh_fix1a_txt1 form-control" id="textarea" ></textarea>
        </div>
    </div>
    <div class="media-right">
        <button class="btn btn-success" onClick="btnSend();" type="button"> 发送 </button>
    </div>
</div>
<div id="ret"> </div>
```

02 在 JavaScript 中首先判断浏览器是否支持 Worker 对象，如果支持则直接创建该对象，如果不支持弹出提示。具体代码如下：

```javascript
var objWorker;
if(typeof(Worker)!=="undefined")
{
    objWorker = new Worker("js/comment.js");
```

```javascript
}
else
{
    alert(" 该浏览器不支持 Web Worker");
}
```

03 单击"发送"按钮时触发该按钮的 onclick 事件调用 btnSend() 函数，该函数的具体代码如下：

```javascript
function btnSend()
{
    var content = document.getElementById("textarea").value;       // 评论内容
    objWorker.postMessage(content);                                 // 发送信息
}
```

上述代码首先获取用户输入的评论内容，然后调用 objWorker 对象的 postMessage() 方法发送内容。

04 创建名称为 comment.js 的文件，在该文件中接收页面传过来的内容。该文件中的具体代码如下：

```
onmessage = function(event){
    var datas = event.data;                           // 获取从页面传入的数据
    var html='<div class="yh_c6_box">'+
            '<div class="media yh_c6a yh_c6b">'+
            '<div class="media-left">'+
            '<img src="images/yh629_p1.jpg"   />'+
            '<span class="yh_span1"> 群众 </span>'+
            '</div>'+
            '<div class="media-body">'+
            '<p class="yh_c6a_p1 clearfix"> 匿名用户 </p>'+
            '<p class="yh_c6_p2">'+datas+'</p>'+
            '</div>'+
            '</div>'+
            '</div>';
    postMessage(html);
}
```

上述代码首先调用 event 对象的 data 对象获取从页面传入的数据，然后调用 postMessage() 方法将保存到 html 变量中的内容返回到上个页面。

05 调用 postMessage() 方法时会触发 onmessage 事件，在页面中通过 objWorker 对象的该事件来获取信息并接收，最后将内容显示到 div 元素中。具体代码如下：

```
objWorker.onmessage = function(event)
{
    document.getElementById("ret").innerHTML = event.data;
}
```

06 输入内容后单击"发送"按钮查看效果，最终运行效果如图 8-9 所示。

图 8-9　案例运行效果

8.4.2　线程和 JavaScript 交互

线程中可以使用 JavaScript 脚本文件，表 8-3 列出了在线程中可用的变量、方法与类。

表 8-3　线程中可用的变量、方法与类

文件名称	说　明
self	该关键字用来表示本线程范围内的作用域
postMessage(message)	向创建线程的源窗口发送消息
onmessage	获取接收消息的事件句柄
importScript(urls)	导入其他 JavaScript 脚本文件，参数为脚本文件的 URL 地址
navigator	与 window.navigator 对象类似，包含 appName、userAgent 和 appVersion 等属性
sessionStorage 和 localStorage	可以在线程中使用主 Web Storage
XMLHttpRequest	可以在线程中处理请求
Web Workers	可以在线程中嵌套线程
setTimeout 和 setInterval	在线程中实现定时处理
close()	结束本线程
eval()、escape() 和 isNaN() 等	可以使用 JavaScript 的核心函数
object	可以创建和使用本地对象
WebSockets	可以使用 WebSocket API 向服务器发送和接收消息

⚠ 注意

导入的脚本文件必须与使用该线程文件的页面在同一个域中，并且在同一个端口中。

对由多个 JavaScript 文件组成的应用程序来说，可以通过包含 script 元素的方式在页面加载时同步加载 JavaScript 文件。但是由于 Worker 没有访问 document 对象的权限，所以必须通过 importScripts 导入其他的 JavaScript 文件，其使用方法如下：

```
importScripts("mycontent.js");
```

可以使用 importScripts 导入多个脚本文件，它们会按照顺序执行。例如，下面的代码会依次导入 mycontent.js 和 login.js。

```
importScripts("mycontent.js","login.js")
```

8.4.3　线程嵌套

上一节已经介绍了如何使用后台进程分割处理前台 JavaScript 代码的方法，其实在线程中还可以嵌套子线程，这样可以把一个较大的后台线程切割成几个子线程，在每个子线程中各自完成相对独立的一部分工作。这种方法可以将各功能模块进行分离，形成独立的子模块，有利于 Web 应用的开发。

【例 8-5】

在本案例中随机生成 100 个数字，然后找出能被 3 整除的数字并将它们显示到页面，实现的主要步骤如下。

01 创建一个 index.html 作为主页面，并添加以下代码到布局中。

```html
<h1> 从随机生成的 100 个数字中抽取 3 的倍数 </h1>
<table id="table">
</table>
```

02 创建使用 script1.js 文件的 Worker 对象，在 onMessage 事件中接收线程返回的数据，并对数据进行组合后显示到表格中。具体代码如下：

```html
<script type="text/javascript">
var worker = new Worker("script1.js");
worker.postMessage("");
// 从线程中取得计算结果
worker.onMessage = function(event) {
    if(event.data!="")
    {
        var j;                                      // 行号
        var k;                                      // 列号
        var tr;
        var td;
        var intArray=event.data.split(";");
        var table=document.getElementById("table");
        for(var i=0;i<intArray.length;i++)
        {
            j=parseInt(i/10,0);
            k=i%10;
            if(k==0)                                // 该行不存在
            {
                // 添加行
                tr=document.createElement("tr");
                tr.id="tr"+j;
                table.appendChild(tr);
            }
            else                                    // 该行已存在
            {
                // 获取该行
                tr=document.getElementById("tr"+j);
            }
```

```
        // 添加列
        td=document.createElement("td");
        tr.appendChild(td);
        // 设置该列内容
        td.innerHTML=intArray[j*10+k];
        // 设置列宽
        td.width="50";
      }
    }
};
</script>
```

03 创建名称为 script1.js 的脚本文件，该文件为主页面的主线程。在主线程中随机生成一个包含 100 个数字的数组，然后把该数组提交到子线程。在子线程中把能被 3 整除的数字挑选出来，然后送回主线程，主线程再把挑选结果送回页面进行显示。该文件的具体代码如下：

```
onmessage=function(event){
    var intArray=new Array(100);
    // 随机数组
    // 生成 100 个随机数
    for(var i=0;i<100;i++)
        intArray[i]=parseInt(Math.
random()*100);
    var worker;
    // 创建子线程
    worker=new Worker("script2.js");
    // 把随机数组提交给子线程进行挑选
    worker.postMessage(JSON.stringify(intArray));
    worker.onmessage = function(event) {
        // 把挑选结果返回主页面
        postMessage(event.data);
    }
}
```

04 创建名称为 script2.js 的脚本文件，

该文件为主线程的子线程。该线程在接收到的随机数组中挑选出能被 3 整除的数字，然后拼接成字符串并返回。该文件的具体代码如下：

```
onmessage = function(event) {
    // 还原整数数组
    var intArray= JSON.parse(event.data);
    var returnStr;
    returnStr="";
    for(var i=0;i<intArray.length;i++)
    {
        // 能否被 3 整除
        if(parseInt(intArray[i])%3==0)
        {
            if(returnStr!="")
                returnStr+=";";
            // 将能被 3 整除的数字拼接成
字符串
            returnStr+=intArray[i];
        }
    }
    // 返回拼接字符串
    postMessage(returnStr);
    // 关闭子线程
    close();
}
```

05 运行本案例的代码进行测试，页面的最终运行效果如图 8-10 所示。

图 8-10 线程嵌套交互数据的运行效果

8.4.4 实践案例：线程和 JSON 交互

除了线程可以处理一般数据外，还可以传递 JSON 对象进行处理，即可以通过后台线程传递一个 JSON 对象给前台，前台接收并显示对象中的内容。

本案例在页面加载时创建一个 Worker 后台线程，该线程返回给前台页面一个 JSON 对象，然后在前台获取该 JSON 对象，使用遍历的方式显示对象中的内容。实现本案例的具体步骤如下。

01　创建一个 HTML5 页面。在页面的合适位置添加 id 为 ret 的 div 元素，该元素用于显示 JSON 对象中的所有内容。相关代码如下：

```
<header class="yh_head1">
    <div class="yh_head1a yh_head1b clearfix">
        <p><a href="#" class="on"> 姓名 / 行业 </a></p>
        <p><a href="#"> 供应 </a></p>
        <p><a href="#"> 需求 </a></p>
    </div>
</header>
<div class="yh_c3" id="ret">
    <p class="yh_c6_more"> 已加载全部内容 </p>
</div>
```

02　页面加载时首先判断浏览器是否支持 Worker 对象，如果不支持弹出提示，如果支持则直接创建该对象并调用 postMessage() 方法发送消息。具体代码如下：

```
var objWorker;
if(typeof(Worker)!=="undefined")
{
    objWorker = new Worker("js/json.js");
    objWorker.postMessage();
}
else
{
    alert(" 该浏览器不支持 Web Worker");
}
```

03　添加名称为 json.js 的脚本文件，在该文件中声明变量 json，然后在 onmessage 事件中调用 postMessage() 方法将该变量传入上一个页面中。该文件的具体代码如下：

```
var json =[
    {
        "name": " 张浩太 ",
        "company": " 糖果网络科技 ",
        "position": " 市场部经理 "
    },
    {
        "name": " 刘梓萱 ",
        "company": " 向阳电子科技 ",
        "position": " 市场部经理 "
    },
    {
        "name": " 陈瑞华 ",
        "company": " 锐志祥通科技 ",
        "position": " 技术部经理 "
    },
    {
        "name": " 高百丽 ",
        "company": " 百丽电子商务 ",
        "position": " 技术部经理 "
    }
];
self.onmessage = function(event){
    self.postMessage(json);
}
```

04　添加 objWorker 对象的 onMessage 事件，然后在该事件中通过 for 语句遍历显示 JSON 对象中的内容，并显示到 id 名称为 ret 的 div 元素中。该事件的具体代码如下：

```
objWorker.onMessage = function(event)
{
    var strHTML = "";
    var ev = event.data;
    for(var i in ev)
    {
        var item = ev[i];

        strHTML +='<div class="media">'+
            '<div class="media-body">'+
                '<p class="yh_c3_p1 clearfix"><span>'+item.position+'</span><em>'+item.name+
                '</em></p>'+
                '<p class="yh_c3_p1">'+item.company+'</p>'+
            '</div>'+
        '</div>';
    }
    document.getElementById("ret").innerHTML = strHTML;
}
```

05 运行本案例进行测试，页面的最终运行效果如图 8-11 所示。

图 8-11　多线程处理 JSON 数据的运行效果

8.5　获取地理位置

HTML5 新增加了 Geolocation API 接口获取地理位置，它允许用户在 Web 应用程序中共享它们的位置，使其能够享受位置感知服务。地理位置信息的来源有经度、纬度和其他特性，获取这些数据的途径有 GPS、Wi-Fi 和蜂窝站点等。

下面详细介绍 HTML5 使用 Geolocation API 接口获取地理位置的方法。

8.5.1　地图 API 简介

HTML5 为 window.navigator 对象增加了一个 Geolocation 属性，该属性返回一个 Geolocation 对象。调用 Geolocation 对象提供的方法，即可获取位置信息。

在使用之前可以检测浏览器是否支持 Geolocation 对象，代码如下：

```
function checkDemo(){
    if(navigator.geolocation){
            alert(" 支持 HTML 5 Geolocation 对象。");
    }else{
            alert(" 不支持 HTML 5 Geolocation 对象。"));
    }
}
```

Geolocation 对象常用的方法有 getCurrentPosition() 方法、watchCurrentPosition() 方法和 clearWatch() 方法。

1. getCurrentPosition() 方法

getCurrentPosition() 方法可以获取用户当前的地理位置信息，该方法的语法形式如下：

```
window.navigator.geolocation.getCurrentPosition(onSuccessCallback,onErrorCallback,options);
```

getCurrentPosition() 方法有 3 个参数，第一个参数用于成功获取当前地理位置时的回调函数，该函数需要传入形参对象 position，该对象在下一节介绍；第二个参数用于获取当前地理位置失败时的回调函数；第三个参数是一个可选择的对象，表示一些属性内容。

2. watchCurrentPosition() 方法

watchCurrentPosition() 方法用于持续获取用户当前的地理位置信息，它会定期地自动获取。该方法的语法形式如下：

```
int watchCurrentPosition(onSuccessCallback,onErrorCallback,options);
```

watchCurrentPosition() 方法有 3 个参数，各参数的含义和使用方法与 getCurrentPosition() 方法相同。watchCurrentPosition() 方法的返回值是一个数字，该数字可以被 clearWatch() 方法使用，表示停止对当前地理位置信息的监视。

3. clearWatch() 方法

clearWatch() 可以停止对当前用户的地理位置信息的监视，其语法形式如下：

```
void clearWatch(watchId);
```

使用该方法时需要向该方法传递形参，它的值为调用 watchCurrentPosition() 方法监视地理位置信息时的返回参数。

8.5.2 Position 对象

无论是 Geolocation 对象的 getCurrentPosition() 方法还是 watchCurrentPosition() 方法都需要传入一个调用成功后的回调函数作为参数。该回调函数可以使用 Position 对象有关的属性显示当前位置信息。

Position 对象包含两个重要属性：timestamp 和 coords。timestamp 属性表示获取地理位置时的时间，而 coords 属性则包含多个属性值，其具体说明如表 8-4 所示。

表 8-4 coords 属性所包含的值

值 名 称	说 明
accuracy	当前地理位置的精确度
latitude	当前地理位置的纬度
longitude	当前地理位置的经度
altitude	当前地理位置的海拔高度
altitudeAccurancy	当前地理位置的海拔精确度（单位：米）
heading	当前设置的前进方向，用面朝正北方向的顺时针旋转角度来表示。无法获取时返回值为 null
speed	当前设置的前进速度，以米 / 秒为单位，无法获取时返回值为 null

【例 8-6】

下面创建一个示例演示如何通过 Position 对象的相关属性获取用户当前的地理位置信息，实现该功能的步骤如下。

01 添加新的 HTML 页面，在页面的合适位置添加 span 元素，该元素显示详细的地理信息。页面的具体代码如下：

```
<span id="ShowMessage"></span>
```

02 页面加载时调用 init() 函数自动获取信息，该函数的具体代码如下：

```
function init()
{
    if(navigator.geolocation)                          // 判断浏览器是否支持
    {
            navigator.geolocation.getCurrentPosition(
                    handle_getInfo,                    // 成功时调用的函数
                    handle_error,                      // 失败时调用的函数
                    {                                  // 其他属性信息的设置
                            maximumAge:5*1000*60,      // 缓存有效时间
                            timeout:5000               // 超时时间限制
                    }
            )
```

```
        }else{
                alert(" 浏览器不支持当前位置的显示功能 ");
        }
}
window.addEventListener("load",init,true);                          // 页面加载时调用 init() 事件
```

上述代码首先判断浏览器是否支持显示当前位置的功能，如果支持成功时调用 handle_getInfo() 函数，失败时调用 handle_error() 函数且设置其他属性的相关信息。

03 handle_getInfo() 函数在成功时才执行，在该函数中传递一个 Position 对象，然后调用该对象的相关属性显示详细内容，其具体代码如下：

```
function handle_getInfo(position)
{
    var strHTML = "";
    var objInfo = position.coords;
    strHTML += " 当前位置的纬度值： <b>" + objInfo.latitude + "</b><br/>";
    strHTML += " 当前位置的经度值： <b>" + objInfo.longitude + "</b><br/>";
    strHTML += " 当前位置的精确度： <b>" + objInfo.accuracy + "</b><br/>";
    strHTML += " 当前位置的前进速度： <b>" + objInfo.speed + "</b><br/>";
    strHTML += " 当前位置的前进方向： <b>" + objInfo.heading + "</b><br/>";
    strHTML += " 当前位置的时间戳： <b>" + objInfo.timestamp + "</b><br/>";
    document.getElementById("ShowMessage").innerHTML = strHTML;
}
```

上述代码首先声明全局变量 strHTML 保存要显示的内容，接着调用 coords 属性的多个属性值分别显示经度值、纬度值、精确度、前进速度和前进方向等，然后直接调用 Position 对象的 timestamp 属性显示时间戳，最后将变量中的内容显示到 id 为 ShowMessage 的 span 元素中。

04 handle_error() 函数在失败时才会执行，在该函数中传递一个 error 对象，然后根据 code 属性的值判断显示不同的内容，其具体代码如下：

```
function handle_error(error)
{
    switch(error.code){                                         // 获取 code 属性的值
            case 0:
                    alert(" 出现了未知的错误！ ");
                    break;
            case 1:
                    alert(" 位置服务被拒绝 ");
                    break;
            case 2:
                    alert(" 暂时获取不到位置信息 ");
                    break;
            case 3:
```

```
                              alert(" 获取信息超时 ");
                              break;

          }
    }
```

05 运行本案例的代码进行测试，页面的最终效果如图 8-12 所示。

图 8-12　显示地理位置的详细内容

8.6　练习题

一、填空题

1. window.navigator 属性包含 3 个方法，_____ 方法可以获取用户当前的地理位置。
2. HTML5 中实现跨域页面间的数据互访需要调用对象的 _____ 方法。
3. dataTransfer 对象的 _____ 方法可以为元素添加指定的数据。

二、选择题

1. 下面选项中，说法 _____ 是正确的。
A．postMessage() 方法只能实现跨域页面间的数据访问功能，其他访问功能不能调用
B．获取地理位置时，Position 对象的 latitude 属性表示获取当前位置的经度
C．getCurrentPosition() 方法中包含 3 个参数，这 3 个参数都是必不可少的
D．getCurrentPosition() 方法中包含 3 个参数，最后一个参数表示部分属性内容，可以省略
2. 后台线程调用 postMessage() 方法发送数据后，前台页面会触发 message 事件，并且在该事件中获取处理后的数据。下段代码空白处应该填写 _____。

```
worker.addEventListener("message",function(event){
    var content = _____;                    // 后台处理完成后返回到前台的数据
},false);
```

A．e.message

B．event.message

C．event.data

D．e.data

3．目标元素完全接收被拖放元素时触发的事件是＿＿＿＿＿＿。

A．dragend

B．drop

C．dragstart

D．dragover

4．成功获取用户地理位置信息后，调用 Position 对象的＿＿＿＿＿＿属性可获取当前地理位置的精确度。

A．altitudeAccurancy

B．accuracy

C．latitude

D．longitude

上机练习1：拖动图片到指定位置

添加新的 HTML 页面，在该页面中添加代码，以达到将图书拖动到指定位置的效果。用户拖动时的效果如图 8-13 所示，拖动完成后的效果如图 8-14 所示。

图 8-13　拖动时的运行效果

图 8-14　拖动完成后的效果

上机练习2：多线程计算器

根据本章学习的知识制作一个多线程的计算器。要求：用户可以在页面上输入要计算的两个操作数，然后选择要执行的操作，最后显示计算结果，同时可以进行停止以及清空等操作。示例的参考运行效果如图 8-15 所示。

图 8-15 多线程计算器效果

第9章

CSS3 选择器

CSS3 是 CSS（Cascading Style Sheet，层叠样式表）技术的升级版，CSS3 语言是朝着模块化方向发展的。以前的规范作为一个模块实在太庞大而且比较复杂，所以，把它分解为一些小的模块，更多新的模块也被加入进来。这些模块包括选择器、盒子模型、列表模块、超链接方式、语言模块、背景和边框、文字特效、多栏布局、书写模式、计算器风格等。

CSS3 可以使用新的可用的选择器和属性，从而实现新的设计效果（例如动态和渐变），而且可以很简单地设计出多种布局效果（例如使用分栏）。CSS3 将完全向后兼容。本章主要介绍 CSS3 中新增的选择器。

 本章学习要点

◎ 掌握 CSS 选择器的分类
◎ 掌握 CSS3 中新增的属性选择器
◎ 掌握 CSS3 中新增的伪类选择器
◎ 掌握 CSS3 中新增的伪对象选择器
◎ 了解 CSS3 中修改的伪对象选择器
◎ 掌握 E ~ F 兄弟选择器的使用

9.1 CSS 选择器的分类

如果想用 CSS 层叠样式表对 HTML 页面中的元素实现一对一、一对多或多对一的控制，就需要用到 CSS 选择器。HTML 页面中的元素就是通过 CSS 中的选择器进行控制的。在 CSS 中，选择器是一种模式，用于选择需要添加样式的元素。

通常情况下，CSS 中的选择器可以分为元素选择器、属性选择器、伪类选择器、伪对象选择器以及关系选择器。

1. 元素选择器

常见的 CSS 选择器是元素选择器。换句话说，文档元素就是最基本的选择器。如果设置 HTML 的样式，选择器通常是某个 HTML 元素，例如 p、h1、em、a，甚至可以是 html 本身。

表 9-1 列出了 CSS 中的元素选择器。

表 9-1　CSS 中的元素选择器及其说明

选 择 器	版 本	说 明
*	CSS2	通配符选择器，所有 HTML 元素
E	CSS1	类型选择器，以文档语音对象作为选择器
E#myid	CSS1	ID 选择器，以唯一标识符 id 属性等于 myid 的 E 元素作为选择器
E.myclass	CSS1	class 选择器，以 class 属性包含 myclass 的 E 对象作为选择器

【例 9-1】

直接通过 HTML 元素为网页的元素设置样式，元素选择器的使用如下：

```
html {color:black;}
h1 {color:blue;}
h2 {color:silver;}
```

用户可以将某个样式从一个元素切换到另一个元素。如果用户需要将上面的段落文本（而不是 h1 元素）设置为灰色。只需要把 h1 选择器改为 p 即可。

```
html {color:black;}
p {color:gray;}
```

```
h2 {color:silver;}
```

2. 属性选择器

属性选择器可以根据元素的属性及属性值来选择元素。在 CSS2 中引入了属性选择器。如果希望选择有某个属性的元素，而不论属性值是什么，可以使用简单属性选择器。当然，用户除了选择拥有某些属性的元素，还可以进一步缩小选择范围，只选择有特定属性值的元素。

CSS 中的属性选择器及其说明如表 9-2 所示。从表 9-2 中可以看出，与 CSS 2 相比，CSS3 中新增加了 3 个属性选择器。

表 9-2　CSS 中的属性选择器及其说明

选 择 器	版 本	说 明
E[att]	CSS2	选择具有 att 属性的 E 元素
E[att="val"]	CSS2	选择具有 att 属性且属性值等于 val 的元素

（续表）

选 择 器	版 本	说 明
E[att~="val"]	CSS2	选择具有 att 属性且属性值为一个用空格分隔的字词列表，即属性等于 val 的 E 元素
E[att|="val"]	CSS2	选择具有 att 属性且属性值为以 val 开头并用连接符 "-" 分隔的字符串的 E 元素，如果属性值仅为 val，也会被选择
E[att^="val"]	CSS3	选择具有 att 属性且属性值为以 val 开头的字符串的 E 元素
E[att$="val"]	CSS3	选择具有 att 属性且属性值为以 val 结尾的字符串的 E 元素
E[att*="val"]	CSS3	选择具有 att 属性且属性值为包含 val 的字符串的 E 元素

【例 9-2】

以下代码演示了 E[att="val"] 选择器的使用。

```
<style>
input[type="text"] {
    border: 2px solid #000;
}
</style>
```

上述代码指定了 type 类型为 text 的 input 元素的 border 属性值，即指定了文本输入框的边框样式。对以下两行代码而言，仅能匹配到第一行代码，因为匹配到了 type 属性，其属性值为 text。

```
<input type="text" />
<input type="submit" />
```

3. 伪类选择器

伪类选择器可以设置一些特殊的效果。常见的 E:link、E:visited、E:hover、E:active、E:focus 等。除了这些之外，CSS3 又新增加了多种伪类选择器，如表 9-3 所示。

表 9-3　CSS 中的伪类选择器及其说明

选 择 器	版 本	说 明
E:link	CSS1	设置超链接 a 未被访问前的样式
E:visited	CSS1	设置超链接 a 被访问过的样式
E:hover	CSS1/CSS2	设置元素在鼠标悬停时的样式
E:active	CSS1/CSS2	设置元素被激活（在鼠标单击与释放之间发生的事件）时的样式
E:focus	CSS1/CSS2	设置元素成为输入焦点（该元素的 onfocus 事件发生）时的样式
E:lang(fr)	CSS2	匹配使用特殊语言的 E 元素
E:first-child	CSS2	匹配父元素的第一个子元素 E
@page:first	CSS2	设置页面容器第一页使用的样式，仅用于 @page 规则
@page:left	CSS2	设置页面容器位于装订线左边的所有页面使用的样式，仅用于 @page 规则

HTML5+CSS3+JavaScript　网 页 设 计

（续表）

选择器	版本	说明
@page:right	CSS2	设置页面容器位于装订线右边的所有页面使用的样式，仅用于 @page 规则
E:not(s)	CSS3	匹配不含有 s 选择器的元素 E
E:root	CSS3	匹配 E 元素在文档的根元素
E:last-child	CSS3	匹配父元素的最后一个子元素 E
E:only-child	CSS3	匹配父元素仅有的一个子元素 E
E:nth-child(n)	CSS3	匹配父元素的第 n 个子元素 E
E:nth-last-child(n)	CSS3	匹配父元素的倒数第 n 个子元素 E
E:first-of-type	CSS3	匹配同类型中的第一个同级兄弟元素 E
E:last-of-type	CSS3	匹配同类型中唯一的一个同级兄弟元素 E
E:only-of-type	CSS3	匹配同类型中唯一的一个同级兄弟元素 E
E:nth-of-type(n)	CSS3	匹配同类型中的第 n 个同级兄弟元素 E
E:nth-last-of-type(n)	CSS3	匹配同类型中的倒数第 n 个同级兄弟元素 E
E:empty	CSS3	匹配没有任何子元素（包括 text 节点）的元素 E
E:checked	CSS3	匹配用户界面上处于选中状态的元素 E。用于 input type 为 radio 与 checkbox
E:enabled	CSS3	匹配用户界面上处于可用状态的元素 E
E:disabled	CSS3	匹配用户界面上处于禁用状态的元素 E
E:target	CSS3	匹配相关 URL 指向的 E 元素

【例 9-3】

用户在某些公司的注册网站上进行注册时可以发现，当鼠标放到某一个输入框时，该输入的边框或者文字颜色会进行更改，这主要通过 E:focus 选择器实现。样式代码如下：

```
<style>
h1 { font-size: 16px;}
ul { list-style: none; margin: 0; padding: 0;}
```

```
input:focus {
    background: #f6f6f6;
    color: #f60;
    border: 1px solid #f60;
    outline: none;
}
</style>
```

上述样式代码对应的 HTML 网页代码如下：

```
    <ul>
        <li><input value=" 姓名 " /></li><li><input value=" 单位 " /></li>
        <li><input value=" 年龄 " /></li><li><input value=" 职业 " /></li>
    </ul>
```

4.　伪对象选择器

在 CSS3 中，常用的伪对象选择器及其说明如表 9-4 所示。

表 9-4　CSS 中的伪对象选择器及其说明

选 择 器	版 本	说 明
E:first-letter/E::first-letter	CSS1/CSS3	设置对象内的第一个字符的样式
E:first-line/E::first-line	CSS1/CSS3	设置对象内的第一行的样式
E:before/E::before	CSS2/CSS3	设置在对象前（依据对象树的逻辑结构）发生的内容，和 content 属性一起使用
E:after/E::after	CSS2/CSS3	设置在对象后（依据对象树的逻辑结构）发生的内容，和 content 属性一起使用
E::placeholder	CSS3	设置对象文字占位符的样式
E::selection	CSS3	设置对象被选择时的颜色

在 CSS3 版本中，将伪对象选择器的单个冒号（:）修改为双冒号（::），其是为了区别于伪类选择器，但是以前的写法仍然有效。根据表 9-4 的内容可知，E::placeholder 和 E::selection 是 CSS3 中新增加的两个选择器，其他 4 个只是在之前版本的基础上进行了更改。

【例 9-4】

以下代码针对 p 元素对象内的第一个字符进行设置。

```
<style>
h1{font-size:16px;}
p{width:200px;padding:5px 10px;border:1px solid #ddd;font:14px/1.5 simsun,serif,sans-serif;}
p::first-letter {float:left;font-size:40px;font-weight:bold;line-height:1;}
</style>
```

上述样式代码对应的 HTML 网页内容如下：

```
<h1> 关于 E::first-letter 选择器的使用 </h1>
<p> 今天，阳光明媚，晴空万里，非常适合户外活动，如踏青、远足之类的。长期坐在办公室的同学
们要多注意运动。</p>
```

5.　关系选择器

简单理解，关系选择器就是选择与指定元素有关系的其他元素，例如相邻元素、子元素等。CSS3 中有 4 种关系选择器，具体说明如表 9-5 所示，其中 E~F 选择器是新增加的。

表 9-5　CSS 中的关系选择器及其说明

选 择 器	版 本	说 明
E F	CSS1	包含选择器，选择所有被 E 元素包含的 F 元素
E>F	CSS2	子选择器，选择 E 元素的所有子元素 F

（续表）

选 择 器	版 本	说 明
E+F	CSS2	相邻选择器，选择紧贴在 E 元素之后的 F 元素
E~F	CSS3	兄弟选择器，选择 E 元素的所有兄弟元素 F

9.2 属性选择器

CSS3 新增加了 3 个属性选择器，这 3 个属性选择器经常会用到，下面分别进行介绍。

9.2.1 E[att^="val"]

使用 E[att^="val"] 选择器可以匹配具有 att 属性且属性值为以 val 开头的字符串的 E 元素。

【例 9-5】

以下步骤演示了 E[att^="val"] 选择器的使用。

01 在 HTML 网页中添加 h1 元素和 ul 及 li 元素，代码如下：

```
<h1 style="text-align: center;"> 把酒问月 </h1>
<ul>
    <li class="abc"> 青天有月来几时，我今停杯一问之 </li>
    <li class="acb"> 人攀明月不可得，月行却与人相随 </li>
    <li class="bac"> 皎如飞镜临丹阙，绿烟灭尽清辉发 </li>
    <li class="bca"> 但见宵从海上来，宁知晓向云间没 </li>
    <li class="cab"> 白兔捣药秋复春，嫦娥孤栖与谁邻 </li>
    <li class="cba"> 今人不见古时月，今月曾经照古人 </li>
    <li class=""> 古人今人若流水，共看明月皆如此 </li>
    <li class=""> 唯愿当歌对酒时，月光长照金樽里 </li>
</ul>
```

02 为 HTML 网页中的元素设置 CSS 样式代码，匹配具有 class 属性且属性值是以 a 开头的字符串的 li 元素，指定该元素的字体颜色，并将字体加粗。代码如下：

```
ul{ width:90%;}
ul li{ width:40%; margin:0 auto;}
li[class$="a"] {
        color:#FF0000;
        font-weight:bold;
}
```

03 网页中古诗的前两句样式以 "a" 开头，因此这两句古诗的字体颜色发生改变且加粗显示。运行此 HTML 网页，效果如图 9-1 所示。

图 9-1 E[att$="val"] 选择器的使用

9.2.2　E[att$="val"]

与 E[att^="val"] 选择器相反，E[att$="val"] 选择器表示匹配具有 att 属性且属性值为以 val 结尾的字符串的 E 元素。

【例 9-6】

在上个例子的基础上添加CSS样式代码，匹配 class 属性以 "a" 结尾的 li 元素，指定该元素的字体大小和颜色。代码如下：

```
li[class^="a"] {
    color:#0000FF;
    font-size:24px;
```

```
}
```

直接刷新（按 F5 快捷键）网页或者重新运行该网页，效果如图 9-2 所示。

图 9-2　E[att^="val"] 选择器的使用

9.2.3　E[att*="val"]

CSS3 中新增加的 E[att*="val"] 选择器用于匹配具有 att 属性且属性值为包含 val 的字符串的 E 元素。简单来说，只要指定的 att 属性中包含 val 字符串，那么 E 元素就会与之匹配。

【例 9-7】

继续在前面例子的基础上添加新的样式代码，匹配 li 元素，只要该元素的 class 属性中包含 "a" 字符，就更改元素的字体，同时添加下划线。代码如下：

```
li[class*="a"] {
    font-family:" 宋体 ";                  /* 设置字体 */
    font-size:16px;                       /* 字体大小 */
    text-decoration:underline;            /* 添加下划线 */
}
```

以上样式代码匹配 li 元素，并重新设置字体格式、字体大小并为字体添加下划线。如果样式属性已经存在，那么以 "就近原则" 为主。

刷新 HTML 网页或者重新运行，效果如图 9-3 所示。

图 9-3　E[att*="val"] 选择器的使用

9.2.4　实践案例：设计颜色选择器

在现实生活中，经常会用到属性选择器，当然属性选择器并非 "自给自足"，它通常与其他的选择器（如伪类选择器和关系选择器等）结合使用。

本节实践案例将属性选择器和其他选择器相结合设计一个简单的颜色选择器，具体实现代码如下：

HTML5+CSS3+JavaScript

网页设计

01 创建 HTML 网页 colorSelector.html，在网页的主体内容中添加 input 元素和 label 元素，分别代表不同的颜色。部分代码如下：

```
<div class="form-group"><label for="exampleInputEmail1"> 请随意选择一个颜色：</label><div>
<input type="radio" name="cor" id="cor1" value="#4986E7" />
<label for="cor1" class="cor1"></label>
<input type="radio" name="cor" id="cor2" value="#5484ED" />
<label for="cor2" class="cor2"></label>
<!-- 省略其他内容 -->
```

02 为上述网页中的元素设计 CSS 样式，首先设计 input 元素的 id 属性包含 cor 值的样式，接着设计匹配的 label 元素的内容样式及其悬浮时的效果。代码如下：

```
input[id*="cor"] {
    display: none;
}
label[class*="cor"] {
    display: inline-block;
    height: 16px;
    width: 16px;
    cursor: pointer;
    border: 1px solid transparent;
    position: relative;
    margin-right: 5px;
}
label[class*="cor"]:hover {
    border-color: #000;
}
```

03 设计与 input 元素和 label 元素匹配时的效果，需要用到 E:checked 选择器和 E:before 选择器，同时涉及 E+F 相邻选择器。具体样式如下：

```
input[id*="cor"]:checked + label:before {
    content: '\f00c';
    display: block;
    position: absolute;
    font-family: 'fontawesome';
    top: 0px;
    left: 1px;
    font-size: 12px;
    color: #fff;
}
```

04 根据需要为元素添加其他的样式代码，这里不再显示具体内容。

05 运行 colorSelector.html 网页，选择颜色进行测试，效果如图 9-4 所示。

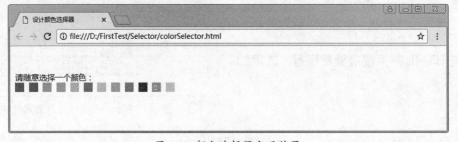

图 9-4　颜色选择器实现效果

提示

　　E:checked 选择器是 CSS3 中新增加的伪类选择器，该选择器用于匹配用户界面上处于选中状态的元素 E。通常情况下，该选择器用于 input 的 type 为 radio 与 checkbox 时的情况。

9.3　伪类选择器

用户在进行实际操作时，仅仅依靠属性选择器是不够的，很多时候需要借助其他类型的选择器，例如伪类选择器。伪类选择器是定义好的选择器，不能随便取名。常用的伪类选择器有 a:hover、a:link、a:visited 等。

在 CSS3 中新增了多个伪类选择器，可以实现更为强大的功能，下面主要针对常见的选择器进行说明。

9.3.1　E:last-child 选择器

E:last-child 选择器用于匹配父元素的最后一个子元素 E，这是 CSS3 中新增加的一个选择器。假设用户想为文章列表的第一篇标题和最后一篇标题设置不同的背景颜色，除了为两篇文章标题添加不同的 class 属性外，可以通过 E:first-child 选择器和 E:last-child 选择器进行设置。与设置 class 属性相比，这种方法更加简单方便。

【例 9-8】

新建 lastChildSelector.html 页面，使用 E:first-child 选择器设置第一篇文章的标题背景颜色为天蓝色，设置最后一篇文章的标题背景颜色为浅蓝色，字体为蓝色，字号为 18px。另外，还需要设置鼠标悬停时最后一个标题的背景颜色和字体颜色。代码如下：

```
<style type="text/css">
p{width:30%;margin:0 auto;padding:10px}
p:first-child{
    background-color:skyblue;
}
p:last-child{
    color:blue;
    font-size:18px;
    background:lightblue;
}
p:last-child a:hover{
    color:white;
    background-color:orange;
}
</style>
```

上述代码对应的 HTML 网页的主体内容如下：

```
<div style="background-image:url(img/bg3.jpg); background-repeat:no-repeat; background-position:center; margin:0 auto; width:800px; height:300px">
<p> 第一篇 为什么喜欢文学 </p>
<p> 第二篇 文学给我带来的变化 </p>
<p> 第三篇 掌声和荣誉 </p>
<p> 第四篇 母亲的微笑 </p>
<p> 第五篇 时间是光环还是魔咒 </p>
<p> 第六篇 生命中出现的那抹绿色 </p>
<p><a> 第七篇 祝福你 </a></p>
</div>
```

运行 lastChildSelector.html 网页，效果如图 9-5 所示。

图 9-5　last-child 选择器的使用

⚠ **注意**

如果要使 E:last-child 选择器的设置有效，那么 E 元素必须是某个元素的子元素，E 的父元素最高是 body，即 E 可以是 body 的子元素。E:last-child 中的 E 必须是它兄弟元素中的最后一个元素，即 E 必须是父元素的最后一个子元素。与之类似的伪类还有 E:first-child，只不过情况正好相反，需要它是第一个子元素。

9.3.2　E:only-child 选择器

E:only-child 选择器用来匹配父元素下仅有的一个子元素。如果要使 E:only-child 选择器中设置的属性生效，E 元素必须是某个元素的子元素，E 的父元素最高是 body，即 E 可以是 body 的子元素。实际上，E:only-child 选择器的效果和 E:first-child、E:last-child 或者 E:nth-child(1)、E:nth-last-child(1) 的效果一样。

【例 9-9】

创建 onlyChildSelector.html 网页，在页面的主体部分添加 3 个 ul 元素，每个 ul 元素下包含不同的 li 项目。当 ul 元素下的项目只有一个时设置元素内容的字体大小、颜色并加粗显示。有关的样式代码如下：

```
ul li:only-child{
    color:#FF00FF;
    font-size:20px;
    font-weight:bold;
}
```

运行 onlyChildSelector.html 网页，具体效果如图 9-6 所示。

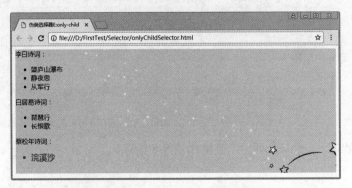

图 9-6　E:only-child 选择器的使用

9.3.3　E:nth-child(n) 选择器

用户使用 E:nth-child(n) 选择器匹配父元素的第 n 个子元素 E，假设该子元素不是 E，则选择器无效。要使选择器中设置的属性有效，E 元素必须是某个元素的子元素，E 的父元素最高是 body，即 E 可以是 body 的子元素。

E:nth-child(n) 选择器允许使用一个乘法因子 (n) 来作为换算方式，例如用户想选中所有的偶数子元素 E，可以通过 E:nth-child(2n) 实现。

【例 9-10】

创建 nthChildSecator.html 网页，利用例 9-8 的网页内容演示 E:nth-child(n) 选择器的使用。分别设置 p 元素为奇数和偶数时的字体颜色，样式代码如下：

```
<style type="text/css">
p:nth-child(2n+1){ color:darkgreen}              /* 奇数 */
p:nth-child(2n){ color:red}                      /* 偶数 */
</style>
```

在样式实现代码中，因为 (n) 代表一个乘法因子，可以是 0、1、2、3 等任意的数字，因此 (2n) 换算出来是偶数，而 (2n+1) 换算出来是奇数。

运行 nthChildSecator.html 网页，效果如图 9-7 所示。从图 9-7 中可以看出，所有的奇数行字体颜色为深绿色，所有的偶数行字体颜色为红色。

图 9-7　E:nth-child(n) 选择器的使用

【例 9-11】

除了使用乘法因子外，在设置样式属性时还可以使用关键字，如关键字 odd 代表奇数，关键字 even 代表偶数。以下代码等价于例 9-10 中的样式代码。

```
<style type="text/css">
p:nth-child(odd){ color:darkgreen}               /* 奇数 */
p:nth-child(even){ color:red}                    /* 偶数 */
</style>
```

【例 9-12】

在前面例子的基础上更改样式实现代码，首先在 HTML 网页的主体内容部分的第二个 p

231

元素后面添加 div 元素，内容如下：

> <div class="box"> 近日，现代出版社出版了我的十八卷文集。面对着眼前这一大堆书，我自己也感到惊讶：这难道都是我写的？我写了这么多文字？打开书卷.迎面扑来的文字，是我熟悉的，每一行，每一句，都会勾起我的回忆。这是我人生的屐痕。面对这些书，我在想，我为什么会写下这些文字？ </div>

接着更改 CSS 样式代码，分别设置第一个 p 元素和第四个 p 元素的字体颜色，代码如下：

```
<style type="text/css">
p{width:30%;padding:2px}
p:nth-child(1){ color:red}
p:nth-child(4){color:purple}
```

```
.box{text-indent:2em;}
</style>
```

在理想状态下，第一个 p 元素的字体颜色是红色，第四个 p 元素（内容为"第四篇 母亲的微笑"）的字体颜色为紫色，但事实真的如此吗？刷新 HTML 网页，效果如图 9-8 所示。

图 9-8　E:nth-child(n) 选择器的使用

从图 9-8 中可以看出，内容为"第四篇　母亲的微笑"的 p 元素是第四个 p 元素，但是这段内容并没有更改字体颜色，反而是第三个 p 元素的内容字体颜色发生改变，这是为什么呢？这是因为在 E:nth-child(n) 选择器中，将 n 指定为多少，那么就会选择父元素的第 n 个子元素 E，如果第 n 个元素不是 E，那么将会是无效选择，但是 n 是会递增的。

【例 9-13】

如果用户不想通过 E:nth-child(n) 选择器实现，那么可以通过 E:nth-of-type(n) 选择器实现。E:nth-of-type(n) 选择器用于匹配同类型中第 n 个同级兄弟元素。

例如，同样实现图 9-8 中的效果，上述例子使用 p:nth-child(4) 实现，如果要使用 E:nth-of-type(n) 选择器实现同等的效果，可以使用如下代码：

```
p:nth-of-type(3){color:purple}
```

⚠ 注意

如果不确定第一个子元素是否为 E，但是又想命中第一个元素 E，可以使用 E:first-of-type 选择器或者 E:nth-of-type(1) 选择器。

9.3.4　E:nth-last-child(n) 选择器

E:nth-last-child(n) 选择器匹配父元素的倒数第 n 个子元素 E，假设该子元素不是 E，则选择器无效。如果要使该选择器中设置的属性生效，E 元素必须是某个元素的子元素，E 的父元素最高是 body，即 E 可以是 body 的子元素。

同样，E:nth-last-child(n) 选择器允许使用一个乘法因子 (n) 来作为换算方式，例如用户想选中倒数第一个子元素 E，那么可以通过 E:nth-last-child(1) 实现。

【例 9-14】

创建 nthLastChild.html 网页，利用上个例子的主体内容设置样式代码。将页面中倒数第六个 p 元素（即正数第二个 p 元素）的背景颜色设置为 #FFFF99，那么 E:nth-last-child(n) 选择器的代码如下：

```
p:nth-last-child(7){ background-color:#FFFF99}
```

但并不是以下代码：

```
p:nth-last-child(6){ background-color:#FFFF99}
```

这是因为倒数第六个 p，其实是倒数第七个子元素。基于选择器从右到左解析，首先要找到第一个子元素，然后再去检查该子元素是否为 p，如果不是 p，则 n 递增，继续查找。因此需要通过 p:nth-last-child(7) 进行实现。

运行 nthLastChild.html 页面，此时实现效果如图 9-9 所示。

当然，如果用户不想使用 E:nth-last-child(n) 选择器，可以使用 E:nth-last-of-type(n) 选择器，该选择器用于匹配同类型中倒数第 n 个同级兄弟元素 E。以下代码的实现效果等同于 p:nth-last-child(7) 的实现效果。

```
p:nth-last-of-type(6){ background-color:#FFFF99}
```

图 9-9　E:nth-last-child(n) 选择器的使用

> ⚠️ **注意**
>
> 如果不确定倒数第一个子元素是否为 E，但是又想命中倒数第一个元素 E，可以使用 E:last-of-type 选择器或者 E:nth-last-of-type(1) 选择器。

9.3.5　E:root 选择器

E:root 选择器匹配 E 元素在文档中的根元素。在 HTML 中，根元素永远是 html。例如以下代码：

```
html:root{
    color:red;
}
```

其效果等价于：

```
:root{
    color:red;
}
```

【例 9-15】

根据 E:root 选择器的特性，可以做 IE8 的 Hack，即在不同版本的浏览器下呈现不同的效果。例如，在 HTML 网页中添加一个 300×300 像素的 div 元素，非 IE 浏览器中其背景颜色为 black（黑色），IE9 及其以上版本显示为 purple（紫色），IE8 为 yellow（黄色），IE7 为 blue（蓝色），IE6 为 red（红色）。完整代码如下：

```
<style type="text/css">
.test {
    background-color: black;
    background-color: yellow\0;
    *background-color: blue;
    _background-color: red;
}
html:root .test {
    background-color: purple\0;

}
</style>
</head>

<body>
<div style="width:300px;height:300px;" class=
"test"></div>
</body>
```

9.3.6 E:not(s) 选择器

E:not(s) 选择器匹配不含有 s 选择器的元素 E，又被称为否定伪类选择器。假设当前存在一个列表，每个列表项都有一条底边线，但是最后一项不需要底边线，这时可以使用 E:not(s) 选择器。示例代码如下：

```
.demo li:not(:last-child) {
    border-bottom: 1px solid #ddd;
}
```

【例 9-16】

创建 rootSelector.html 网页，在该页面的主体部分添加以下内容。

```
<ul class="demo">
    <li> 第一篇 为什么喜欢文学 </li>
    <li class="fontsize"> 第二篇 文学给我带来的变化 </li>
    <div class="box"> 近日，现代出版社出版了我的十八卷文集。面对着眼前这一大堆书，我自己也感
到惊讶：这难道都是我写的？我写了这么多文字？打开书卷，迎面扑来的文字，是我熟悉的，每一行，
每一句，都会勾起我的回忆。这是我人生的屐痕。面对这些书，我在想，我为什么会写下这些文字？ </
div><li> 第三篇 掌声和荣誉 </li>
    <li class="fontsize"> 第四篇 母亲的微笑 </li>
    <li> 第五篇 时间是光环还是魔咒 </li>
    <li> 第六篇 生命中出现的那抹绿色 </li>
</ul>
```

为上述内容中的元素设置样式，主要设置除了类选择器 fontsize 之外的 li 元素的字体颜色和字体大小。有关代码如下：

```
<style type="text/css">
.box{ text-indent:2em;}
ul.demo li.fontsize{                    /* fontsize 类选择器设置指定 li 元素的样式 */
    color:blue;
    font-weight:bold;
}
ul.demo li:not(.fontsize){              /* 除了 fontsize 类选择器之外的 li 元素的样式 */
    font-size:24px;
    color:red;
}
</style>
```

运行 rootSelector.html 页面，效果如图 9-10 所示。

图 9-10　E:not(s) 选择器

9.3.7　E:empty 选择器

E:empty 选择器用于匹配没有任何子元素（包括 text 节点）的元素 E。

【例 9-17】

如下代码演示了 E:empty 选择器的使用。

```
<style>
p{ test-indent:2em;}
p:empty {
    height: 25px;
    border: 1px solid #ddd;
    background: #eee;
}
```

```
</style>
<body>
<div class="test">
    <p> 结构性伪类选择器 E:empty（PS：
E:empty 选择器用于匹配没有任何子元素，包括
text 节点的元素 E）</p>
    <p><!-- 我是一个空节点 p，请注意我与其
他非空节点 p 的外观有什么不一样 --></p>
    <p> 以上就是针对结构性伪类选择符
E:empty 的说明 </p>
    </div>
    </body>
```

HTML5+CSS3+JavaScript 网页设计

9.3.8 E:target 选择器

E:target 选择器匹配相关 URL 指向的 E 元素。在 HTML 网页中，URL 后面跟锚点 # 指向文档内某个具体的元素，这个被链接的元素就是目标元素 (target element)。E:target 选择器用于选取当前活动的目标元素。

【例 9-18】

以下示例演示了 E:target 选择器的使用。

01 新建 target.html 网页，在页面中添加 div 元素、p 元素等内容，部分代码如下：

```html
<div class="test">
    <div class="hd nav">
            <a href="#panel1"> 一个美丽的故事 </a>
            <a href="#panel2"> 婴儿游泳有什么好处 </a>
            <a href="#panel3"> 婴儿游泳注意事项 </a>
            <a href="#panel4"> 健康生活常识 </a>
            <a href="#panel5"> 张爱玲名言名句 </a>
    </div>
    <div class="bd">
            <div id="panel1" class="panel">
                    <h2> 一个美丽的故事 </h2>
                    <div><p> 有个塌鼻子的小男孩儿，因为两岁时得过脑炎，智力受损，学习起来很吃力。
打个比方，别人写作文能写二三百字，他却只能写三五行。但即便这样的作文，他同样能写得美丽如花。</p>
    <p> 那是一次作文课，题目是《愿望》。他极其认真地想了半天，然后极其认真地写，那作文极短，只
有三句话：我有两个愿望，第一个是，妈妈天天笑眯眯地看着我说："你真聪明。"第二个是，老师天天笑
眯眯地看着我说："你一点也不笨。" </p>
    <p> 于是，就是这篇作文，深深地打动了他的老师，那位妈妈式的老师不仅给了他最高分，在班上带感
情朗诵了这篇作文，还一笔一画地批道：你很聪明，你的作文写得非常感人。请放心，妈妈肯定会格外喜欢
你的，老师肯定会格外喜欢你的。大家肯定会格外喜欢你的。</p>
                    </div>
            </div>
            <!-- 省略其他部分代码 -->
    </div>
</div>
```

02 为上述元素添加如下代码：

```css
<style type="text/css">
.test .hd{padding:10px 0;}
.test .nav{position:fixed;right:10px;left: 540px;}
.test .nav a{display:block;margin: 10px 0;}
.test .bd .panel{width:500px;margin-top:5px;border:1px solid #ddd;}
.test .bd h2{border-bottom:1px solid #ddd;}
.test .bd .panel:target{border-color:#f60;}
.test .bd .panel:target h2{border-color:#f60;}
```

```
h2,p{margin:0;padding:10px;font-size:16px;}
</style>
```

03 运行 target.html 网页，初始效果如图 9-11 所示。单击右侧要查看的内容链接，效果如图 9-12 所示。

图 9-11　初始效果

图 9-12　链接跳转效果

9.3.9　实践案例：单击链接显示具体内容

用户在实际操作过程中，经常会实现一个功能，例如单击某个按钮或者链接，实现页面跳转或者显示某段内容，再次单击该按钮，显示的内容将会隐藏。大多数情况下，用户可以通过 JavaScript 脚本语言实现，实际上，用户还可以直接利用样式代码实现。

本节实践案例是单击网页中的链接显示某一段具体的文字，实现步骤如下。

01 创建 clickShowMessage.html 网页，在网页中添加 input 元素、label 元素以及控制显示的 div 元素，该元素包含一个 p 元素。

```
<input type="checkbox" class="toggle" id="toggle" />
<label for="toggle"> 点我 </label>
<div class="toggled">
    <p> 张爱玲幼时生于上海，青年求学香港，晚年轰动台湾，最终隐逝美国。穿过中国最黑暗的年代，她轻灵翩跹，自如来去女性书写领域，在小说、散文、电影剧本等方面都有丰富作品。因其善塑细腻与古典兼具的女性形象、精准把握人物心理特征而为时人所称道，其作品与思想都值得借鉴。</p>
</div>
```

02 为上个步骤中的元素添加样式代码，这里需要用到 E:not(s) 选择器、E:checked 选择器、E~F 选择器等。主要样式代码如下：

```
<style>
.toggle,.toggle:not(:checked) ~ .toggled  /* 2 */ {
    border: 0;
    clip: rect(0 0 0 0);
    height: 1px;
    margin: -1px;
    overflow: hidden;
```

```
    padding: 0;
    position: absolute;
    width: 1px;
}
.toggle:focus ~ label {
    color: deeppink;
}
</style>
```

03 运行 clickShowMessage.html 页面查看效果，单击标签时的效果如图 9-13 所示。

图 9-13　单击标签显示内容

 ## 9.4　伪对象选择器

伪元素选择器并不是针对真正的元素使用的选择器，而是针对定义好的伪元素使用的选择器。CSS3 针对存在的伪对象选择器进行了更改，同时新增加了两种伪对象选择器。

9.4.1　E::selection 选择器

E::selection 选择器用于设置对象被选择时的样式。

【例 9-19】

在例 9-17 的基础上添加样式代码，为 p 元素添加样式，设置 p 元素中的内容被选中时的背景颜色、字体颜色和字体大小。样式代码如下：

```
p::selection{
```

```
    background-color:yellow;  /* 黄色背景 */
    color:blue;                /* 绿色字体 */
    font-size:24px;
}
```

运行 HTML 网页，选择内容进行测试，效果如图 9-14 所示。

图 9-14　E::selection 选择器的使用

9.4.2　E::placeholder 选择器

E::placeholder 选择器用于设置对象文字占位符的样式。E::placeholder 选择器用于控制表单输入框占位符的外观，它允许开发者 / 设计师改变文字占位符的样式，默认的文字占位符为浅灰色。

当表单背景色与占位符的颜色类似时，可能效果并不是很明显，那么可以使用 E::placeholder 来改变文字占位符的颜色。

提示

除了 Firefox 浏览器使用 E::[prefix]placeholder 外，其他浏览器都是使用 E::[prefix]input-placeholder。另外，Firefox 浏览器支持该伪元素使用 text-overflow 属性来处理溢出问题。

【例 9-20】

以下代码演示了 E::placeholder 选择器的使用。

```html
<style>
input::-webkit-input-placeholder { color: red; }
input:-ms-input-placeholder { color: red; }             // IE10+
input:-moz-placeholder { color: red; }                  // Firefox4-18
input::-moz-placeholder { color: green; }               // Firefox19+
</style>
<body>
    <input id="test" placeholder=" 请输入搜索关键词 ">
    <input type="button" value=" 立即搜索 " class="btn" />
</body>
```

在上述代码中，分别设置不同浏览器使用 E::placeholder 选择器时应使用的格式。运行 HTML 网页，效果如图 9-15 所示。

图 9-15　E::placeholder 选择器的使用

9.4.3　已修改的选择器

在前面已经提到过，CSS 3 中除了新增加了选择器外，还针对某些选择器进行了更改。对伪对象类型的选择器来说，已修改的选择器有 E:first-line（修改为 E::first-line）、

E::first-letter（修改为 E::first-letter）、E:before（修改为 E::before）和 E:after（修改为 E::after）。

1. E::first-line 和 E::first-letter 选择器

针对 E::first-line 和 E::first-letter 选择器，用户都需要注意两点。以 E::first-line 选择器为例。

- E::first-line 选择器不能紧挨着规则集大括号，需留有空格或换行。
- 为了与伪类选择器进行区分，才将单冒号更改为双冒号。但是本质上并不支持伪元素的双冒号（::）写法，而是忽略其中的一个冒号，仍以单冒号来解析，所以等同于变相支持了 E::first-line。

2. E::after 选择器和 E::before 选择器

与上述两种选择器一样，这两种选择器本质上并不支持伪元素的双冒号写法，而是忽略其中的一个冒号，仍以单冒号来解析，所以等同于变相支持了 E::before 和 E::after。另外，这两种选择器还需要注意以下几点。

- 用来和 content 属性一起使用，并且必须定义 content 属性。
- 不支持设置属性 position、float、list-style-* 和一些 display 值；Firefox 3.5 开始取消了这些限制。
- IE 10 浏览器中使用伪元素动画时需要用一个空的 E:hover 进行激活。代码如下：

```
.test:hover {}
.test:hover::before { /* 这时 animation 和 transition 才生效 */}
```

【例 9-21】

下面代码演示了 E::before 选择器和 E::after 选择器的使用。

```
<style>
p{position:relative;color:#f00;font-size:14px;font-size:0\9;*font-size:14px;}
p:before{position:absolute;background:#fff;color:#000;content:" 如果你能看到这段文字，说明你的浏览器只支持 E:before";font-size:14px;}
p::before{position:absolute;background:#fff;color:#000;content:" 如果你能看到这段文字，说明你的浏览器支持 E:before 和 E::before";font-size:14px;}
</style>
<body>
    <p>Sorry, 你的浏览器不支持 E:before 和 E::before</p>
</body>
```

9.4.4 实践案例：选择器和 content 属性结合插入内容

在介绍 E::after 选择器和 E::before 选择器的时候，不止一次提到过 content 属性。content 属性与 E::after 和 E::before 选择器结合使用时，分别表示在对象后或对象前插入指定的内容。content 属性的具体取值及其说明如表 9-6 所示。

表 9-6　content 属性的取值及其说明

取　值	说　明
normal	默认值。表现与 none 值相同
none	不生成任何值
<attr>	插入标签的属性值
<url>	使用指定的绝对或相对地址插入一个外部资源（图像、声频、视频或浏览器支持的其他任何资源）
<string>	插入字符串
counter(name)	使用已命名的计数器
counter(name,list-style-type)	使用已命名的计数器并遵从指定的 list-style-type 属性
counters(name,string)	使用所有已命名的计数器
counters(name,string,list-style-type)	使用所有已命名的计数器并遵从指定的 list-style-type 属性
no-close-quote	不插入 quotes 属性的后标记，但增加其嵌套级别
no-open-quote	不插入 quotes 属性的前标记，但减少其嵌套级别
close-quote	插入 quotes 属性的后标记
open-quote	插入 quotes 属性的前标记

content 虽然只是一个属性，但是其功能非常强大，使用该属性不仅可以插入文字、图像，还可以插入项目编号，并且指定项目编号的种类、样式，向编号中追加文字等。

本节实践案例主要利用 E::after 和 E::before 选择器演示 content 属性的实现效果，例如插入文字、图像，使用指定的计数器等，具体步骤如下。

01 创建 content.html 网页，在该页面添加无序列表元素。首先添加第一个列表项，内容如下：

```
<ul class="test">
    <li class="string">
        <strong>string：</strong>
        <p>你的浏览器是否支持 content 属性：否 </p>
    </li>
    <!-- 其他项目列表 -->
</ul>
```

02 以下代码表示在 p 元素对象后添加内容，content 属性值为"支持"。

```
.string p:after {
    margin-left: -16px;
    background: #fff;
    content: " 支持 ";
    color: #f00;
}
```

03 继续添加列表项，内容如下：

```
<li class="attr">
    <strong>attr：</strong>
    <p title=" 如果你看到我，则说明你目前使用的浏览器支持 content 属性 "></p>
</li>
```

04 上述列表项中 p 元素的对应样式如下，这里主要用到 content 属性的 attr 取值。

```
.attr p:after { content: attr(title); }
```

05 继续添加列表项，该列表项用于在指定的 p 元素前插入图像。内容如下：

```
<li class="url">
    <strong>url()：</strong>
    <p> 如果你看到我的头像图片，则说明你目前使用的浏览器支持 content 属性 </p>
</li>
```

06 在 p:before 选择器中通过 content 属性指定图像。

```
.url p:before {
    content: url(https://pic.cnblogs.com/avatar/779447/20160817152433.png);
    display: block;
}
```

07 继续添加列表项，该列表项演示 counter(name) 的使用。

```
<li class="counter1">
    <strong>counter(name)：</strong>
    <ol><li> 列表项 </li><li> 列表项 </li><li> 列表项 </li></ol>
</li>
```

08 上个步骤的元素对应的 CSS 样式代码如下：

```
.counter1 li { counter-increment: testname; }
.counter1 li:before {
    content: counter(testname)":";
    color: #f00;
    font-family: georgia,serif,sans-serif;
}
```

09 继续添加列表项，该列表项演示 counter(name,list-style-type) 的使用。

```
<li class="counter2">
    <strong>counter(name,list-style-type)：</strong>
    <ol><li> 列表项 </li><li> 列表项 </li><li> 列表项 </li></ol>
</li>
```

10 上个步骤对应的 CSS 样式代码如下：

```
.counter2 li { counter-increment: testname2; }
.counter2 li:before {
    content: counter(testname2,lower-roman)":";
    color: #f00;
    font-family: georgia,serif,sans-serif;
}
```

11 继续添加列表项，该列表项演示 counters(name) 扩展内容的使用。

```
<li class="counter3">
    <strong>counter(name) 拓展应用：</strong>
    <ol>
        <li> 列表项
            <ol><li> 列表项 <ol><li> 列表项 </li><li> 列表项 </li></ol></li><li> 列表项 </li></ol>
        </li>
        <li> 列表项 <ol><li> 列表项 </li><li> 列表项 </li></ol></li>
        <li> 列表项 <ol><li> 列表项 </li><li> 列表项 </li></ol></li>
    </ol>
</li>
```

12 为上个步骤中的元素指定样式，涉及 content 属性取值 counter(name) 的多个扩展应用。具体设置样式代码如下：

```
.counter3 ol ol { margin: 0 0 0 28px; }
.counter3 li { padding: 2px 0; counter-increment: testname3; }
.counter3 li:before {
        content: counter(testname3,float)":";
        color: #f00;
        font-family: georgia,serif,sans-serif;
}
.counter3 li li { counter-increment: testname4; }
.counter3 li li:before { content: counter(testname3,decimal)"."counter(testname4,decimal)":"; }
.counter3 li li li { counter-increment: testname5; }
.counter3 li li li:before {
        content: counter(testname3,decimal)"."counter(testname4,decimal)"."counter(testname5,decimal)":";
}
```

13 到这里，所有的内容已经介绍完毕。运行 content.html 页面，运行效果的部分截图如 9-16 所示。

图 9-16　网页部分效果

 ## 9.5　兄弟选择器

兄弟选择器 E~F 用于选择 E 元素后面的所有兄弟元素 F。它是 CSS3 新增加的一种选择器，这种选择器将选择某元素后面的所有兄弟元素，它们也和相邻兄弟元素类似，需要在同一个父元素中。换句话说，E 和 F 元素属于同一个父元素，并且 F 元素在 E 元素之后，那么 E~F 选择器将选择所有 E 元素后面的 F 元素。

 提示

兄弟选择器和相邻选择器极其相似，只不过，相邻选择器选择的元素是仅与其相邻的后面的元素（选中仅有一个元素）；而兄弟元素选择器选中的是元素相邻的后面的全部兄弟元素。

【例 9-22】

下面示例演示了 E~F 选择器的使用。

01 创建 selector.html 网页,在网页中添加以下内容。

```
<h3> 假的流言一 </h3>
<p> 第 1 篇    12 岁儿童坐飞机需办身份证? </p>
<p> 第 2 篇    "神药"真的决定生男生女吗 </p>
<h3> 假的流言二 </h3>
<p> 第 3 篇    有机食物比普通食物更营养? </p>
<h3> 假的流言三 </h3>
<p> 第 4 篇    肝脏真的有排毒时间表吗? </p>
<p> 第 5 篇 西瓜和桃子同吃会致命 </p>
```

02 使用 p~p 匹配 p 元素的兄弟元素 p,并设置字体颜色为红色。样式代码如下:

```
p ~ p {
    color: #f00;
}
```

03 运 行 selector.html 页面,效果如图 9-17 所示。

图 9-17　兄弟选择器的效果

 ## 9.6　练习题

一、填空题

1. 选择器 _____ 匹配具有 att 属性且属性值为以 val 开头的字符串的 E 元素。

2. _____ 选择器用于匹配父元素的最后一个子元素 E。

3. _____ 表示否定伪类选择器。

4. 在 CSS3 中新增加的伪对象选择器有 _____ 和 E::placeholder 两种。

5. 使用 E::before 选择器插入图像文件时,需要用 content 属性的属性值 _____ 指定插入的图像路径。

6. 用户要使用 E::after 或 E:before 选择器,那么必须设置 _____ 属性。

二、选择题

1．在下面选项中，CSS3 新增的属性选择器不包含 _____ 。

A．E[att*="val"]

B．E[att|="val"]

C．E[att$="val"]

D．E[att^="val"]

2．假设当前存在一个多行多列的表格，如果要实现隔行变色的效果，将 E:nth-of-type(n) 中的 n 设置为 _____ ，表示设置偶数行的样式。

A．odd

B．even

C．2n+1

D．4n+1

3．如果用户想要匹配 div 元素之后和它同样等级的 p 元素，并且设置字体为红色，大小为 20 像素，那么 _____ 选项是正确的。

A．div~p{color:red;font-size:20px;}

B．p[id="div"]{color:red;}

C．div:last-child{color:red;}

D．p:first-child{color:red; font-size:20px;}

4．CSS3 新增的 _____ 选择器选择在其父元素中匹配 E 的第一个同类型的子元素，其功能类似于 E:nth-of-type(1)。

A．E:nth-child(1)

B．E:first-of-type

C．E:only-child

D．E:only-of-type

5．用户要实现图 9-18 的效果，一定会用到 _____ 选择器。

图 9-18　实现效果

A．E:placeholder

B．E:nots(s)

C．E::nth-child(3)

D．E::selection

上机练习 1：表格隔行变色和隔列变色效果

创建 HTML 网页，在页面中添加多行多列的表格，利用本章介绍的知识实现表格隔行变色或隔列变色的效果，初始效果如图 9-19 所示，鼠标悬停时的效果如图 9-20 所示。

图 9-19　初始效果

图 9-20　悬浮效果

上机练习 2：利用伪元素对象选择器和 E:checked 实现选中效果

创建 HTML 网页，在页面中添加单选按钮和复选框，当用户选择某一选项时更改该项的背景颜色，初始效果如图 9-21 所示，选中时的效果如图 9-22 所示。

图 9-21　初始效果

图 9-22　选中效果

第 10 章

CSS3 新增的基本属性

　　学习 CSS 时首先要掌握的是选择器。除此之外，在 CSS 样式表中，属性无处不在，即使是选择器，仍然需要使用属性。CSS3 不仅针对之前版本的某些属性进行了完善，同时还增加了许多属性。

　　本章详细介绍 CSS3 新增加的背景、边框、字体、颜色等相关属性，例如与背景有关的 background-clip、background-size、background-origin 属性，与边框有关的 border-radius、box-shadow、border-image 属性等。

 本章学习要点

- ◎ 了解 **CSS3** 新增的文本属性
- ◎ 掌握 **word-wrap** 和 **word-break** 属性
- ◎ 掌握如何使用 **text-shadow** 属性
- ◎ 了解 **CSS3** 新增的字体属性
- ◎ 掌握 **CSS3** 新增的颜色属性
- ◎ 了解 **CSS3** 新增的边框属性
- ◎ 掌握如何使用 **border-radius** 属性
- ◎ 掌握如何使用 **box-shadow** 属性
- ◎ 掌握 **CSS3** 新增的背景属性

10.1 新增基本属性

CSS3 新增加了多种属性，本节介绍常见的文本属性、字体属性、颜色属性、边框属性以及背景属性。

10.1.1 文本属性

文字的基础属性主要包括字体、颜色和文本，首先来了解文本属性。CSS3 中除了新增加了一些与文本有关的属性外，还针对某些属性进行了修改。

表 10-1 列出了 CSS3 中新增加的文本属性、修改的文本属性，并对这些属性进行解释说明。

表 10-1   CSS3 中新增和修改的文本属性

属　　性	版　　本	说　　明
text-transform	CSS1/CSS3	检索或设置对象中文本的大小写
text-align	CSS1/CSS3	检索或设置对象中内容的对齐方式
word-spacing	CSS1/CSS3	检索或设置对象中单词之间的最小、最大和最佳间隙
letter-spacing	CSS1/CSS3	检索或设置对象中字符之间的最小、最大和最佳间隙
text-indent	CSS1/CSS3	检索或设置对象中文本的缩进
tab-size	CSS3	检索或设置对象中制表符的长度
word-wrap	CSS3	检索或设置当内容超过指定窗口边界时是否断行，备选属性
overflow-wrap	CSS3	检索或设置当内容超过指定窗口边界时是否断行
word-break	CSS3	检索或设置对象中文本的字内换行行为
text-align-last	CSS3	检索或设置一个块内的最后一行（包括块内仅有一行文本的情况，这时既是第一行也是最后一行）或者被强制打断的行的对齐方式
text-justify	CSS3	设置或检索对象中调整文本使用的对齐方式
text-size-adjust	CSS1/CSS3	检索或设置移动端页面中对象文本的大小调整

除了基本属性外，还有一些文本装饰属性。顾名思义，文本装饰属性就是用来装饰文本的，例如为文本添加下划线。CSS3 中修改和新增加的文本属性如表 10-2 所示。

表 10-2   CSS3 中新增和修改的文本装饰属性

属　　性	版　　本	说　　明
text-decoration	CSS1/CSS3	复合属性。检索或设置对象中文本的装饰
text-decoration-line	CSS3	检索或设置对象中文本装饰线条的位置
text-decoration-color	CSS3	检索或设置对象中文本装饰线条的颜色

（续表）

属　　性	版　　本	说　　明
text-decoration-style	CSS3	检索或设置对象中文本装饰线条的形状
text-decoration-skip	CSS3	检索或设置对象中的文本装饰线条必须略过内容中的哪些部分
text-decoration-position	CSS3	检索或设置对象中下划线的位置
text-shadow	CSS3	检索或设置对象中的文本是否有阴影及模糊效果

10.1.2　字体属性

字体属性控制字体外观，例如"宋体""楷体""隶书"等都是字体的一种。CSS3 中新增加了两个字体属性，分别是 font-stretch 属性和 font-size-adjust 属性。

1. font-stretch 属性

font-stretch 属性设置或检索对象中的文字是否横向拉伸变形。该属性文字的拉伸是相对于浏览器显示的字体的正常宽度来说的，具体语法如下：

font-stretch：normal | ultra-condensed | extra-condensed | condensed | semi-condensed | semi-expanded | expanded | extra-expanded | ultra-expanded

其中，font-stretch 属性的取值及其说明如下。

- **normal**　正常文字宽度。
- **ultra-condensed**　比正常文字宽度窄 4 个基数。
- **extra-condensed**　比正常文字宽度窄 3 个基数。
- **condensed**　比正常文字宽度窄 2 个基数。
- **semi-condensed**　比正常文字宽度窄 1 个基数。
- **semi-expanded**　比正常文字宽度宽 1 个基数。
- **expanded**　比正常文字宽度宽 2 个基数。
- **extra-expanded**　比正常文字宽度宽 3 个基数。
- **ultra-expanded**　比正常文字宽度宽 4 个基数。

2. font-size-adjust 属性

font-size-adjust 属性用于设置或检索小写字母 x 的高度与对象文字字号的比率。基本语法如下：

font-size-adjust：none | <number>

其中，none 表示不保留首选字体的 x-height；<number> 用于定义字体的 aspect 值。

一般情况下，字体的小写字母 x 的高度与字号之间的比率称为一个字体的 aspect 值，高 aspect 值的字体被设置为很小的尺寸时会更易阅读。

举例来说，Verdana 的 aspect 值是 0.58（意味着当字体尺寸为 100px 时，它的 x-height 是 58px）。Times New Roman 的 aspect 值是 0.46，这就意味着 Verdana 在小尺寸时比 Times New Roman 更容易阅读。

用户可以使用下面的公式为可用字体推演出合适的字号。

可用字体的字体尺寸 = 首选字体的字体尺寸 *（font-size-adjust 值 / 可用字体的 aspect 值）

【例 10-1】

以下代码演示了 font-size-adjust 属性的简单应用。

```
<style>
body {
    font: 14px/1.5 Verdana, Times New Roman;
    font-size-adjust: .58;
}
</style>
<body><p>Hello World!</p></body>
```

10.1.3　颜色属性

如果用户要设置网页文本的颜色，需要用到 color 属性，除了该属性外，CSS3 还新增加了 opacity 属性，该属性检索或设置对象的透明度。opacity 属性的语法如下：

```
opacity：<number>
```

其中，<number> 使用浮点数指定对象的透明度。值被约束在 0.0 ～ 1.0 范围，如果超过这个范围，其计算结果将截取到与之最相近的值。

> **提示**
>
> 对于尚不支持 opacity 属性的 IE 浏览器，可以使用 IE 私有的滤镜属性来实现与 opacity 相同的效果。

【例 10-2】

下面示例演示了文字透明度的应用。

创建 opacity.html 网页，在页面中添加两个 div 元素，这两个元素用于显示文字透明度的效果。完整代码如下：

```
<style>
h1 { margin: 10px 0; font-size: 16px; }
.test, .test2 { width: 300px; height: 150px; padding: 10px; }
.test { background:#050; }
.test2 {
    margin: -120px 0 0 50px;
    background: #000;
    filter: alpha(opacity=50);
    opacity: .5;
    color: #fff;
}
</style>
<body>
```

```
<h1> 下例是一个文字透明度的效果：</h1>
<div class="test"> 不透明度为 100% 的 box</div>
<div class="test2"> 不透明度为 50% 的 box</div>
</body>
```

10.1.4　边框属性

网页设计布局少不了边框，边框属性用来设置一个元素的边线。边框以何种方式显示、边框颜色、边框宽度等都属于边框样式，CSS3 新增的边框属性及其说明如表 10-3 所示。

表 10-3　CSS3 新增的边框属性及其说明

属　　性	版　　本	说　　明
border-radius	CSS3	设置或检索对象使用圆角边框
border-top-left-radius	CSS3	设置或检索对象左上角圆角边框
border-top-right-radius	CSS3	设置或检索对象右上角圆角边框
border-bottom-left-radius	CSS3	设置或检索对象左下角圆角边框
border-bottom-right-radius	CSS3	设置或检索对象右下角圆角边框
box-shadow	CSS3	设置或检索对象阴影
border-image	CSS3	设置或检索对象的边框样式使用图像来填充
border-image-source	CSS3	设置或检索对象的边框是否用图像定义样式或图像来源路径
border-image-slice	CSS3	设置或检索对象的边框背景图的分割方式
border-image-width	CSS3	设置或检索对象的边框厚度
border-image-outset	CSS3	设置或检索对象的边框背景图的扩展
border-image-repeat	CSS3	设置或检索对象的边框图像的平铺方式

10.1.5　背景属性

在 HTML 网页中，将整个页面背景显示为蓝色，或者在底部区域添加背景图片等，这都需要用到与背景有关的属性。CSS3 新增加的 3 个背景属性及其说明如下。

- **background-origin 属性**　设置或检索对象的背景图像显示的原点。
- **background-clip 属性**　设置或检索对象的背景的绘制区域。
- **background-size 属性**　设置或检索对象的背景图像的尺寸大小。

10.1.6　实践案例：用 JS 判断浏览器是否支持某属性

CSS3 的出现让浏览器的表现更加丰富多彩，但是并非所有的浏览器版本都支持 CSS3 中新增加的属性。不同内核的浏览器，将导致浏览器定义的私有属性也不同。如果用户不确定浏览器是否支持某个属性，首先需要进行判断，那么应该如何判断呢？

判断浏览器是否支持某个属性的方法有多种，可以使用 Can I Use 工具检测（第 1 章有介绍），可以使用 CSS3 新增的 @supports 规则，当然还可以使用 JavaScript 脚本。

　　本小节利用 JavaScript 脚本代码判断浏览器是否支持某个属性。首先需要创建 supportCSS 3() 脚本函数，用于判断浏览器是否支持某个 CSS3 属性。supportCSS3() 脚本函数需要传入一个参数，该参数代表属性名称。另外，函数的最终返回结果为 true 或 false，true 表示支持，false 表示不支持。脚本代码如下：

```
<script>
function supportCSS 3(style) {
    var prefix = ['webkit', 'Moz', 'ms', 'o'],
    i, humpString = [], htmlStyle = document.documentElement.style,
    _toHumb = function (string) {
                return string.replace(/-(\w)/g, function ($0, $1) {
                        return $1.toUpperCase();
                });
    };
    for (i in prefix)
    humpString.push(_toHumb(prefix[i] + '-' + style));
    humpString.push(_toHumb(style));
    for (i in humpString)
            if (humpString[i] in htmlStyle) return true;
    return false;
}
</script>
```

　　最后调用该函数进行测试，并将测试的结果输出。以下代码判断浏览器是否支持 text-size-adjust 属性。

```
alert(supportCSS 3('text-size-adjust'));
```

10.2　设置文本样式

　　简单了解 CSS3 新增加的文本属性、字体属性、颜色属性等内容后，本章针对常用的与文本有关的属性进行详细介绍。

10.2.1　文本换行设置

　　HTML 网页中少不了文本模块，而文本模块区域少不了换行。文本换行涉及两个属性：word-wrap 属性和 word-break 属性。

1. word-wrap 属性

　　word-wrap 属性设置或检索当内容超过指定容器的边界时是否断行。在 CSS3 中，将 word-wrap 属性更改为 overflow-wrap 属性。word-wrap 属性的说明如下：

> word-wrap:normal | break-word

其中，normal 允许内容顶开或溢出指定的容器边界。break-word 表示内容将在边界内换行。如果需要，单词内部也允许断行。

【例 10-3】

下面示例演示了 overflow-wrap 属性的使用。

创建 wordwrap.html 网页，在网页的主体部分添加项目列表元素，用于演示 word-wrap 属性。代码如下：

```
<center><h2> 一粒沙子 </h2></center>
<ul class="test">
    <li class="normal">
            <strong>normal：</strong><p>zheshiyiduanhenchangdewenzimeiyourenhebiaodianfuhao
</p>
    </li>
    <li class="normal">
            <strong>normal：</strong><p> 从一粒沙子看到一个世界（To see a world in a grain of sand）
从一朵野花看到一个天堂（And a heaven in a wild flower）</p>
    </li>
    <li class="break-word">
            <strong>break-word：</strong>
            <p>zheshiyiduanhenchangdewenzimeiyourenhebiaodianfuhao</p>
    </li>
    <li class="break-word">
            <strong>break-word：</strong><p> 这是一段很长的文字没有任何标点符号 zheshiyiduanhen
changdewenzimeiyourenhebiaodianfuhao</p>
    </li>
</ul>
```

为上述元素添加样式代码，指定 word-wrap 属性的取值分别为 normal 和 break-word。代码如下：

```
<style type="text/css">
ul.test {width:70%;margin:0 auto}
ul.test li{width:100%;}
ul.test {margin:0 auto}
.test p{width:350px;border:1px solid #000;background-color:#eee;}
.normal p{word-wrap:normal;}
.break-word p{word-wrap:break-word;}
</style>
```

word-wrap 可以控制是否"为词断行"，用于设置或检索当前行超过指定容器的边界时是否断开转行。中文没有任何问题，英文语句也没问题。但是对于长串的英文，就不起作用，如图 10-1 所示。

图 10-1　word-wrap 属性效果

2. word-break 属性

word-break 属性的基本语法如下：

```
word-break:normal | keep-all | break-all
```

其中，word-break 属性的取值说明如下。

- **normal**　依照亚洲语言和非亚洲语言的文本规则，允许在字内换行。
- **keep-all**　与所有非亚洲语言的 normal 相同。对于中文、韩文、日文，不允许字断开。适合包含少量亚洲文本的非亚洲文本。如果要解决因页面中出现连续无意义的长字符而造成的布局错乱问题，应该使用 break-all 属性值。
- **break-all**　与亚洲语言的 normal 相同。允许非亚洲语言文本行中的任意字内断开。该值适合包含一些非亚洲文本的亚洲文本，例如在连续的英文字母间断行。

【例 10-4】

下面示例演示了 word-break 属性的使用。

创建 wordbreak.html 网页，该网页的内容是在上个例子的基础上进行的更改，代码非常简单，这里不再详细解释，直接给出代码。

```
<style type="text/css">
ul.test {width:70%;margin:0 auto}
ul.test li{width:100%;}
ul.test {margin:0 auto}
.test p{width:350px;border:1px solid #000;background-color:#eee;}
.normal p{word-break:normal;}
.break-all p{word-break:break-all;}
```

```
.keep-all p{word-break:keep-all;}
</style>
</head>
<body >
<div style="background-image:url(img/bg5.jpg); background-repeat:no-repeat; background-position:center;
margin:0 auto; width:729px; height:500px; border:3px; solid green;">
<center><h2> 一粒沙子 </h2></center>
<ul class="test">
    <li class="normal">
            <strong>normal：</strong>
            <p>zheshiyiduanhenchangdewenzimeiyourenhebiaodianfuhao</p>
    </li>
    <li class="normal">
            <strong>normal：</strong><p> 从 一 粒 沙 子 看 到 一 个 世 界（To see a world in a grain of
sand）从一朵野花看到一个天堂（And a heaven in a wild flower）</p>
    </li>
    <li class="break-all">
            <strong>break-all：</strong>
            <p>zheshiyiduanhenchangdewenzimeiyourenhebiaodianfuhao</p>
    </li>
    <li class="break-all">
            <strong>break-all：</strong><p> 这是一段很长的文字没有任何标点符号 zheshiyiduanhen
changdewenzimeiyourenhebiaodianfuhao</p>
    </li>
</ul>
</body>
```

运行 wordbreak.html 页面，效果如图 10-2 所示。

图 10-2　word-break 属性的使用

仔细观察图 10-1 和图 10-2，可以看出 word-break 属性取值 break-all 时表示断开单词。在单词到达边界时，下个字母将自动转到下一行。word-break:break-all 主要解决了长串英文的问题，恰恰弥补了上面 word-wrap:break-word 对于长串文字不起作用的缺陷。

10.2.2 文本对齐方式

CSS3 新增加了 text-justify 属性，该属性调整或检索对象内文本的对齐方式。基本语法如下：

```
text-justify:auto | none | inter-word | inter-ideograph | inter-cluster | distribute | kashida
```

其中，text-justify 属性的取值说明如下。
- **auto** 允许浏览器用户代理确定使用的两端对齐法则。
- **none** 禁止两端对齐。
- **inter-word** 通过增加字之间的空格来对齐文本。该行为是对齐所有文本行最快的方法，它的两端对齐行为对段落的最后一行无效。
- **inter-ideograph** 为表意字文本提供两端对齐，自适应增加或减少表意字和词间的空格。
- **inter-cluster** 调整文本词间空格的行。这种调整模式可用于优化亚洲语言文档。
- **distribute** 通过增加或减少字或字母之间的空格来对齐文本，适用于东亚文档，尤其是泰国。
- **kashida** 通过拉长选定点的字符来调整文本。这种调整模式是特别为阿拉伯脚本语言提供的。

【例 10-5】

以下示例代码演示 test-justify 属性的使用。

```
<style>
div{width:300px;margin-top:10px;background:#aaa;text-align:justify;text-justify:inter-word;}
</style>
<body>
 <div> 我是第一行，后面紧接着强制换行一些随意的文字内容一些随意的文字内容一些随意的文字内容一些随意的文字内容一些随意的文字内容一些随意的文字内容我后面紧跟着强制换行一些随意的文字内容一些随意的文字内容一些随意的文字内容一些随意的文字内容一些随意的文字内容我是最后一行 </div>
 </body>
```

⚠ 注意

由于 test-justify 属性会影响 HTML 网页的文本布局，因此要设置这个属性，必须将 text-align 属性的值设置为 justify。

10.2.3 文本的单个阴影

在 CSS2 中，如果要实现文字的阴影效果，一般是使用 Photoshop 等软件。但是在 CSS 3 中，阴影效果用一个 text-shadow 属性就能实现了。简单的几句代码就可以替代 Photoshop 等工具，简单好用。

text-shadow 属性的常用语法如下：

```
text-shadow:x-offset y-offset blur color;
```

其中，text-shadow 属性的取值说明如下
- **x-offset**　水平阴影。表示阴影的水平偏移距离，单位可以是 px、em 或百分比等。如果值为正，则阴影向右偏移；如果值为负，则阴影向左偏移。
- **y-offset**　垂直阴影。表示阴影的垂直偏移距离，单位可以是 px、em 或百分比等。如果值为正，则阴影向下偏移；如果值为负，则阴影向上偏移。
- **blur**　模糊距离。表示阴影的模糊程度，单位可以是 px、em 或者百分比等。blur 值不能为负。如果值越大，则阴影越模糊；如果值越小，则阴影越清晰。当然，如果不需要阴影模糊效果，可以将 blur 值设置为 0。
- **color**　阴影的颜色。

【例 10-6】

下面示例演示了 text-shadow 属性的使用。

创建 textshadow.html 网页，在页面中添加 h2 元素和 p 元素，前者显示文章的标题，后者显示文章的段落内容。为 h2 元素添加 text-shadow 属性，将该属性的水平阴影和垂直阴影设置为 5 像素，模糊距离设置为 2 像素，阴影颜色设置为灰色 gray。样式代码如下：

```
h2 {
    text-shadow:5px 5px 2px gray;
    -webkit-text-shadow: 5px 5px 2px gray;
    -moz-text-shadow:5px 5px 2px gray;
}
```

运行 textshadow.html 页面观察标题的文本阴影和模糊效果，如图 10-3 所示。

图 10-3　文本阴影和模糊效果

【例 10-7】

text-shadow 属性的功能非常强大，只要设置颜色的取值和阴影方向，并掌握有关的技巧，就可以实现非常美丽的效果，例如凸起和凹陷等。下面是在上个例子的基础上更改 h2 样式的代码。

HTML5+CSS3+JavaScript 网页设计

```
h2 {
    display:inline-block;
    padding:20px;
    font-size:40px;
    font-family:Verdana;
    font-weight:bold;
    background-color:#CCC;
    color:#ddd;
    text-shadow:-1px 0 #333,              /* 向左阴影 */
                0 -1px #333,              /* 向上阴影 */
                1px 0 #333,               /* 向右阴影 */
                0 1px #333 ;              /* 向下阴影 */
}
```

运行 HTML 网页，上述样式代码的效果如图 10-4 所示。

图 10-4　文本阴影和模糊效果 2

【例 10-8】

为了让表现更加丰富，每个方向上阴影的颜色可以有不同的设置。如果将向左和向上的阴影颜色设置为白色，文字就会有凸起的效果。修改 text-shadow 属性如下：

```
text-shadow:   -1px 0 #FFF,             /* 向左阴影 */
               0 -1px #FFF,             /* 向上阴影 */
               1px 0 #333,              /* 向右阴影 */
               0 1px #333;              /* 向下阴影 */
```

刷新 HTML 网页，上述代码的凸起效果如图 10-5 所示。

【例 10-9】

如果将向右和向下的阴影颜色设置为白色，文字就会有凹陷的效果。修改 text-shadow 属性如下：

```
text-shadow:-1px 0 #333,               /* 向左阴影 */
```

```
    0 -1px #333,                    /* 向上阴影 */
    1px 0 #FFF,                     /* 向右阴影 */
    0 1px #FFF;                     /* 向下阴影 */
```

刷新 HTML 网页，上述代码的凹陷效果如图 10-6 所示。

图 10-5　凸起效果

图 10-6　凹陷效果

10.2.4　文本的多个阴影

在 CSS3 中，可以使用 text-shadow 属性给文字指定多个阴影，并且针对每个阴影使用不同的颜色。也就是说，text-shadow 属性值可以是一个以英文逗号隔开的"值列表"。

当 text-shadow 属性值为"值列表"时，阴影效果会按照给定的值顺序应用到该元素的文本上，因此有可能出现互相覆盖的现象。但是 text-shadow 属性永远不会覆盖文本本身，阴影效果也不会改变边框的尺寸。

【例 10-10】

继续在前面例子的基础上进行更改，为 text-shadow 属性添加多个阴影。代码如下：

```
h2 {
    font-size:40px;
    text-shadow:4px 4px 2px gray, 6px 6px 2px gray, 8px 8px 8px gray;
    -webkit-text-shadow: 4px 4px 2px gray, 6px 6px 2px gray, 8px 8px 8px gray;
    -moz-text-shadow: 4px 4px 2px gray, 6px 6px 2px gray, 8px 8px 8px gray;
}
```

运行上述代码，最终的效果如图 10-7 所示。

图 10-7　text-shadow 属性的多个取值

10.2.5 实践案例：制作火焰字

text-shadow 属性的功能非常强大，通过设置该属性不仅可以实现简单的文字效果，还可以实现多重阴影效果。当然，用户还可以将绘画字母作为轮廓设置阴影。本节利用 text-shadow 属性制作一个较为复杂的效果——火焰字，如图 10-8 所示。

图 10-8　制作火焰字

仔细观察火焰文字可以发现，其火焰颜色并不单纯，而是从内焰的黄色慢慢过渡到外焰的红色。利用 CSS3 的 text-shadow 属性实现文字阴影时，需要定义 7 层层叠阴影，用阶梯变化的颜色和一定的阴影半径模拟火焰从里到外的颜色渐变，主要操作步骤如下。

`01` 创建 huoyan.html 网页，在页面中添加 h1 元素，设置 class 属性。代码如下：

```
<h1 class="fire"> 邂逅文字的芬芳 </h1>
```

`02` 为 h1 元素添加样式，设置文字的对齐方式、字体大小、颜色以及阴影。样式代码如下：

```
.fire {
        text-align: center;
        margin: 100px auto;
        font-family: "Comic Sans MS";
        font-size: 80px;
        color: white;
        text-shadow: 0 0 20px #fefcc9, 10px -10px 30px #feec85, -20px -20px 40px #ffae34, 20px -40px 50px
#ec760c, -20px -60px 60px #cd4606, 0 -80px 70px #973716, 10px -90px 80px #451b0e;
    }
```

`03` 将页面的 body 元素的背景颜色设置为黑色，代码不再显示。

`04` 运行 huoyan.html 页面，观察效果。

10.3　设置边框样式

CSS3 针对边框增加了丰富的修饰效果，使得网页更加美观。下面介绍常用的 CSS3 边框属性。

10.3.1　边框圆角属性

从用户体验和心理来说，圆角效果往往更为美观大方。在 CSS2.1 中，为元素实现圆角效果是很头疼的一件事。老办法都是使用背景图片来实现，制作起来比较麻烦。但是 CSS3 新增的 border-radius 属性，完美地解决了圆角效果难以实现的问题。

border-radius 属性的完整语法如下：

```
border-radius:[ <length> | <percentage> ]{1,4} [ / [ <length> | <percentage> ]{1,4} ]?
```

其中，<length> 用长度值设置对象的圆角半径，不允许为负值；<percentage> 用百分比设置对象的圆角半径长度，不允许为负值。

从 border-radius 属性的语法中可以发现，该属性提供了两个参数，这两个参数以"/"分隔，每个参数允许设置 1 ～ 4 个参数值，第一个参数表示水平半径，第二个参数表示垂直半径，如第二个参数省略，则默认等于第一个参数。

1.　基本应用

无论是水平半径参数还是垂直半径参数，为它们指定参数值时，需要遵循以下情况。

- 如果只提供一个值，将用于全部的 4 个角。
- 如果提供两个值，第一个用于上左（top-left）、下右（bottom-right），第二个用于上右（top-right）、下左（bottom-left）。
- 如果提供三个，第一个用于上左（top-left），第二个用于上右（top-right）、下左（bottom-left），第三个用于下右（bottom-right）。
- 如果提供 4 个参数值，将按上左（top-left）、上右（top-right）、下右（bottom-right）、下左（bottom-left）的顺序作用于 4 个角。

【例 10-11】

创建 radius.html 页面，在页面中添加 h2、div 和 p 元素。其中，h2 表示文章标题，div 用于显示整篇文章，p 显示文章段落。整篇文章显示时需要设置 div 的样式，指定边框的圆角半径为 10 像素，同时指定边框的宽度、颜色和样式等。代码如下：

```
.content{
    width:70%; margin:0 auto; border:2px solid blue;
    border-radius:10px;                          /* 设置圆角 */
    -webkit-border-radius:10px;                  /* Chrome 浏览器 */
    -moz-border-radius:10px;                     /* Firefox 浏览器 */
    -o-border-radius:10px;                       /* Opera 浏览器 */
}
```

运行 radius.html 页面，效果如图 10-9 所示。

HTML5+CSS3+JavaScript　网页设计

图 10-9 radius 设置圆角样式

2. 绘制圆形

用户可以通过设置 border-radius 属性的各个参数值以实现不同的效果。除了基本效果外，border-radius 属性还可用于多个地方。在网页开发中，我们会遇到很多种需要使用圆形图案的情况，例如圆形的头像图案、圆形进度统计等，都可以用到该属性。

【例 10-12】

使用 border-radius 属性设置圆形时，其原理是把边角弯曲成一条圆弧。本例通过 border-radius 属性实现一些简单的圆，只需要把 border-radius 的大小设置为 div（正方形）高的一半就可以了。实现步骤如下。

01 创建 radius-arc.html 网页，在页面中添加 3 个 div 元素。代码如下：

```html
<div id="circle1" class="circle1"></div>
<div id="circle2" class="circle2"></div>
<div id="circle3" class="circle3"></div>
```

02 分别为上述 div 元素设置样式，指定元素的宽度和高度，然后分别设置 border-radius 属性的值。代码如下：

```css
<style type="text/css">
div{width:160px; height:160px; float:left;margin:35px;}
.circle1{border-radius:50%;border:1px solid red;}
.circle2{border-radius:50%;border:5px solid red;}
.circle3{border-right:20px solid red;border-radius:50%;position:relative;display: table-cell;vertical-align:
middle;}
</style>
```

03 运行本例，实现效果如图 10-10 所示。

仔细观察本例的代码和效果图可以发现，本例在 div 的基础上增加 border-radius:50% 属性可以绘制一个简单的圆形；在该基础上增加边框宽度可以绘制一个圆环。那么，为什么会出现镰刀形状的图形呢？这是因为 border-radius 都是圆角，而角是由两个边组成的，但是只设置了 border-right，右上角和右下角只有右边作为其中一条边，导致其他边的宽度一直在衰减。

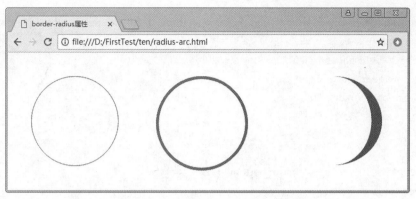

图 10-10　border-radius 实现圆形效果

3. border-radius 的派生属性

用户可以直接通过 border-radius 属性设置边框 4 个角的圆角效果，当然也可以分开设置圆角效果。border-radius 属性和 margin、padding 等属性一样属于复合属性，因此可以将该属性分开，分别为 4 个角设置相应的圆角值，这些属性分别是 border-top-right-radius 属性（右上角）、border-bottom-right-radius（右下角）、border-bottom-left-radius（左下角）和 border-top-left-radius（左上角）。

【例 10-13】

在前面例子的基础上，设置 border-radius 的派生属性实现气泡对话框效果。

01 创建 radius-qp.html 页面，在页面中添加以下代码

```
<div class="test">
<span class="bot"></span>
<span class="top"></span>
        繁华纷纷的世界，你是否忘记最初的梦想
</div>
```

02 为上述元素设置样式，首先设置外层 div 元素的边框样式，如宽度、背景颜色、圆角半径等。样式代码如下：

```
.test{
        width:300px; padding:80px 20px; margin-left:100px; background:#beceeb;
        -webkit-border-top-left-radius:220px 120px;
        -webkit-border-top-right-radius:220px 120px;
        -webkit-border-bottom-right-radius:220px 120px;
        -webkit-border-bottom-left-radius:220px 120px;
        -moz-border-radius:220px / 120px;
        border-radius:220px / 120px;
        position:relative;
}
```

03 为 div 元素下的 span 元素设置样式，如宽度、圆角半径、高度等。代码如下：

```
.test span{width:0; height:0; font-size:0; background:#beceeb; overflow:hidden; position:absolute;}
.test span.bot{
    width:30px; height:30px; left:10px; bottom:-20px;
    -moz-border-radius:30px;
    -webkit-border-radius:30px;
    border-radius:30px;
}
.test span.top{
    width:15px; height:15px; left:0px; bottom:-40px;
    -moz-border-radius:15px;
    -webkit-border-radius:15px;
    border-radius:15px;
}
```

04 运行 HTML 网页观察气泡效果，如图 10-11 所示。

图 10-11　气泡对话框效果

10.3.2　图形填充边框

在 CSS 样式表中，虽然可以通过 border-style 属性设置边框样式，但是如果要为边框设置漂亮的背景图片，border-style 属性并不能实现，那么应该怎么做呢？很简单，CSS 3 新增加的 border-image 属性可以为边框添加背景图片。

border-image 属性的基本语法如下：

```
border-image:<' border-image-source '> || <' border-image-slice '> [ / <' border-image-width '> | / <' border-image-width '>? / <' border-image-outset '> ]? || <' border-image-repeat '>
```

从上述语法可以看出，border-image 属性的取值包含多个部分，下面分别进行介绍。

1. border-image-source

border-image-source 设置或检索对象的边框是否用图像定义样式或图像来源路径。简单来说，border-image-source 用于引入图片，语法如下：

border-image-source:url(image url);　　　　　/*image url 可以是相对地址也可以是绝对地址 */

其中，url 调用背景图片，图片的路径可以是相对地址也可以是绝对地址。如果不想使用背景图片可以将值设置为 none，即 border-image:none，其默认值就是 none。

2. border-image-slice

border-image-slice 设置或检索对象的边框背景图的分割方式，语法如下：

border-image-slice: [<number> | <percentage>]{1,4}&& fill?

border-image-slice 用来分解引入的背景图片，这个参数相对来说比较复杂和特别。其中，参数 number 表示边框宽度，没有单位，专指像素；percentage 用百分比设置表框的宽度，相对于背景图的大小，可以取 1~4 个值，遵循 t-r-b-l 的规则；fill 默认为空，如果存在，则图片裁剪完后，中间剩余的部分将会保留下来。

另外，裁剪完成后，背景图就成为 9 个部分，4 个角、4 个边和一个中心，俗称"九宫格"。下面根据图 10-12，帮助大家理解与裁剪部分相关的内容。

在图 10-12 中，按照上右下左的顺序，依次把背景图切 4 刀，形成了一个九宫格，而这里的 border-image-slice 取值为 124。

裁剪完后背景图被分为 9 个部分，如图 10-13 所示。其中，4 个角（1、2、3、4）在应用时会分布在应用元素的 4 个角上，角是亘古不变的，不会有拉伸、平铺或重复的效果。有变化的就是其他 4 个（除了中间 9）会应用 border-image-repeat 中设定的排列方式。

图 10-12　裁剪效果　　　　　　　　图 10-13　裁切图

3. border-image-width

border-image-width 设置或检索对象的边框厚度，border-image-outset 设置或检索对象的边框背景图的扩展，其中 border-image-width 的语法如下：

border-image-width: [<length> | <percentage> | <number> | auto]{1,4} border-image-width 就是 border-width，用来设置边框的宽度，可以直接用 border-width 来代替 border-image-width，具体使用方法不再详解。

4. border-image-repeat

border-image-repeat 设置或检索对象的边框图像的平铺方式。基本语法如下：

```
border-image-repeat: [ stretch | repeat | round ]{1,2}
```

border-image-repeat 用来指定 border-image 的排列方式，stretch 表示拉伸，repeat 表示重复，round 表示拉伸平铺。

border-image-repeat 属性的参数设置和其他的属性不一样，border-image-repeat 不遵循 top、right、bottom、left 的方位原则，只接受两个（或一个）参数值，第一个表示水平方向，第二个表示垂直方向；当取值为一个值时，表示水平和垂直方向的排列方式相同。同时其默认值是 stretch，如果省略参数值，那么水平和垂直方向都以 stretch 排列。

【例 10-14】

下面示例演示了 border-image-repeat 属性的使用。

创建 border-image.html 页面，在页面中添加 4 个 div 元素，分别用于显示原图、拉伸效果、平铺效果和重复效果。页面代码如下：

```
<div class="box1"></div>
<div class="box2"></div>
<div class="box3"></div>
<div class="box4"></div>
```

分别为上述 div 元素添加样式，指定边框图片。其中，第一个 div 元素显示图片的原型，图片总长度为 81 像素，每个图片长度为 27 像素；第二个 div 元素以 stretch 拉伸显示；第三个和第四个元素分别以 round 平铺和 repeat 重复显示。部分代码如下：

```
<style>
div{width:250px;height:200px;float:left;border:15px solid;}
.box1{border:none; background-image:url(img/bg.jpg); width:81px; height:81px;}
.box2{
    border: 15px solid;
    -webkit-border-image: url("img/bg.jpg") 27 stretch;
    -moz-border-image: url("img/bg.jpg") 27 stretch;
    -o-border-image: url("img/bg.jpg") 27 stretch;
    border-image: url("img/bg.jpg") 27 stretch;
}
</style>
```

运行 border-image.html 网页，效果如图 10-14 所示。

仔细观察图 10-14 中实现的平铺效果，不难发现，4 个边角处的圆形都有被截掉的，这就是 repeat 的效果。round 平铺和 repeat 重复是不一样的，round 会压缩或伸展图片大小使图片正好在区域内显示，而 repeat 是不管任何因素直接重复的。

图 10-14　border-image 属性的使用

注意

border-image 与 border-radius 属性一样属于复合属性，因此如果不想直接设置 border-image 属性，可以使用其复合属性进行设置，如 border-top-image 和 border-bottom-image 等。

10.3.3　边框阴影效果

边框阴影是网页中常见的一种特效，CSS3 新增加的 box-shadow 属性可以轻松实现阴影效果。box-shadow 属性的基本语法如下：

```
box-shadow:x-shadow  y-shadow  blur  spread  color  inset;
```

box-shadow 属性的取值说明如下。

- **x-shadow**　设置水平阴影的位置（X 轴），单位可以是 px、em 或百分比等，可以使用负值。
- **y-shadow**　设置垂直阴影的位置（Y 轴），单位可以是 px、em 或百分比等，可以使用负值。
- **blur**　可选，设置阴影模糊半径。取正值时，阴影在对象的底部；取负值时，阴影在对象的顶部。取值为 0 时表示阴影是完全实心和尖锐的，没有任何模糊。
- **spread**　可选，扩展半径，设置阴影的尺寸。该选项的取值可以是正负值，如果值为正，则整个阴影都延展扩大，值为负值时则缩小。
- **color**　可选，设置阴影的颜色。
- **inset**　可选，如果不设值，其默认的投影方式是外阴影；如果设置为 inset，则表示内阴影。

【例 10-15】

使用 box-shadow 属性时，x-shadow 和 y-shadow 两个参数的取值是必需的，而且都允许使用负值。

01　创建 HTML 网页，在页面中添加 4 个 div 元素，分别实现不同的效果。

02　为 div 元素分别添加样式，前两个 div 元素演示水平阴影效果，后两个 div 元素演示垂直阴影效果。代码如下：

```
div{ width:300px; height:200px; float:left; margin-left:60px; margin-top:20px; margin-right:20px; margin-bottom:30px; background-color:#F8B0FB}

    .x1{ box-shadow: 20px 0px 10px 0px rgba(0,0,0,0.5);                    /* 省略内容 */}
```

```
.x2{ box-shadow: -20px 0px 10px 0px rgba(0,0,0,0.5);                    /* 省略内容 */}
.y1{ box-shadow: 0px 20px 10px 0px rgba(0,0,0,0.5);                     /* 省略内容 */}
.y2{ box-shadow: 0px -20px 10px 0px rgba(0,0,0,0.5);                    /* 省略内容 */ }
```

03 运行 HTML 页面，效果如图 10-15 所示。从图中可以看出，如果设置水平阴影为负值，那么阴影会出现在元素左边；同样，如果设置垂直阴影为负值，那么阴影会出现在元素上方。

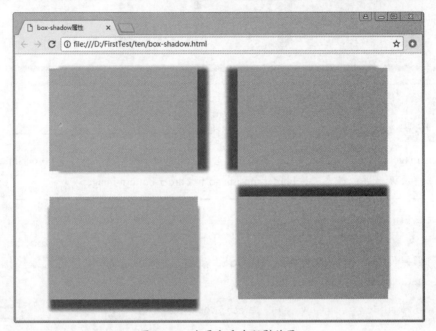

图 10-15　水平和垂直阴影效果

04 继续在页面中添加两个 div 元素，分别演示模糊半径，将模糊半径指定为 50 像素；设置阴影尺寸时，在模糊半径的基础上，设置阴影尺寸为 20 像素。样式代码如下：

```
.blur{ box-shadow: 0px 0px 50px 0px rgba(0,0,0,0.5);                    /* 省略内容 */}
.spread{box-shadow: 0px 0px 50px 20px rgba(0,0,0,0.5);                  /* 省略内容 */}
```

05 刷新 box-shadow.html 网页，效果如图 10-16 所示。

图 10-16　模糊半径和阴影尺寸效果

【例 10-16】

box-shadow 属性的功能非常强大，通常情况下，该属性经常和其他属性结合使用。当然，该属性可以像 border-radius 等属性那样，设置多个值实现多重阴影效果。代码如下：

```
box-shadow:-10px 0px 10px red,          /* 左边阴影 */
           0px -10px 10px orange,       /* 上边阴影 */
           10px 0px 10px green,         /* 右边阴影 */
           0px 10px 10px blue;"         /* 下边阴影 */
```

运行 HTML 网页，效果如图 10-17 所示。

图 10-17　多重阴影（外阴影）

更改上述示例代码，设置阴影的投影效果为内阴影，此时效果如图 10-18 所示。

图 10-18　多重阴影（内阴影）

10.4　设置背景样式

几乎所有的网站都离不开背景，网站如果没有背景，那么会显得单调。为了满足更多的需求，CSS3 增加了新的背景属性，这些属性为背景提供了更强大的控制。下面分别介绍新增加的 background-origin、background-clip、background-size 属性。

10.4.1　background-size 属性

在 CSS3 之前，背景图片的大小是由图片的实际大小决定的。而 CSS3 中增加的 background-size 属性可以直接设置背景图片的大小，这使得用户可以在不同的环境中重复使用背景图片。其基本语法如下：

```
background-size:<bg-size> [ , <bg-size> ]*
<bg-size> = [ <length> | <percentage> | auto ]{1,2} | cover | contain
```

上述语法的取值说明如下。
- **<length>**　用长度值指定背景图像的大小。不允许为负值。
- **<percentage>**　用百分比指定背景图像的大小。不允许为负值。
- **auto**　背景图像的真实大小。
- **cover**　将背景图像等比缩放到完全覆盖容器，背景图像有可能超出容器。
- **contain**　将背景图像等比缩放到宽度或高度与容器的宽度或高度相等，背景图像始终包含在容器内。

background-size 提供了两个参数值（值 cover 和 contain 除外），第一个定义背景图像的宽度，第二个定义背景图像的高度。如果只提供一个参数值，那么该值将用于定义背景图像的宽度，第二个高度值默认为 auto，此时背景图以提供的宽度作为参照来进行等比缩放。

【例 10-17】

下面示例演示了 background-size 属性的应用。

创建 size.html 网页，在该页面添加两个 div 元素。第一个 div 元素的背景图片大小使用默认值（即图片的实际大小），而第二个 div 元素使用 background-size 属性重新定义了背景图片的大小。其中，“background-size:160px 100px”表示定义背景图片宽度为 160px、高度为 100px。样式代码如下：

```
div {
        width:160px; height:100px; border:1px solid red; margin-bottom:10px;
        background-image:url("mg/bg.jpg"); background-repeat:no-repeat;
}
#div2{background-size:160px 100px;}
```

【例 10-18】

更改上个例子中的代码，页面中包含 3 个 div 元素。第一个 div 元素没有使用 background-size 属性。第二个 div 和第 3 个 div 元素分别设置为 cover 和 contain。代码如下：

```
div {
        width:160px; height:100px; border:1px solid red; margin-bottom:10px;
    background-image:url("../App_images/lesson/run_CSS 3/CSS 3.png");
    background-repeat:no-repeat;
}
#div2{background-size:cover;}
#div3{background-size:contain;}
```

刷新页面或重新运行页面，效果如图 10-19 所示。

图 10-19　background-size 属性的使用

仔细观察图 10-19 可以发现，当 background-size 属性取值为关键字时，cover 和 contain 都可以产生缩放。当值为 cover 时，背景图像按比例缩放，直到覆盖整个背景区域为止，但可能会裁剪掉部分图像。当值为 contain 时，背景图像会完全显示出来，但可能不会完全覆盖背景区域。

⚠️ **注意**

> 背景图片不同于 img 引用的图片，对于 img 引用的图片，可以使用 width 和 height 属性设置，但这两个属性不能设置背景图片的大小，因此引入 background-size 属性设置背景图片的大小。背景图片大小与一般图片大小的设置有着本质区别。

🔊 10.4.2　background-origin 属性

在 CSS 3 中，background-origin 属性用来设置元素背景图片平铺的最开始位置。语法如下：

```
background-origin:<box> [ , <box> ]*
<box> = border-box | padding-box | content-box
```

其中，padding-box 表示从 padding 区域（含 padding）开始显示背景图像。border-box 表示从 border 区域（含 border）开始显示背景图像。content-box 表示从 content 区域开始显示背景图像。

【例 10-19】

本示例演示了 background-origin 属性的应用。

创建 origin.html 网页，在页面中添加 div 元素和其他元素，主要演示 background-origin 属性各个取值的效果。相关样式代码如下：

```
.origin{border:15px solid lightblue;padding:50px; background:#FFF url(img/tx.jpg) no-repeat;}
.order1{ background-origin:border-box;}
.order2{ background-origin:padding-box;}
.order3{ background-origin:content-box;}
```

HTML5+CSS3+JavaScript　网页设计

页面的最终运行效果如图 10-20 所示，该图仅显示部分截图效果。

图 10-20　background-origin 属性的使用

10.4.3　background-clip 属性

CSS3 中新增加的 background-clip 属性表示将背景图片根据实际需要进行剪切。语法如下：

```
background-clip:<box> [ , <box> ]*
<box> = border-box | padding-box | content-box | text
```

其中，padding-box 表示从 padding 区域（不含 padding）开始向外裁剪背景，border-box 表示从 border 区域（不含 border）开始向外裁剪背景，content-box 表示从 content 区域开始向外裁剪背景，text 以前景内容的形状（例如文字）作为裁剪区域向外裁剪，如此即可实现使用背景作为填充色之类的遮罩效果，目前该属性仅 webkit 内核的浏览器支持。

【例 10-20】

利用 background-clip 属性实现背景作为填充色的遮罩效果。创建 clip.html 网页，在页面中添加 div 元素，该元素又包含一个 p 元素。为页面中的 div 元素和 p 元素添加以下样式：

```
<style>
p{width:100px;height:100px;margin:0;padding:20px;border:10px dashed #666;background:#aaa url(img/pic
1.jpg) no-repeat;}
.text p{
    width:auto;height:auto;background-repeat:repeat;
    -webkit-background-clip:text;
    -webkit-text-fill-color:transparent;
    font-weight:bold;font-size:60px;
}
</style>
```

运行 clip.html 网页，效果如图 10-21 所示。

图 10-21　background-clip 属性的使用

10.5　实践案例：制作太极图

本章介绍了 CSS3 中新增加的文本属性、字体属性、颜色属性、边框属性和背景属性。通过本章的介绍，相信大家对于这些属性有了一定的认识。本节实践案例利用前面的知识点完成太极图的制作。

静态太极图的制作步骤如下。

01 创建 anli.html 网页，在页面中添加一个 div 元素。代码如下：

```
<div class="box-taiji"></div>
```

02 为div元素添加CSS样式，使用border实现左黑右白的正方形，并加上圆角、阴影效果。代码如下：

```
.box-taiji {
    width:0;height:400px;position:relative;margin:50px auto;border-left:200px solid #000;
    border-rig ht:200px solid #fff;box-shadow:0 0 30px rgba(0,0,0,.5);border-radius:400px;
}
```

03 利用 E:after 伪类选择器实现一个白色的圆形，并设置好位置。代码如下：

```
.box-taiji:after {
    width:200px;height:200px;position:absolute;content:"";display:block;top:0;left:-100px;
    z-index:1;background-color:#fff;border-radius:50%;
}
```

04 在上个步骤的基础上添加 box-shadow 属性，实现同样大小的圆。

05 与前面两个步骤一样，需要再实现黑白两个圆，并放到相关位置。新的 CSS 样式代码如下：

HTML5+CSS3+JavaScript　网页设计

```
.box-taiji:before,
.box-taiji:after {position:absolute;content:"";display:block;}
.box-taiji:before {
    width:200px;height:200px;top:0;left:-100px;z-index:1;background-color:#fff;
    border-radius:50%;box-shadow:0 200px 0 #000;
}
.box-taiji:after {
    width:60px;height:60px;top:70px;left:-30px;z-index:2;background-color:#000;
    border-radius:50%;box-shadow:0 200px 0 #fff;
}
```

06 运行网页查看效果，如图 10-22 所示。

图 10-22 太极图实现效果

10.6 练习题

一、填空题

1. CSS3 中新增加的与颜色有关的属性是 _____。
2. _____ 和 font-size-adjust 是 CSS3 中新增加的与字体有关的属性。
3. 用户如果需要设置某个边框的圆角效果，需要用到 _____ 属性。
4. 如果要实现边框的阴影效果，需要用到 CSS3 新增加的 _____ 属性。
5. 用户想要实现图像的阴影效果，并且设置阴影效果为内阴影，可以将 box-shadow 属性的值设置为 _____。
6. background-origin 属性的取值可以是 border-box、padding-box 和 _____。

二、选择题

1．CSS3 中新增加的 text-shadow 属性设置 _____。

A．文本的文字是否有阴影及模糊效果

B．指定边框是否有阴影样式

C．当内容超过指定窗口的边界时是否断行

D．移动端页面中文本对象的大小调整

2．在 CSS3 中，_____ 不是新增加的背景属性。

A．background-size

B．background-origin

C．background-image

D．background-clip

3．当 background-size 属性的值设置为 _____ 时，表示将背景图像等比缩放到完全覆盖容器，背景图像有可能超出容器。

A．auto

B．cover

C．contain

D．以上都可以

4．针对下面的一行代码可得知，边框阴影的模糊半径和阴影尺寸分别是 _____。

box-shadow:10px 10px 20px 30px blue inset;

A．10px,10px

B．10px,20px

C．10px,20px

D．20px,30px

5．在下面选项中，_____ 不是复合属性。

A．border-radius

B．background-size

C．border-image

D．text-decoration

上机练习 1：制作霓虹字

如果把一个模糊阴影放在文字的正后方，当偏距为 0 时，其效果如同创造一个周围会发光的字母。如果单一的阴影不够强烈，可以重复几次同样的阴影。本次上机练习利用本章的知识制作霓虹字，效果如图 10-23 所示。

图 10-23　霓虹字效果

上机练习 2：设置边框样式

本章详细介绍了常用的边框样式，本次上机练习要求读者利用本章介绍的内容设置边框，最终实现的效果如图 10-24 所示。

图 10-24 边框样式

第 11 章
变形、过渡和动画

　　CSS3 在原来版本的基础上新增了许多属性，例如将指定的图片放大或缩小、设置图片过渡的时间和方式等，通过这些属性可以实现以前需要大段 JavaScript 脚本才能实现的功能。本章详细介绍新增的渐变、变形、过渡和动画属性。变形功能可以对元素执行位移、旋转、缩放、倾斜等变换，这样的变换可以更加容易控制 HTML 的页面元素呈现出更加丰富的外观。

　　在过渡和动画方面，CSS3 提供了 transition 动画，transition 动画比较简单，只要执行 HTML 元素的有关属性即可。比 transition 动画更强大的是 animation 动画，animation 动画除了可以与位移、旋转、缩放、倾斜结合外，还可以指定多个关键帧，从而允许定义功能更加丰富的动画。

 本章学习要点

◎　掌握 transform 属性如何实现平移
◎　掌握 transform 属性如何实现缩放
◎　掌握 transform 属性如何实现旋转
◎　掌握 transform 属性如何实现倾斜
◎　熟悉 transform-origin 属性的使用
◎　掌握如何使用 transition 复合属性
◎　掌握如何使用 animation 复合属性
◎　掌握运用 @keyframes 规则定义动画

HTML5+CSS3+JavaScript 网页设计

11.1 CSS3 的变形属性

CSS3 提供的变形属性可以对 HTML 网页的元素进行常见的几何变换，包含旋转、缩放、倾斜、位移等，也可以使用变换矩阵进行变形。CSS3 新增加的变形属性说明如表 11-1 所示。其中 transform 属性经常被用到。

表 11-1 常见的变形属性及其说明

属　性	说　明
transform	检索或设置对象的变换
transform-origin	检索或设置对象中的变换所参照的原点
transform-style	指定某个元素的子元素是否位于三维空间内
perspective	指定观察者与 [z=0] 平面的距离
perspective-origin	指定透视点的位置
backface-visibility	指定元素背面面向用户时是否可见

11.1.1　基本变形之平移

通过为 transform 指定不同的变形方法，可以在页面上实现对 HTML 元素的变形。例如常见的 4 种变形，即平移、缩放、旋转、倾斜等。平移功能可以使页面元素向上、下、左或者右移动多个像素，该功能类似于将 position 属性设置为 relative 时的效果。

在 CSS3 中，可以使用 translate() 方法将元素沿着水平方向（X 轴）和垂直方向（Y 轴）移动。translate() 方法可以分为三种情况。

- translateX(x) 元素仅在水平方向移动（X 轴移动）。
- translateY(y) 元素仅在垂直方向移动（Y 轴移动）。
- translate(x,y) 元素在水平方向和垂直方向同时移动（X 轴和 Y 轴同时移动）。

以 translate(x,y) 为例，语法如下：

```
transform:translate(x, y);
```

其中，参数 x 表示元素在水平方向（X 轴）的移动距离，单位为 px、em 或百分比等。当 x 为正时，表示元素在水平方向向右移动（X 轴正方向）；当 x 为负时，表示元素在水平方向向左移动（X 轴负方向）。

参数 y 表示元素在垂直方向（y 轴）的移动距离，单位为 px、em 或百分比等。当 y 为正时，表示元素在垂直方向向下移动；当 y 为负时，表示元素在垂直方向向上移动。如果省略 y 参数，则使用默认值 0。

⚠️ 注意

在 W3C 规定中，出于人的习惯是从上到下阅读，因此所选取的坐标系是 X 轴正方向向右，而 Y 轴正方向向下。有些读者想到的坐标系，即 X 轴正方向向右，Y 轴正方向向上是"数学形式"的坐标系，只适合于数学应用。

【例 11-1】

创建 HTML 网页，该页面主要包含 div 元素，演示 translate() 方法分别在 X 轴、Y 轴的效果，步骤如下。

01 在 HTML 网页中添加 div 元素，部分代码如下：

```
<div class="origin">
<div class="current-x">X 轴平移 </div>
</div>
<!-- 省略其他代码 -->
```

02 为 div 元素添加样式代码，以 X 轴平移的效果元素为例，有关 CSS 代码如下：

```
<style type="text/css">
div{width:200px;height:150px; }
    .origin { float:left; border:2px dashed black;margin:50px;}
    /* 设置当前元素样式 */
    .current-x{
        color:white;
        background-color: lightgreen;
        text-align:center;
        transform:translateX(20px);
        -webkit-transform:translateX(20px);          /* 兼容 -webkit- 引擎浏览器 */
        -moz-transform:translateX(20px);             /* 兼容 -moz- 引擎浏览器 */
        -o-transform:translateX(20px);               /* 兼容 -o- 引擎浏览器 */
    }
    /* 省略其他样式代码 */
</style>
```

03 运行 HTML 页面时的效果如图 11-1 所示。在该图中，黑色的虚线表示原始效果，有颜色的区域表示平移后的效果。

图 11-1　平移效果

👉 **提示**

对于 CSS3 中新增加的属性，目前主流浏览器并未支持标准的 transfrom 属性，因此在实际开发过程中需要添加浏览器厂商的前缀，例如 -moz-、-webkit- 以及 -o- 等前缀。

HTML5+CSS3+JavaScript　网页设计

11.1.2 基本变形之缩放

缩放是指"缩小"和"放大"。在CSS3中，读者可以使用scale()方法根据中心原点缩放元素。跟 translate() 方法一样，缩放 scale() 方法也有三种情况。

- scaleX(x) 元素仅水平方向缩放（X 轴缩放）。
- scaleY(y) 元素仅垂直方向缩放（Y 轴缩放）。
- scale(x,y) 元素水平方向和垂直方向同时缩放（X 轴和 Y 轴同时缩放）。

以 scale(x, y) 方法为例，语法如下：

```
transform:scale(x, y);
```

其中，x 表示元素沿着水平方向（X 轴）缩放的倍数，如果大于 1 就代表放大；如果小于 1 就代表缩小。y 表示元素沿着垂直方向（Y 轴）缩放的倍数，如果大于 1 就代表放大；如果小于 1 就代表缩小。y 是一个可选参数，如果没有设置该值，则表示 X、Y 两个方向的缩放倍数是一样的（同时放大相同倍数）。

【例 11-2】

根据例 11-1 的效果设计 HTML 网页，更改有关的 CSS 样式代码，将子元素分别沿 X 轴和 Y 轴放大到 1.5 倍。代码如下：

```
.current-x {
    color:white;
    background-color: lightgreen;
    text-align:center;
    transform:scaleX(1.5);
    -webkit-transform:scaleX(1.5);          /* 兼容 -webkit- 引擎浏览器 */
    -moz-transform:scaleX(1.5);             /* 兼容 -moz- 引擎浏览器 */
    -o-transform:scaleX(1.5);               /* 兼容 -o- 引擎浏览器 */
}
```

运行 HTML 网页，放大效果如图 11-2 所示。在该图中，黑色的虚线表示原始效果，有颜色的区域表示放大后的效果。

图 11-2　放大效果

11.1.3 基本变形之旋转

在 CSS3 中，读者可以使用 rotate() 方法相对中心原点旋转元素。这里的旋转是二维的，不涉及三维空间的操作。

rotate() 方法的语法如下：

```
transform: rotate (angel);
```

如上述语法所示，唯一的参数 angel 是一个数字，表示要旋转的角度，并且以 deg 为结束。如果 angel 为正数，则进行顺时针旋转，否则进行逆时针旋转，如图 11-3 所示。

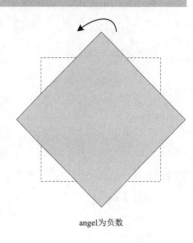

angel为正数　　　　　　　　　　　　angel为负数

图 11-3　旋转示意图

【例 11-3】

继续在前面例子的基础上更改代码，使用 rotate() 方法旋转指定的 div 元素，分别让该元素按顺时针和逆时针旋转，旋转角度为 30 度。有关 CSS 样式代码如下：

```
.current-x {
    color:white;
    background-color: lightgreen;
    text-align:center;
    transform:rotate(30deg);
    -webkit-transform:rotate(30deg);        /* 兼容 -webkit- 引擎浏览器 */
    -moz-transform:rotate(30deg);            /* 兼容 -moz- 引擎浏览器 */
    -o-transform:rotate(30deg);             /* 兼容 -o- 引擎浏览器 */
}
.current-y {
    color:white;
    background-color: lightblue;
    text-align:center;
    transform:rotate(-30deg);
    -webkit-transform:rotate(-30deg);       /* 兼容 -webkit- 引擎浏览器 */
    -moz-transform:rotate(-30deg);           /* 兼容 -moz- 引擎浏览器 */
    -o-transform:rotate(-30deg);            /* 兼容 -o- 引擎浏览器 */
}
```

11.1.4　基本变形之倾斜

使用 transform 属性的 skew() 方法可以沿水平和垂直方向倾斜文本或者图像。skew() 方法与 translate() 方法、scale() 方法一样，也有三种情况。

- skewX(x) 使元素在水平方向倾斜（X 轴倾斜）。
- skewY(y) 使元素在垂直方向倾斜（Y 轴倾斜）。
- skew(x,y) 使元素在水平方向和垂直方向同时倾斜（X 轴和 Y 轴同时倾斜）。

以 skew(x,y) 方法为例，代码如下：

```
transform:skew(x,y);
```

第一个参数对应 X 轴，x 表示元素相对于 X 轴倾斜的度数，单位为 deg。如果度数为正，表示元素沿水平方向（X 轴）顺时针倾斜；如果度数为负，表示元素沿水平方向（X 轴）逆时针倾斜。

第二个参数对应 Y 轴。y 表示元素相对于 Y 轴倾斜的度数，单位为 deg。如果度数为正，表示元素沿垂直方向（Y 轴）顺时针倾斜；如果度数为负，表示元素沿垂直方向（Y 轴）逆时针倾斜。如果第二个参数未提供，则其值为 0，也就是 Y 轴方向上无倾斜。

【例 11-4】

本示例演示 skew() 方法的应用。

创建 HTNML 网页，在页面中添加 div 元素演示 skewX() 方法、skewY() 方法和 skew() 方法的使用。以 skew() 方法为例，有关样式代码如下：

```
.current-xy{
    color:white;
    background-color: orange;
    text-align:center;
    transform:skew(10deg,30deg);
    -webkit-transform:skew(10deg,30deg);          /* 兼容 -webkit- 引擎浏览器 */
    -moz-transform:skew(10deg,30deg);             /* 兼容 -moz- 引擎浏览器 */
    -o-transform:skew(10deg,30deg);               /* 兼容 -moz- 引擎浏览器 */
}
```

运行 HTML 网页，黑色虚线是原始效果，带颜色的区域表示倾斜后的效果，如图 11-4 所示。

图 11-4　倾斜效果

 提示 — — — — —

学过数学的读者都应该知道，平移、旋转和倾斜都不会改变四边形的面积。skew() 方法比较少用。该方法如果使用得当，会使网页美观动感；如果用得不好，那么将是网站的一大败笔。

11.1.5 实践案例：制作个性图片墙

虽然 transform 属性提供了多个方法，但是单纯使用某个方法对元素进行设置（例如平移）是没有多大实际意义的。一般情况下，transform 属性常常会和 animation 属性以及 transition 属性等一起使用。

细心的读者可以发现，在许多个人网站上，经常会出现有个性的图片墙。本节就来介绍如何利用 CSS3 实现个性图片墙效果，如图 11-5 所示。

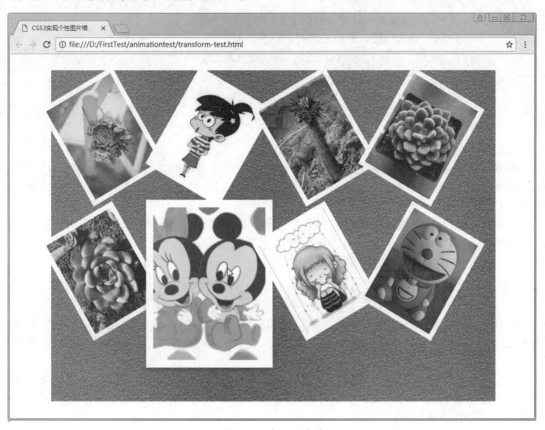

图 11-5 个性图片墙

根据图 11-5 所示的效果进行设计，具体步骤如下。

01 创建 HTML 网页，在页面添加 div 元素，该元素包含 8 张图片。代码如下：

```
<div id="container">
    <img src="images/p1.jpg">
    <img src="images/p2.jpg">
    <!-- other img code -->
</div>
```

02 添加元素设计代码。首先为 div 元素和 img 元素添加原始样式。

```
#container { width:900px; height:650px; margin:100px auto; background-image:url("images/timg.jpg"); }
img { margin:20px; padding:10px; background-color:White; }
```

03 设计奇数个和偶数个图片如旋转效果。

```
#container img:nth-child(2n) { left:80px; top:60px; -webkit-transform:rotate(30deg); }
#container img:nth-child(2n+1) { left:80px; top:60px; -webkit-transform:rotate(-30deg); }
```

04 为图片添加鼠标悬停时的效果。

```
#container img:hover{
        box-shadow: 0 4px 8px rgba(0, 0, 0, 0.2);
        transform:translate(0px,25px) scale(1.5,1.5);
        -webkit-transform:translate(0px,25px) scale(1.5,1.5);
        -moz-transform:translate(0px,25px) scale(1.5,1.5);
        -o-transform:translate(0px,25px) scale(1.5,1.5);
}
```

05 运行 HTML 网页进行效果测试。

在本节实践案例中，主要通过 transform:rotate() 方法实现图片旋转，用 translate() 方法实现图片的平移，然后使用 box-shadow 属性设置鼠标移到图片上时的阴影效果。除此之外，还用到了 CSS3 中的结构伪类选择器。

另外，transform 属性可以同时应用多个变形，即为该属性同时指定多个变形方法。但是，需要注意，transform 属性的变形处理方法的顺序非常重要，即使是同样的变形，如果变形的顺序不同，那么呈现给客户的效果也会不同。

11.1.6　指定变形中心点

任何元素都有一个中心原点，默认情况下，元素的中心原点位于 X 轴和 Y 轴的 50% 处。通常情况下，CSS3 的位移、缩放、旋转、倾斜都是以元素的中心原点进行变形。

假设要让元素进行位移、缩放、旋转、倾斜等变形操作的中心原点不是原来元素的中心位置，那该怎么办呢？在 CSS3 中，可以通过 transform-origin 属性来改变元素变形时的中心原点位置。完整语法如下：

```
transform-origin：[ <percentage> | <length> | left | center ① | right ] [ <percentage> | <length> | top | center ② | bottom ]?
```

从上述语法可以知道，transform-origin 属性可以提供两个参数或一个参数。如果提供两个参数，第一个用于横坐标，第二个用于纵坐标。如果只提供一个，则用于横坐标，纵坐标默认为 50%。

transform-origin 属性的取值有两种：一种是采用长度值，另一种是使用关键字。长度值一般用百分比表示，很少使用 px、em 等单位。不管 transform-origin 取值为长度值还是关键字，都需要设置水平方向和垂直方向的值，该属性的取值及其说明如下。

● **<percentage>** 用百分比指定坐标值，可以为负值。
● **<length>** 用长度值指定坐标值，可以为负值。
● **left** 指定 left 为原点的横坐标。
● **center ①** 指定 center 为原点的横坐标。

- **right**　指定 right 为原点的横坐标。
- **top**　指定 top 为原点的纵坐标。
- **center** ②　指定 center 为原点的纵坐标。
- **bottom**　指定 bottom 为原点的纵坐标。

【例 11-5】

本示例演示 transform-origin 属性的应用。

在 HTML 网页中添加两个块元素，每个块元素包含一个 div 子元素。代码如下：

```
<div class="origin"><div class="current-x"> 顺时针旋转（正中）</div></div>
<div class="origin"><div class="current-y"> 顺时针旋转（靠右居中）</div></div>
```

设计 div 元素的样式，省略元素的初始样式，然后设计 div 元素的旋转样式，设计完毕，还需要为文本"顺时针旋转（靠右居中）"的 div 元素重新指定变形中心点。主要代码如下：

```
.current-y {
    color:white;
    background-color: lightblue;
    text-align:center;
    transform-origin:right center;
    -webkit-transform-origin:right center;        /* 兼容 -webkit- 引擎浏览器 */
    -moz-transform-origin:right center;           /* 兼容 -moz- 引擎浏览器 */
    -o-transform-origin:right center;             /* 兼容 -moz- 引擎浏览器 */
    /* 省略旋转代码 */
}
```

运行网页，效果如图 11-6 所示。仔细观察两个图形，虽然都是让元素顺时针旋转 30 度，但是由于为第二个图形指定了中心原点，由"正中"变为"靠右居中"，因此在显示时，元素以"新的中心原点"作为旋转的中心原点。

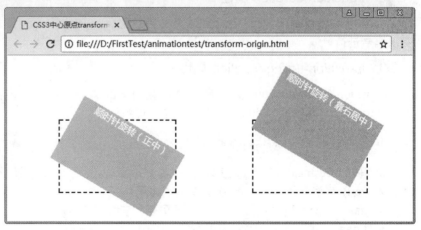

图 11-6　指定变形中心原点

提示

前面介绍的 translate()、scale()、rotate()、skew() 方法其实都可以通过 matrix() 方法来实现，只是通过 matrix() 方法进行变形比较复杂。如果使用前面的 4 个方法可以完成变形，就没有必要使用 matrix() 方法进行变形。因此，这里不再对 matrix() 方法进行介绍。

HTML5+CSS3+JavaScript　网页设计

HTML5+CSS3+JavaScript 网页设计

11.2 CSS3 的过渡属性

transform 变形、transition 过渡和 animation 动画是 CSS3 动画的三部分，上一节简单接触了 CSS3 变形，这一节介绍 CSS3 的过渡效果。

11.2.1 过渡属性概述

在 CSS3 中，可以使用 transition 属性将元素的某一个属性从"一个属性值"在指定的时间内平滑地过渡到"另外一个属性值"来实现动画效果。

前面介绍的 transform 属性所实现的元素变形，呈现的仅仅是一个"结果"，而 transition 属性呈现的是一种过渡"过程"，通俗地说就是一种动画的转换过程，例如渐显、渐隐、动画快慢等。

transition 属性是一个复合属性，语法如下：

```
transition: transition-property transition-duration transition-timing-function transition-delay;
```

从上述语法可以看出，transition 属性包含 transition-property、transition-duration、transition-timing-function 和 transition-delay 属性。

1. transition-property 属性

transition-property 用于检索或设置对象中参与过渡的属性。该属性用于指定要进行过渡的 CSS 属性，例如 background-color、border-color、color、font-size、opacity 等。除了具体的 CSS 属性外，将该属性的值设置为 none 时，表示不指定过渡的 CSS 属性；取值为 all 时，表示所有可以进行过渡的 CSS 属性，all 为默认取值。

2. transition-duration 属性

transition-duration 属性指定对象过渡的持续时间。如果要为该属性提供多个属性值，需要以逗号进行分隔。

3. transition-timing-function 属性

transition-timing-function 属性是整个过渡动画的类型，用于指定使用什么样的方式进行过渡。transition-timing-function 属性的语法格式如下：

```
transition-timing-function:effectname;
```

这里的 effectname 表示过渡效果的名称，默认值是 ease，即以溶解方式显示过渡。effectname 还有很多值，常见取值及其说明如下。

- **ease** 默认值，平滑过渡。等同于贝塞尔曲线 (0.25, 0.1, 0.25, 1.0)。
- **linear** 线性过渡。等同于贝塞尔曲线 (0.0, 0.0, 1.0, 1.0)。
- **ease-in** 淡入效果，由慢到快。等同于贝塞尔曲线 (0.42, 0, 1.0, 1.0)。
- **ease-out** 淡出效果，由快到慢。等同于贝塞尔曲线 (0, 0, 0.58, 1.0)。
- **ease-in-out** 淡入淡出效果，由慢到快再到慢。等同于贝塞尔曲线 (0.42, 0, 0.58, 1.0)。
- **cubic-bezier** 自定义特殊的立方贝塞尔曲线效果，4 个数值需位于 [0, 1] 区间。

4. transition-delay 属性

过渡动画效果的最后一个属性 transition-delay 用于定义动画开始之前的延迟时间。

transition-delay 属性的语法格式如下：

> transition-delay:time;

这里的 time 与 transition-duration 属性中的 time 具有相同的值，可以设置为 s（秒）或者 ms（毫秒）。time 的默认值为 0，即表示没有延迟。

⚠ 注意

如果 time 为负数，过渡效果将会被截断。例如，一个过渡为 5 秒的动画，当 time 为 -1 秒的时候，过渡效果将直接从 1/5 处开始，持续 4 秒。

11.2.2　单个属性实现过渡

在使用 transition 属性时，可以为该属性依次指定多个属性值，或者分别指定其复合属性。

【例 11-6】

在网页中添加一个 div 元素，指定该元素的长度、宽度、背景颜色、圆角等属性，当鼠标悬浮在该矩形上时，更改矩形的圆角值，实现从矩形到圆形的过渡，过渡前的延迟时间为 0 秒，过渡时间为 0.5 秒，过渡类型为 linear。样式代码如下：

```
<style type="text/css">
div{
        display:inline-block;width:100px;height:100px;border-radius:0;background-color:#14C7F3;
        transition-property:border-radius;              /* 指定过渡属性 */
        transition-duration:0.5s;                       /* 指定过渡时间 */
        transition-timing-function:linear;              /* 指定过渡类型 */
        transition-delay:0s;                            /* 指定过渡延迟时间 */
    }
    div:hover { border-radius:50px; }
</style>
```

上述有关过渡代码等价于以下代码：

> transition:border-radius 0.5s linear 0s;

11.2.3　多个属性同时过渡

可以使用 transition 属性同时指定多组 property、duration、timing-function、delay 值，每组 property、duration、timing-function、delay 值控制一个属性值的过渡效果。

通过多个属性同时渐变可以非常方便地开发出动画效果。假设想要实现一个在页面上随着鼠标漂移的气球，即控制气球移动主要是修改气球图片的 left、top 两个属性值，让这两个属性值等于鼠标按下的 X、Y 坐标即可。如果再设置气球图片的 left、top 属性不是突然改变，而是以平滑渐变的方式改变，这就是动画。

【例 11-7】

指定 transition 属性的值实现多个属性同时过渡的效果，当用户在页面中移动鼠标并单击时，气球会随着鼠标的位置而移动，操作步骤如下。

01 在创建的 HTML 网页中添加一张图片。

```
<img id="target" src="images/balloon.gif" alt=" 气球 " />
```

02 设置图片的过渡特效，指定气球图片的 left、top 两个属性以平滑渐变的方式发生改变，这样每次按下鼠标时，即可看到气球慢慢地漂浮过来的效果。代码如下：

```
<style type="text/css">
    img#target{
            position:absolute;
            transition:left 5s linear,top 5s linear;
            -webkit-transition:left 5s linear,top 5s linear;
            -moz-transition:left 5s linear,top 5s linear;
            -o-transition:left 5s linear,top 5s linear;
    }
</style>
```

03 继续添加 JavaScript 脚本代码，获取网页中的 img 元素，动态设置 left 和 top 属性的值。内容如下：

```
<script>
            var target = document.getElementById("target");
            target.style.left="0px";
            target.style.top="0px";
            document.onmousedown=function(evt){
            target.style.left=evt.pageX+"px";
            target.style.top=evt.pageY+"px";
            }
</script>
```

04 运行网页的初始效果如图 11-7 所示，单击页面的空白区域，此时过渡效果如图 11-8 所示。

图 11-7　初始效果

图 11-8　过渡效果

在本例中，我们为 transition 属性指定了多组属性值，除了使用上述有关的代码外，还可以使用下面的代码，它们的效果是一样的。

```
transition-property: left, top;
transition-duration: 5s, 5s;
transition-timing-function: linear, linear;
```

如果定义了多个过渡属性，而其他属性只有一个参数值，则表明所有需要过渡的属性都应用同一个参数值。因此，还可以针对上述代码进行缩写。

```
transition-property: left, top;
transition-duration: 5s;
transition-timing-function: linear;
```

提示

除了可以以平滑渐变的方式改变位置外，还可以修改 HTML 的宽度、高度、背景颜色等，感兴趣的读者可以亲自动手试一试。

11.2.4　实践案例：鼠标悬浮特效的过渡功能

当用户的鼠标移到图片上，从底部向上滚动出半透明遮罩显示文字的效果，鼠标移走后遮罩层消失。这种特效在很多网站上都能看到，本小节通过一个案例演示该特效的功能。

在实现该特效时，主要使用 transform 的 translateY 值来设置鼠标经过图片上方时，出现文字解释效果，使用 transition 属性设置过渡特效。图 11-9 为最终的实现效果。

图 11-9　鼠标悬浮特效

根据效果设计网页，主要步骤如下。

01 在 HTML 网页中添加多个 div 元素，以第一个图片的内容为例，代码如下：

```
<div class="view view-tenth">
<figure>
<div class="thumb"><img src="images/hsq.jpg" /></div>
<div class="mask">
<h2> 哈士奇 </h2>
<p> 西伯利亚雪橇犬（俄语：Сибирский хаски，英语：Siberian husky），常见别名哈士奇，
俗名为二哈。…</p>
<a href="#" class="link"> 查看全文 </a></div>
</figure>
</div>
```

02 为网页中的元素添加样式，部分样式代码如下：

```
.main *{ padding:0; margin:0; font-family:'Source Code Pro', Menlo, Consolas, Monaco, monospace; box-
sizing: border-box; -webkit-box-sizing: border-box; }
.main { position: relative; width: 680px; margin: 0 auto; }
.view {
    width: 300px; margin: 10px; float: left; border: 10px solid #fff; cursor: default;
    -webkit-box-shadow: 1px 1px 2px #e6e6e6,-1px -1px 2px #e6e6e6;
    -moz-box-shadow: 1px 1px 2px #e6e6e6,-1px -1px 2px #e6e6e6;
    -o-box-shadow: 1px 1px 2px #e6e6e6,-1px -1px 2px #e6e6e6;
    box-shadow: 1px 1px 2px #e6e6e6,-1px -1px 2px #e6e6e6;
}
```

03 为网页中的 img 元素添加样式代码，设置图片的过渡属性和过渡时间等内容。相关
代码如下：

```
.view-tenth figure img {
    -webkit-transition: -webkit-transform 0.4s;
    -moz-transition: -moz-transform 0.4s;
    -o-transition: -moz-transform 0.4s;
    transition: transform 0.4s;
}
.view-tenth figure:hover img{
    -webkit-transform: translateY(-50px);
    -moz-transform: translateY(-50px);
    -o-transform: translateY(-50px);
    transform: translateY(-50px);
}
.view-tenth .mask {
    opacity: 0;
    -webkit-transform: translateY(100%);
```

```
        -moz-transform: translateY(100%);
        -o-transform: translateY(100%);
        transform: translateY(100%);
        -webkit-transition: -webkit-transform 0.4s, opacity 0.1s 0.3s;
        -moz-transition: -moz-transform 0.4s, opacity 0.1s 0.3s;
        -o-transition: -moz-transform 0.4s, opacity 0.1s 0.3s;
        transition: transform 0.4s, opacity 0.1s 0.3s;
    }
    .view-tenth figure:hover .mask {
        opacity: 1;
        -webkit-transform: translateY(0px);
        -moz-transform: translateY(0px);
        -o-transform: translateY(0px);
        transform: translateY(0px);
        -webkit-transition: -webkit-transform 0.4s, opacity 0.1s;
        -moz-transition: -moz-transform 0.4s, opacity 0.1s;
        -o-transition: -moz-transform 0.4s, opacity 0.1s;
        transition: transform 0.4s, opacity 0.1s;
    }
```

04 运行网页进行效果测试。

11.3 CSS3 的动画属性

　　CSS3 动画由三大部分组成：变形、过渡和动画。前面两节已经对变形效果和过渡效果进行了讲解，本节讲解 CSS3 中"真正"的动画效果。

11.3.1 了解 animation 属性

　　在 CSS3 中，动画效果使用 animation 属性来实现。animation 属性和 transition 属性都是通过改变元素的"属性值"来实现动画效果。但这两者有很大的区别，transition 属性只能通过指定属性的开始值与结束值，然后在这两个属性值之间进行平滑过渡来实现动画效果，因此只能实现简单的动画效果。animation 属性则可以通过定义多个关键帧以及定义每个关键帧中元素的属性值来实现复杂的动画效果。

　　animation 属性的语法如下：

　　animation: animation-name animation-duration animation-timing-function animation-delay animation-iteration-count animation-direction animation-fill-mode;

　　从上述语法可以看到，animation 是一个复合属性，包含的子属性有 animation-name、animation-duration、animation-timing-function、animation-delay、animation-iteration-count、animation-direction 和 animation-fill-mode。

1. animation-name 属性

animation-name 属性用于定义要应用的动画名称。animation-name 属性的语法格式如下：

```
animation-name:animationName;
```

这里的 animationName 参数是用 @keyframes 属性指定的名称，其值必须与 @keyframes 指定的值一致（区分大小写），如果不一致将不具有任何动画效果。如果值为 none，则表示不应用任何动画效果，通常用于覆盖或者取消动画。

2. animation-duration 属性

animation-duration 属性用于定义整个动画效果完成所需要的时间。animation-duration 属性的语法格式如下：

```
animation-duration:times;
```

times 参数是以秒（s）或者毫秒（ms）为单位的时间，默认值为 0，表示没有动画。

3. animation-timing-function 属性

animation-timing-function 属性用于定义使用哪种方式执行动画效果。animation-timing-function 属性的语法格式如下：

```
animation-timing-function: effectname;
```

effectname 参数的含义与 transition-timing-function 属性相同，可以为 ease（默认值）、linear、ease-in、ease-out、ease-in-out 和 cubic-bezier。

4. animation-delay 属性

animation-delay 属性用于定义在执行动画效果之前延迟的时间。animation-delay 属性的语法格式如下：

```
animation-delay:times;
```

这里的 times 与 animation-duration 属性中的 times 具有相同的值，可以设置为 s（秒）或者 ms（毫秒）。times 的默认值为 0，表示没有延迟。

5. animation-iteration-count 属性

animation-iteration-count 属性用于定义当前动画效果重复播放的次数。animation-iteration-count 属性的语法格式如下：

```
animation-iteration-count:number;
```

number 参数是一个整数，默认值为 1，表示动画从开始到结束播放一次。如果该参数为 infinite，则表示动画无限次地重复播放。

6. animation-direction 属性

animation-direction 属性用于定义当前动画效果播放的方向。animation-direction 属性的语法格式如下：

```
animation-direction:direction;
```

direction 参数的取值及其说明如下。

- **normal**　默认值，表示每次动画都从头开始执行到最后。
- **reverse**　反方向播放动画。
- **alternate**　表示动画播放到最后时将反向播放，即从最后状态逆向播放到开始状态。
- **alternate-reverse**　动画先反方向运行再正方向播放，并且持续交替运行。

7. animation-fill-mode 属性

animation-fill-mode 属性用于定义动画开始之前或者播放之后进行的操作。animation-fill-mode 属性的语法格式如下：

```
animation-fill-mode:mode;
```

mode 参数可以有以下值。

- **none**　默认值，表示动画将按照定义的顺序执行，在完成后返回到初始关键帧。
- **forwards**　表示动画在完成后继续使用最后关键帧的值。
- **backwards**　表示动画在完成后使用开始关键帧的值。
- **both**　同时应用 forwards 和 backwards 的效果。

11.3.2　@keyframes 动画帧

使用 animation 属性定义 CSS3 动画时需要两个步骤：第一步是定义动画，第二步是调用动画。

读者在使用动画之前必须用 @keyframes 规则来定义动画。该规则的语法如下：

```
@keyframes <identifier> { <keyframes-blocks> }
<keyframes-blocks>:[ [ from | to | <percentage> ]{ sRules } ] [ [ , from | to | <percentage> ]{ sRules } ]*
```

其中，<identifier> 中的 identifier 定义一个动画名称，该名称与 animation-name 属性的值相对应；<keyframes-blocks> 定义动画在每个阶段的样式，即帧动画。

【例 11-8】

使用 @keyframes 规则定义动画时，简单的动画可以直接使用关键字 from 和 to，即从一种状态过渡到另一种状态。下面用代码定义的动画表示某个东西逐渐消失。

```
@keyframes testanimations {
    from { opacity: 1; }
    to { opacity: 0; }
}
```

【例 11-9】

相对比较复杂的动画，可以混合百分比值设置某个时间段内任意时间点的样式。代码如下：

```
@keyframes testanimations {
    from { transform: translate(0, 0); }
```

293

```
    20% { transform: translate(20px, 20px); }
    40% { transform: translate(40px, 0); }
    60% { transform: translate(60px, 20); }
    80% { transform: translate(80px, 0); }
    to { transform: translate(100px, 20px); }
}
```

如果不想使用关键字 form 和 to，可以直接使用百分比。以下代码等价于上述代码

```
@keyframes testanimations{
    0% { transform: translate(0, 0); }                       /* 0% 不能直接写 0 */
    20% { transform: translate(20px, 20px); }
    40% { transform: translate(40px, 0); }
    60% { transform: translate(60px, 20px); }
    80% { transform: translate(80px, 0); }
    100% { transform: translate(100px, 20px); }
}
```

使用 @keyframes 规则定义动画，但是这样定义的动画并不会自动执行，还需要"调用动画"，这样动画才会生效。其实这就跟 JavaScript 的函数一样，首先定义函数，然后只有调用函数，函数才会执行生效。

【例 11-10】

在网页中添加一个 div 元素，为该元素添加以下代码：

```
<style type="text/css">
    @-webkit-keyframes mycolor {
        0%{background-color:red;}                    /* 定义动画开始时的关键帧 */
        30%{background-color:blue;}                  /* 定义动画进行 30% 时的关键帧 */
        60%{background-color:yellow;}                /* 定义动画进行 60% 时的关键帧 */
        100%{background-color:green;}                /* 定义动画进行 100% 时的关键帧 */
    }
    div { width:100px; height:100px; border-radius:50px; background-color:red; }
    div:hover {
        -webkit-animation-name:mycolor;              /* 指定执行 mycolor 动画 */
        -webkit-animation-duration:5s;               /* 指定动画的执行时间 */
        -webkit-animation-timing-function:linear;    /* 指定动画的播放类型 */
        /* 省略其他代码 */
    }
</style>
```

上述代码使用 @keyframes 规则定义了一个名为 mycolor 的动画，刚开始时背景颜色为红色，在 0% 到 30% 之间背景颜色从红色变为蓝色，然后在 30% 到 60% 之间背景颜色从蓝色变为黄色，最后在 60% 到 100% 之间背景颜色从蓝色变为绿色。动画执行完毕，背景颜色回

归红色（初始值）。

　　在该例中，设置在鼠标移动到 div 元素时（div:hover）使用 animation-name 属性调用动画名，然后使用 animation-duration 属性定义动画持续总时间、使用 animation-timing-function 属性定义动画类型等。

11.3.3　同时改变多个属性的动画

　　在定义关键帧时，不仅可以指定一个 background-color 属性，还可以指定多个 CSS 属性，包含前面介绍的 transform 属性，这样就可以实现更复杂的动画。

【例 11-11】

　　在上个例子的基础上更改代码，分别指定动画开始，进行到 30%、60%，结束时的动画帧。样式代码如下

```
@-webkit-keyframes mycolor {
    0%{background-color:red;}
    30%{background-color:blue;transform:translate(300px,300px) scale(2.0,2.0);     /* 省略其他代码 */}
    60%{background-color:yellow;transform:translate(600px,150px) scale(1.5,1.5);   /* 省略其他代码 */}
    100%{background-color:green;transform:translate(900px,0px);                    /* 省略其他代码 */}
}
```

　　在上述代码中，当动画进行到 30% 时，除了更改背景颜色外，还会将当前的元素沿 X 轴和 Y 轴平移 300 像素，同时元素扩大到两倍；当动画进行到 60% 时，更改背景颜色为黄色，将当前元素平移到 X 轴 600 像素、Y 轴 150 像素处，此时元素是原来的 1.5 倍；在动画结束时，背景色为绿色，平移到距离 X 轴 900 像素处，同时元素不进行缩放，和开始时的大小保持一致。

11.3.4　实践案例：绘制旋转的太极图案

　　第 10 章已经详细介绍了如何绘制静态太极图案，学习过动画以后，读者可以快速地通过相关知识制作动态的太极图。

　　本节实践案例在上一章节静态图案的基础上添加样式代码。首先，通过 @keyframes 定义名称为 rotation 的动画，指定动画开始和结束时的动画帧效果。代码如下：

```
@keyframes rotation {
    0% {
        transform:rotate(0deg);
        -webkit-transform:rotate(0deg);
        -moz-transform:rotate(0deg);
        -o-transform:rotate(0deg);
    }
    100% {
        transform:rotate(360deg);
        -webkit-transform:rotate(360deg);
        -moz-transform:rotate(360deg);
        -o-transform:rotate(360deg);
```

```
        }
    }
    /* 省略其他浏览器引擎的定义 */
```

为页面中 box-taiji 的 div 元素添加样式，在该样式中通过 animation 属性指定动画，设置动画播放的时间、方式以及播放次数等。代码如下：

```
.box-taiji {
    width:400px;height:400px;position:relative;margin:50px auto; border-radius:400px;
    background-color:#000;box-shadow:0 0 50px rgba(0,0,0,.8);
    animation:rotation 2.5s linear infinite;
    -webkit-animation:rotation 2.5s linear infinite;
    -moz-animation:rotation 2.5s linear infinite;
    -o-animation:rotation 2.5s linear infinite;
}
```

以上样式代码添加完毕后，刷新页面或重新运行网页查看动画效果，这里不再抓取具体的效果图。

11.4　实践案例：动态复古时钟

时钟是生活中常用的一种计时器，人们通过它来记录时间。随着社会的发展，时钟的种类越来越多，而且外观越来越好看。本节实践案例利用本章的知识点模拟实现动态复古时钟，运行时钟的效果如图 11-10 所示。

根据效果图进行设计，主要步骤如下。

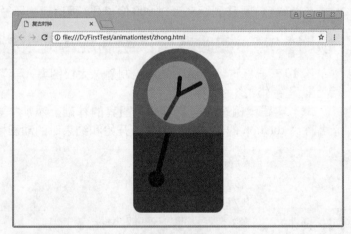

图 11-10　复古时钟

01 创建 HTML 网页，在页面中添加最外层的 div 元素，该元素包含两部分，一部分控制时钟的上半部分，另一部分控制时钟下方的钟摆部分。代码如下：

```
<div class="clock">
<div class="body-top">
<div class="dial">
<div class="second-hand"></div>
```

```
<div class="minute-hand"></div>
<div class="hour-hand"></div>
</div>
</div>
<div class="body-bottom">
<div class="pendulum">
<div class="pendulum-stick"></div>
<div class="pendulum-body"></div>
</div>
</div>
</div>
```

02 设计 div 元素的样式，元素初始样式代码如下：

```
.clock { height: 400px; width: 220px; margin: 0 auto;}
.clock .body-top { height: 200px; margin: 0; padding: 0; border-radius: 400px 400px 0 0; background-color:
#B28247; }
    .body-top .dial {
        height: 150px; width: 150px; margin: 0 auto; position: relative; border-radius: 200px;
        background-color: #C9BC9C;
        transform: translateY(30px);                        /* 沿 Y 轴平移 30 像素 */
        /* 省略代码 */
    }
```

03 设置时钟的"秒针"部分，指定秒针的长度、宽度、圆角、背景颜色、中心原点以及动画效果等。内容如下：

```
.dial .second-hand {
    height: 74px; width: 10px; border-radius: 20px; position: absolute; z-index: 2;
    background-color: #7F4F21;                          /* 设置背景颜色 */
    transform-origin: 50% 5px;                          /* 设置中心原点 */
    animation: timehand 60s steps(60, end) infinite;    /* 设置动画效果 */
    /* 其他代码 */
}
```

04 设置时钟的"分针"部分，指定分针的长度、宽度、圆角、背景颜色、中心原点以及动画效果等。内容如下：

```
.dial .minute-hand {
    height: 70px; width: 10px; border-radius: 20px; position: absolute; z-index: 3;
    background-color: #40220F;                          /* 设置背景颜色 */
    transform-origin: 50% 5px;                          /* 设置中心原点 */
    animation: timehand 3600s steps(3600, end) infinite; /* 设置动画效果 */
}
```

HTML5+CSS3+JavaScript 网页设计

05 设置时钟的"时针"部分，指定时针的长度、宽度、圆角、背景颜色、中心原点以及动画效果等。内容如下：

```
.dial .hour-hand {
    height: 50px;    width: 10px; border-radius: 20px; position: absolute; z-index: 4;
    background-color: black;                          /* 设置背景颜色 */
    transform-origin: 50% 5px;                        /* 设置中心原点 */
    animation: timehand 43200s steps(43200, end) infinite;    /* 设置动画效果 */
}
```

06 定义 timehand 动画，指定动画的开始帧和结束帧。代码如下：

```
@keyframes timehand {
    0% {
            transform: translate(70px, 75px) rotate(180deg);
    }
    100% {
            transform: translate(70px, 75px) rotate(539deg);
    }
}
```

07 时钟钟摆部分元素的原始代码如下：

```
.clock .body-bottom {
    position: relative; z-index: -1; height: 190px; margin: 0; padding: 0; border-radius: 0 0 20px 20px;
    background-color: #7F4F21;
}
```

08 设计时钟钟摆部分的动画样式，内容如下：

```
.body-bottom .pendulum {
    height: 140px;                                    /* 高度 */
    animation-duration: 2s;                           /* 定义整个动画的完成时间 */
    animation-name: ticktock;                         /* 定义动画名称 */
    animation-iteration-count: infinite;              /* 动画重复播放 */
    animation-timing-function: cubic-bezier(0.645, 0.045, 0.355, 1.000);    /* 定义动画执行类型 */
    animation-direction: alternate;                   /* 动画播放到最后时将反向播放 */
    animation-fill-mode: both;                        /* 向前和向后填充 */
    animation-play-state: running;                    /* 动画的播放状态 */
    transform-origin: 50% -70%;                       /* 设置中心原点 */
}
```

09 定义 ticktock 动画，在该动画中指定开始帧和结束帧。代码如下：

```
@keyframes ticktock {
```

```
0% {
    transform: rotate(15deg);
}
100% {
    transform: rotate(-15deg);
}
}
```

10 运行 HTML 网页测试效果，最终的效果参考图 11-10。

 ## 11.5　练习题

一、填空题

1. 元素从一个位置平移到另一个位置，使用 transform 属性的 _____ 方法。
2. 用户改变元素变形时的中心原点位置，可以使用 _____ 属性。
3. 动画开始之前，用户指定 _____ 属性进行延迟。
4. _____ 属性用于定义整个动画效果完成所需的时间。
5. animation-iteration-count 属性的值设置为 _____ 时，表示动画无限重复播放。
6. 定义动画需要用 _____ 规则。

二、选择题

1. 将某一个元素在原来的基础上缩小到原来的一半，主要用到 _____ 选项的代码。
A．transfrom:scale(0.5);
B．transfrom:scale(0.5deg);
C．transfrom:scale(50%deg);
D．transfrom:scale(1.5);
2. 读者可以使用 _____ 方法将元素相对中心原点进行旋转。
A．martix()
B．scale()
C．rotate()
D．skew()
3. _____ 属性不是 transition 复合属性的子属性。
A．transition-name
B．transition-property
C．transition-duration
D．transition-delay
4. 关于 animation-fill-mode:forwards 的说明，_____ 说法是正确的。
A．默认值，表示动画将按照定义的顺序执行，在完成后返回到初始关键帧
B．动画在完成后继续使用最后关键帧的值
C．动画在完成后使用开始关键帧的值
D．动画在完成后先使用最后关键帧的值，再使用开始关键帧的值

5. 关于 transform 属性的说法，下面选项 _____ 是正确的。

A．CSS3 新增加的变形属性只能和过渡属性一起使用，不能和动画一起使用

B．transform 属性可以同时指定多个变形方法，但是该方法后面不能使用 skew() 方法

C．transform 属性可以同时指定多个变形方法，变形方法的顺序无论如何排列，最终的呈现效果是一样的

D．transform 属性可以同时应用多个变形，这些方法的顺序非常重要，顺序不同，呈现的效果也不相同

上机练习1：图片文字介绍滑动特效

本次上机练习要求读者利用本章介绍的内容完成图片文字介绍的滑动效果，当鼠标移到图片上面时，文字介绍会过渡性滑动展示，如图 11-11 所示。

图 11-11　图片文字介绍的滑动特效

上机练习2：制作波浪形式的动画特效

本次上机练习要求读者将 animation 属性、transform 属性及其之前的内容结合起来，制作动态的波浪形式动画，截图效果如图 11-12 所示。

图 11-12　制作波浪形式的动画

第 12 章

CSS3 新增的高级属性

除了前面几章介绍的内容外，CSS3 还包含很多其他类型的属性，例如盒模型属性、多列布局属性、渐变属性、用户界面属性等。与编程有关的人员都知道，网页布局对于网站的外观非常重要，一个好的网站布局不仅可以节省美工和开发人员的时间，还可以减少许多不必要的代码。传统的表格布局和 DIV+CSS 布局是美工设计网站的首要选择，但是表格布局有许多缺陷，例如代码冗余、浪费时间等，因此 DIV+CSS 是目前主流的网页布局。

CSS 的功能非常强大，除了前面介绍的样式之外，还可以控制页面的布局，例如通过 float 属性控制多列布局，使用 clear 属性强制换行等。

本章将详细介绍 CSS3 中新增加的其他属性，例如多列布局属性、盒模型布局属性、渐变属性等。通过本章的学习，读者可以更加轻松方便地设计网站，制作更加美观、功能强大的页面。

 本章学习要点

◎ 了解常见的多列布局属性
◎ 掌握 column-width 和 column-count 属性的使用
◎ 掌握 column-rule 和 column-gap 属性的使用
◎ 了解常用的 flex 盒布局属性
◎ 掌握 flex-direction 和 flex-wrap 属性的使用
◎ 掌握 justify-content 属性的使用
◎ 掌握如何实现线性渐变
◎ 掌握如何实现径向渐变
◎ 掌握如何实现重复渐变

12.1　多列布局属性

在 CSS3 之前的版本中，需要依靠浮动布局和定位布局来实现页面的多列布局设计。前者比较灵活，但是容易发生布局错乱影响页面的整体效果，而且在实现时需要大量的样式代码，增加了设计员的工作量；后者可以实现精确定位，但是无法满足模块的自适用能力，以及模块间的文档流联动需要。

为了解决上述问题，CSS3 版本中增加了多个自动布局属性，这些属性可以自动将内容按指定的列数排列，特别适合报纸和杂志等类的网页布局。

12.1.1　多列布局属性列表

当一行文字太长时，读者读起来就比较费劲，有可能读错行或读串行；人们的视点要从文本的一端移到另一端，然后换到下一行的行首，如果眼球移动幅度过大，他们的注意力就会减退，容易读不下去。

因此，为了最大效率地使用大屏幕显示器，设计页面时需要限制文本的宽度，让文本按多列呈现，就像报纸上的新闻排版一样。CSS3 中新出现的多列布局是传统 HTML 网页中块状布局模式的有力扩充。这种新语法能够让 Web 开发人员轻松地让文本呈现多列显示。

表 12-1 说明了 CSS3 新增加的多列布局属性。

表 12-1　多列布局属性及其说明

属　　性	说　　明
columns	设置或检索对象的列数和每列的宽度。属于复合属性
column-width	设置或检索对象每列的宽度
column-count	设置或检索对象的列数
column-gap	设置或检索对象的列与列之间的间隙
column-rule	设置或检索对象的列与列之间的边框。属于复合属性
column-rule-width	设置或检索对象的列与列之间的边框厚度
column-rule-style	设置或检索对象的列与列之间的边框样式
column-rule-color	设置或检索对象的列与列之间的边框颜色
column-span	设置或检索对象元素是否横跨所有列
column-fill	设置或检索对象所有列的高度是否统一
column-break-before	设置或检索对象之前是否断行
column-break-after	设置或检索对象之后是否断行
column-break-inside	设置或检索对象内部是否断行

12.1.2　设置显示列的宽度

column-width 属性用于设置页面上单列显示的宽度，它适用于除了表格元素之外的非替换块元素、行内块元素和表单元格。基本语法如下：

```
column-width:<length> | auto
```

其中，length 表示由浮点数字和单位标识符组成的长度值，不可以为负值。auto 表示根据浏览器计算值自动设置。

【例 12-1】

在创建的 HTML 页面中添加 div 元素、p 元素、h1 元素等，设计效果如图 12-1 所示。

图 12-1　默认效果

根据图 12-1 所示的效果进行设计，设计完成后，设置文章部分的宽度，指定 column-width 属性的值为 200 像素，代码如下：

```
.personArticle{
    border:1px dotted gray;
    column-width:200px;
}
```

设置 column-width 属性的值后，重新运行页面，效果如图 12-2 所示。

图 12-2　设置 column-width 属性

12.1.3　设置显示的固定列

column-width 属性单独使用时可以限制模块的单列宽度，当超出宽度时则自动以多列进行显示。当然，column-width 属性还可以与其他的多列布局属性一起使用，用于设计指定固定列的列数、列宽的布局效果等，如 column-count 属性。

column-count 属性用于设置页面上对象显示的列数。语法如下：

```
column-count:<integer> | auto
```

从上述语法可以看出，column-count 属性有两种取值。integer 用来定义栏目的列数，它的取值是一个大于 0 的整数，不允许为负值。auto 表示根据浏览器计算值自动设置。如果 column-width 和 column-count 属性没有明确值，则其值为最大列数。

【例 12-2】

在上个例子的基础上进行更改，将column-width 属性设计为 100 像素，同时指定 column-count 属性的值为 3，表示文章内容以三列进行显示。有关样式代码如下：

```
.personArticle{
    border:1px dotted gray;
    column-width:100px;
    column-count:3;
}
```

运行页面，效果如图 12-3 所示。

图 12-3　设置 column-count 属性

12.1.4　设置显示列的样式

CSS3 中新增加的 column-rule 属性用于设置多列布局时列之间边框的宽度、样式和颜色。语法如下：

```
column-rule:[ column-rule-width ] | [ column-rule-style ] | [ column-rule-color ]
```

其中，各个属性值的取值含义如下。
- **column-rule-width**　设置列之间的边框宽度。
- **column-rule-style**　设置列之间的边框样式。
- **column-rule-color**　设置列之间的边框颜色。

【例 12-3】

通过 column-rule 属性设置列与列之间的边框效果，边框宽度为 2 像素，以虚线方式显示，同时将边框颜色指定为红色。样式代码如下：

```
.personArticle{
    border:1px dotted gray;
    column-width:100px;                    /* 设置固定列的宽度 */
    column-count:3;                        /* 设置显示的固定列数 */
    column-rule: 2px dashed RED;           /* 设置列与列之间的边框样式 */
}
```

上述代码对应的边框显示效果如图 12-4 所示。

图 12-4　设置 column-rule 属性

column-rule 属性是一个复合属性，该属性派生 3 个与列边框相关的属性：column-rule-width 属性、column-rule-style 属性和 column-rule-color 属性。

- **column-rule-width**　用于设置列与列之间边框的宽度。值是浮点数，但是不能为负值；如果值为 none，则自动忽略该属性。
- **column-rule-style**　用于设置列与列之间边框的样式。如果 column-rule-width 属性的值设置为 0，则自动忽略该属性。该属性的取值可以是 none、hidden、dotted、dashed、solid、double、groove、ridge、inset 和 outset。
- **column-rule-color**　用于设置列与列之间边框的颜色，值可以是所有的颜色。如果 column-rule-width 等于 0 或 column-rule-style 设置为 none，本属性将会自动被忽略。

【例 12-4】

继续更改上个例子的代码，column-rule 属性的样式可以用以下代码代替。

```
column-rule-width:2px;                    /* 设置列与列之间边框的宽度 */
column-rule-style:dashed;                 /* 设置列与列之间边框的样式 */
column-rule-color:RED;                    /* 设置列与列之间边框的颜色
```

12.1.5　设置各列间的间距

多列布局属性 column-gap 用于设置多列布局时的列间距，语法如下：

```
column-gap:<length> | normal
```

其中，length 表示由浮点数字和单位标识符组成的长度值，不可以为负值；normal 根据浏览器默认设置进行解析，一般为 1em，即 16px。

【例 12-5】

通过 column-gap 属性设置列与列之间的间距，将属性值设置为 30 像素。代码如下：

```
.personArticle{
    border:1px dotted gray;
    column-width:100px;                   /* 设置固定列的宽度 */
    column-count:3;                       /* 设置显示的固定列数 */
    column-rule-width:2px;                /* 设置列与列之间边框的宽度 */
    column-rule-style:dashed;             /* 设置列与列之间的样式 */
    column-rule-color:RED;                /* 设置列与列之间边框的颜色 */
    column-gap:30px;                      /* 设置列与列之间的间距 */
}
```

12.2　弹性盒模型属性

网络布局是 CSS 的一个重点应用，布局的传统解决方案依赖 display 属性 +position 属性 + float 属性，但是这对于那些特殊布局非常不适用，例如垂直居中就不容易实现。W3C 提出了一种新的布局，可以简便、完整、响应式地实现各种页面布局。

12.2.1 flex 布局属性

W3C 规范增加了新的盒模型布局属性,这些盒模型针对以 box- 开头的属性进行修改,修改后的盒模型以 flex- 开头,以 flex- 开头的属性通常被称为 flex 布局。flex 是 Flexible Box 的缩写,即"弹性布局",用来为盒状模型提供最大的灵活性。任何一个容器都可以指定为 flex 布局。

```
.box{ display:flex; }
```

行内元素也可以使用 flex 布局:

```
.box{ display:inline-box; }
```

> ⚠️ **注意**
>
> 设置 flex 布局以后,子元素的 float、clear 和 vertical-align 属性将失效。

1. flex 布局示意图

采用 flex 布局的元素,称为 flex 容器(flex container),简称容器。它的所有子元素自动成为容器成员,称为 flex 项目(flex item),简称项目。flex 布局的说明如图 12-5 所示。

图 12-5 flex 布局说明

从图 12-5 中可以看出,容器默认存在两根轴:水平的主轴(main axis)和垂直的交叉轴(cross axis)。其中,主轴的开始位置(与边框的交叉点)叫作 main start,结束位置叫作 main end;交叉轴的开始位置叫作 cross start,结束位置叫作 cross end。

项目默认沿主轴排列。单个项目占据的主轴空间叫作 main size,占据的交叉轴空间叫作 cross size。

2. flex 布局属性列表

flex 布局的属性以 flex- 开头,通过这些属性,可以设置弹性盒的扩展比例、收缩比例、盒对象的子元素的出现顺序等内容,具体属性及其说明如表 12-2 所示。

表 12-2 盒模型的属性及其具体说明

属性名称	说　明
flex	复合属性。设置或检索伸缩盒对象的子元素如何分配空间
flex-grow	设置或检索弹性盒的扩展比例
flex-shrink	设置或检索弹性盒的收缩比例
flex-basis	设置或检索弹性盒的伸缩基准值

（续表）

属性名称	说　明
flex-flow	复合属性。设置或检索伸缩盒对象的子元素排列方式
flex-direction	设置或检索伸缩盒对象的子元素在父容器中的位置
flex-wrap	设置或检索伸缩盒对象的子元素超出父容器时是否换行
align-content	设置或检索弹性盒堆叠伸缩行的对齐方式
align-items	设置或检索弹性盒子元素在侧轴（纵轴）方向上的对齐方式
align-self	设置或检索弹性盒子元素自身在侧轴（纵轴）方向上的对齐方式
justify-content	设置或检索弹性盒子元素在主轴（横轴）方向上的对齐方式
order	设置或检索伸缩盒对象的子元素出现的顺序

12.2.2　flex-direction 属性

flex-direction 属性通过定义 flex 容器的主轴方向来决定 flex 子项在 flex 容器中的位置。flex-direction 属性的反转取值不影响元素的绘制，语言和导航顺序，只改变流动方向。

flex-direction 属性的基本语法如下：

```
flex-direction:row | row-reverse | column | column-reverse
```

关于 flex-direction 属性的取值以及说明如下。

- **row**　主轴与行内轴方向作为默认的书写模式，即横向从左到右排列（左对齐）。
- **row-reverse**　主轴为水平方向，起点在右端，即从右到左排列，对齐方式与 row 相反。
- **column**　主轴与块轴方向作为默认的书写模式，即纵向从上往下排列（顶对齐）。
- **column-reverse**　主轴为垂直方向，起点在下沿，即从下往上排列，对齐方式与 column 相反。

【例 12-6】

创建静态的 HTML 网页，在页面中添加以下代码：

```
<h2>flex-direction:row</h2><ul id="box" class="box"><li>a</li><li>b</li><li>c</li></ul>
<h2>flex-direction:row-reverse</h2><ul id="box2" class="box"><li>a</li><li>b</li><li>c</li></ul>
<h2>flex-direction:column</h2><ul id="box3" class="box"><li>a</li><li>b</li><li>c</li></ul>
<h2>flex-direction:column-reverse</h2><ul id="box4" class="box"><li>a</li><li>b</li><li>c</li></ul>
```

为上述中的网页元素添加以下 CSS 样式：

```
h1{ font:bold 20px/1.5 georgia,simsun,sans-serif;}
.box{ display:-webkit-flex; display:flex; margin:0;padding:10px;list-style:none;background-color:#eee;}
.box li{width:50px;height:50px;border:1px solid #aaa;text-align:center; }
#box{ -webkit-flex-direction:row; flex-direction:row;}
#box2{ -webkit-flex-direction:row-reverse; flex-direction:row-reverse; }
```

```
#box3{ height:200px; -webkit-flex-direction:column; flex-direction:column; }
#box4{ height:200px; -webkit-flex-direction:column-reverse; flex-direction:column-reverse; }
```

运行上述相关代码，效果如图 12-6 所示。

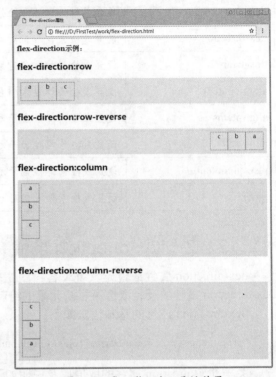

图 12-6　flex-direction 属性效果

12.2.3　flex-wrap 属性

flex-wrap 属性用于指定内部元素在 flex 容器中是如何布局的，定义了主轴的方向（正方向或反方向）。默认情况下，项目都排在一条线（又称轴线）上。如果一条轴线排不下，可以用 flex-wrap 属性定义换行。基本语法如下：

```
flex-wrap:nowrap | wrap | wrap-reverse
```

从上述语法可以知道，flex-wrap 属性的可取值有 3 个，具体说明如下。
- **nowrap**　flex 容器为单行。该情况下 flex 子项可能会溢出容器。
- **wrap**　flex 容器为多行。该情况下 flex 子项溢出的部分会被放置到新行，子项内部会发生断行。
- **wrap-reverse**　反转 wrap 排列。

【例 12-7】
创建静态的 HTML 网页，在页面中添加 ul li 项目列表，部分代码如下：

```
<ul id="box" class="box">
    <li>1</li><li>2</li><li>3</li><li>4</li><li>5</li><li>6</li><li>7</li><li>8</li><li>9</li><li>10</li><li>11</li><li>12</li><li>13</li><li>14</li><li>15</li><li>16</li><li>17</li><li>18</li><li>19</li>
    </ul>
```

为页面中的 ul li 元素添加样式，样式代码如下：

```
.box{ display:-webkit-flex; display:flex; width:800px; margin:0; padding:10px; list-style:none; background -
color:#eee;}
.box li{width:50px;height:50px;border:1px solid #aaa;text-align:center; vertical-align:middle;}
#box{ -webkit-flex-wrap:nowrap; flex-wrap:nowrap;}
#box2{ -webkit-flex-wrap:wrap; flex-wrap:wrap;}
#box3{ -webkit-flex-wrap:wrap-reverse; flex-wrap:wrap-reverse;}
```

运行上述样式代码，结果如图 12-7
所示。

图 12-7 flex-wrap 属性效果

12.2.4 justify-content 属性

justify-content 属性用于设置或检索弹性盒子元素在主轴（横轴）方向上的对齐方式。当弹性盒里一行上的所有子元素都不能伸缩或已经达到其最大值时，这一属性可协助对多余的空间进行分配。当元素溢出某行时，这一属性同样会在对齐方式上进行控制。

justify-content 属性的语法如下：

```
justify-content: flex-start | flex-end | center | space-between | space-around
```

关于 justify-content 属性的取值说明如下。

● **flex-start** 默认值，弹性盒子元素将向行起始位置对齐。该行的第一个子元素的主起始位置的边界将与该行的主起始位置的边界对齐，同时所有后续的伸缩盒项目与其前一个项目对齐。

● **flex-end** 弹性盒子元素将向行结束位置对齐。该行的第一个子元素的主结束位置的边界将与该行的主结束位置的边界对齐，同时所有后续的伸缩盒项目与其前一个项目对齐。

● **center** 弹性盒子元素将向行中间位置对齐。该行的子元素将相互对齐并在行中居中对齐，同时第一个元素与行的主起始位置的边距等同于最后一个元素与行的主结束位置的边距（如果剩余空间是负数，则保持两端相等长度的溢出）。

● **space-between** 弹性盒子元素在行中平均分布。如果最左边的剩余空间是负数，或该行只有一个子元素，则该值等效于 flex-start。在其他情况下，第一个元素的边界与行的主

309

起始位置的边界对齐，同时最后一个元素的边界与行的主结束位置的边界对齐，而剩余的伸缩盒项目则平均分布，并确保两两之间的空白空间相等。

- **space-around** 弹性盒子元素在行中平均分布，两端保留子元素与子元素之间间距大小的一半。如果最左边的剩余空间是负数，或该行只有一个伸缩盒项目，则该值等效于center。在其他情况下，伸缩盒项目平均分布，并确保两两之间的空白空间相等，同时第一个元素前的空间以及最后一个元素后的空间为其他空白空间的一半。

【例 12-8】

创建静态的 HTML 网页，页面的部分代码如下：

```
<ul id="box" class="box">
<li>1</li><li>2</li><li>3</li><li>4</li><li>5</li><li>6</li><li>7</li><li>8</li>
</ul>
```

为网页中的页面元素添加以下样式：

```
.box{
    display:-webkit-flex;display:flex;
    width:800px;height:100px;margin:0;padding:0;border-radius:5px;list-style:none;background-color:#eee;}
.box li{margin:5px;padding:10px;border-radius:5px;background:#aaa;text-align:center;}
#box{-webkit-justify-content:flex-start;justify-content:flex-start;}
#box2{-webkit-justify-content:flex-end;justify-content:flex-end;}
#box3{-webkit-justify-content:center;justify-content:center;}
#box4{-webkit-justify-content:space-between;justify-content:space-between;}
#box5{-webkit-justify-content:space-around;justify-content:space-around;}
```

运行上述样式代码，具体效果如图 12-8 所示。

图 12-8 justify-content 属性效果

12.2.5　其他属性简述

本小节针对其他有关的弹性盒模型进行说明。

1. flex-flow 属性

flex-flow 属性用于设置或检索弹性盒模型对象的子元素排列方式。该属性是一个复合属性，基本语法如下：

```
flex-flow:<flex-direction > || < flex-wrap >
```

其中，<flex-direction> 定义弹性盒子元素的排列方向，<flex-wrap> 控制 flex 容器为单行或者多行。

2. align-items 属性

align-items 属性定义 flex 子项在 flex 容器中当前行的侧轴（纵轴）方向上的对齐方式。基本语法如下：

```
align-items:flex-start | flex-end | center | baseline | stretch
```

针对上述 align-items 属性的取值，具体说明如下。
- **flex-start**　弹性盒子元素的侧轴（纵轴）起始位置的边界紧靠该行的侧轴起始边界。
- **flex-end**　弹性盒子元素的侧轴（纵轴）结束位置的边界紧靠该行的侧轴结束边界。
- **center**　弹性盒子元素在该行的侧轴（纵轴）上居中放置。如果该行的尺寸小于弹性盒子元素的尺寸，则会向两个方向溢出相同的长度。
- **baseline**　如弹性盒子元素的行内轴与侧轴为同一条，则该值与 flex-start 等效。其他情况下，该值将参与基线对齐。
- **stretch**　如果指定侧轴大小的属性值为 auto，则其值会使项目的边距盒的尺寸尽可能接近所在行的尺寸，但同时会遵照 min/max-width/height 属性的限制。

3. align-content 属性

当伸缩容器的侧轴还有多余空间时，align-content 属性可以用来调准伸缩行在伸缩容器里的对齐方式，这与调准伸缩项目在主轴上对齐方式的 justify-content 属性类似。需要注意的是，align-content 属性在只有一行的伸缩容器上没有效果。

```
align-content:flex-start | flex-end | center | space-between | space-around | stretch
```

针对 align-content 属性的取值，具体说明如下。
- **flex-start**　各行向弹性盒容器的起始位置堆叠。弹性盒容器中第一行侧轴的起始边界紧靠该弹性盒容器侧轴的起始边界，之后的每一行都紧靠前面一行。
- **flex-end**　各行向弹性盒容器的结束位置堆叠。弹性盒容器中最后一行侧轴的结束边界紧靠该弹性盒容器侧轴的结束边界，之后的每一行都紧靠前面一行。
- **center**　各行向弹性盒容器的中间位置堆叠。各行两两紧靠同时在弹性盒容器中居中对齐，保持弹性盒容器侧轴的起始内容边界和第一行之间的距离与该容器侧轴的结束内容边界与最后一行之间的距离相等。如果剩下的空间是负数，则各行会向两个方向溢出相等的距离。
- **space-between**　各行在弹性盒容器中平均分布。如果剩余的空间是负数或弹性盒容器

HTML5+CSS3+JavaScript　网页设计

中只有一行，则该值等效于 flex-start。在其他情况下，第一行侧轴的起始边界紧靠弹性盒容器侧轴的起始内容边界，最后一行侧轴的结束边界紧靠弹性盒容器侧轴的结束内容边界，剩余的行则按一定方式在弹性盒窗口中排列，以保持两两之间的空间相等。

- **space-around** 各行在弹性盒容器中平均分布，两端保留子元素与子元素之间间距大小的一半。如果剩余的空间是负数或弹性盒容器中只有一行，该值等效于 center。在其他情况下，各行会按一定方式在弹性盒容器中排列，以保持两两之间的空间相等，同时第一行前面及最后一行后面的空间是其他空间的一半。

- **stretch** 各行将会伸展以占用剩余的空间。如果剩余的空间是负数，该值等效于 flex-start。在其他情况下，剩余空间被所有行平分，以扩大它们的侧轴尺寸。

4. align-self 属性

align-self 属性定义 flex 子项单独在侧轴（纵轴）方向上的对齐方式。基本语法如下：

```
align-self:auto | flex-start | flex-end | center | baseline | stretch
```

关于 align-self 属性的取值，具体说明如下。

- **auto** 计算值为元素的父元素的 align-items 值，如果没有父元素，则其计算值为 stretch。
- **flex-start** 弹性盒子元素的侧轴（纵轴）起始位置的边界紧靠该行侧轴的起始边界。
- **flex-end** 弹性盒子元素的侧轴（纵轴）起始位置的边界紧靠该行侧轴的结束边界。
- **center** 弹性盒子元素在该行的侧轴（纵轴）上居中放置。如果该行的尺寸小于弹性盒子元素的尺寸，则会向两个方向溢出相同的长度。

- **baseline** 如果弹性盒子元素的行内轴与侧轴为同一条，则该值与 flex-start 等效。其他情况下，该值将参与基线对齐。
- **stretch** 如果指定侧轴大小的属性值为 auto，则其值会使项目的边距盒的尺寸尽可能接近所在行的尺寸，但同时会遵照 min/max-width/height 属性的限制。

5. order 属性

order 属性设置或检索弹性盒模型对象的子元素出现的顺序。基本语法如下：

```
order:<integer>
```

其中，<integer> 用整数值来定义排列顺序，数值小的排在前面；可以为负值。

【例 12-9】

开发者在定义 order 属性值时，其属性值会影响 <'position'> 值为 static 元素的层叠级别，数值小的会被数值大的盖住。例如下面代码：

```
<style>
.test { display: flex;}
.item2 { order: -1;margin: -30px;}
</style>
<div class="test">
    <p class="item1">flex item1</p>
    <p class="item2">flex item2</p>
</div>
```

运行上述代码，item1 将会盖在 item2 之上。

6. flex-grow 属性

flex-grow 属性设置或检索弹性盒的扩展比率。根据弹性盒子元素所设置的扩展因子作为比率来分配剩余空间。基本语法如下：

```
flex-grow:<number>
```

【例 12-10】

以下代码演示 flex-grow 属性的用法。

```
<style>
.flex{display:flex;width:600px;margin:0;padding
:0;list-style:none;}
.flex li:nth-child(1){width:200px;}
.flex li:nth-child(2){flex-grow:1;width:50px;}
.flex li:nth-child(3){flex-grow:3;width:50px;}
</style>
<ul class="flex">
<li>a</li>
<li>b</li>
<li>c</li>
</ul>
```

默认情况下，flex-grow 属性的取值为 0，如果没有显示定义该属性，是不会拥有分配剩余空间权利的。

在本例子中，b 和 c 两项都显式定义 flex-grow 属性，flex 容器的剩余空间分成 4 份，其中 b 占 1 份，c 占 3 分，即 1∶3。flex 容器的剩余空间长度计算如下：

```
600-200-50-50=300px
```

因此，a、b、c 的最终长度如下：

```
a：50+(300/4)=200px
b：50+(300/4*1)=125px
c：50+(300/4*3)=275px
```

7.　flex-shrink 属性

flex-shrink 属性设置或检索弹性盒的收缩比率。语法如下：

```
flex-shrink:<number>
```

其中，<number> 表示用数值来定义收缩比率，不允许为负值。

【例 12-11】

以下代码演示了 flex-shrink 属性的用法。

```
<style>
.flex{display:flex;width:400px;margin:0;padding
:0;list-style:none;}
.flex li{width:200px;}
```

```
.flex li:nth-child(3){flex-shrink:3;}
</style>
<ul class="flex">
<li>a</li>
<li>b</li>
<li>c</li>
</ul>
```

默认情况下，flex-shrink 属性的值为 1，如果没有显示定义该属性，将会自动按照默认值 1 在所有因子相加之后计算比率来进行空间收缩。

在本例中，c 显式定义 flex-shrink 属性，a 和 b 没有显式定义，但将根据默认值 1 来计算，此时，可以知道总共将剩余空间分成了 5 份，其中 a 占 1 份，b 占 1 份，c 占 3 分，即 1∶1∶3。从上述代码中可以看到父容器定义为 400px，子项被定义为 200px，相加之后即为 600px，超出父容器 200px。超出的 200px 需要被 a、b、c 消化，通过收缩因子，所以加权综合可得 200*1+200*1+200*3=1000px。

于是可以计算 a、b、c 将被移除的溢出量是多少。计算内容如下：

```
    a 被移除溢出量：(200*1/1000)*200，即约等
于 40px
    b 被移除溢出量：(200*1/1000)*200，即约等
于 40px
    c 被移除溢出量：(200*3/1000)*200，即约等
于 120px
```

最后 a、b、c 的实际宽度分别为：200 − 40=160px，200 − 40=160px，200 − 120=80px。

8.　flex 属性

flex 属性是一个复合属性，用于设置或检索弹性盒模型对象的子元素如何分配空间。

```
flex:none | < flex-grow'>< flex-shrink >? || <
flex-basis'>
```

关于 flex 属性的取值说明如下。

● **none**　none 关键字的计算值为 0 0 auto。

HTML5+CSS3+JavaScript　网页设计

- **<flex-grow>** 用来指定扩展比率，即剩余空间是正值时，此 flex 子项相对于 flex 容器里其他 flex 子项能分配到的空间比例。在 flex 属性中，该值如果被省略则默认为 0。
- **<flex-shrink>** 用来指定收缩比率，即剩余空间是负值时，此 flex 子项相对于 flex 容器里其他 flex 子项能收缩的空间比例。在收缩的时候收缩比率会以伸缩基准值加权，在 flex 属性中，该值如果被省略则默认为 1。
- **<flex-basis>** 用来指定伸缩基准值，即在根据伸缩比率计算出剩余空间的分布之前，flex 子项长度的起始数值。在 flex 属性中，该值如果被省略则默认为 0%。在 flex 属性中该值如果被指定为 auto，则伸缩基准值的计算值是自身设置的宽度，如果自身的宽度没有定义，则长度取决于内容。

提示

> 如果缩写 flex:1，则其计算值为 1 1 0%；如果缩写 flex: auto，则其计算值为 1 1 auto；如果是 flex: none，则其计算值为 0 0 auto；如果是 flex: 0 auto 或者 flex: initial，则其计算值为 0 1 auto，即 flex 初始值。

12.2.6 实践案例：用 flex 盒模型实现三栏布局

flex 盒模型的功能非常强大，当 flex 的相关属性支持所有的浏览器时，由于它比浮动布局更加简单和强大，将彻底改变我们的 CSS 布局方式。例如，可以很容易地写出一个元素在未知比例下的居中对齐布局。当然 CSS3 新增的其他属性，例如 grid 也可以给前端开发带来更多的布局方式。

三栏布局在网页中非常常见，又被称为圣杯布局。页面从上到下，分成三个部分：头部（header）、躯干（body）和尾部（footer）。躯干又被水平分成三栏，从左到右为导航、主栏和副栏。本节实践案例主要利用 flex 的相关属性实现简单的三栏布局，最终效果如图 12-9 所示。

图 12-9 实现三栏结构布局

根据图 12-9 所示的效果进行设计，相关的静态页面代码如下：

```
<div class="wrapper">
    <header class="header">Header（头部）</header>
    <article class="main">
            <p>Flexbox 布局（Flexible Box）模块旨在提供一个更佳有效的布局方式，更好地控制项目的对齐和自由分配容器空间，即使它们的大小是未知的或动态的。因此得其名 flex。</p>
    </article>
    <aside class="aside aside-1">Aside 1（侧栏 1）</aside>
    <aside class="aside aside-2">Aside 2（侧栏 2）</aside>
    <footer class="footer">Footer（底部内容）</footer>
</div>
```

为上述页面中的元素添加 CSS 样式代码，主要利用 flex-flow 属性、order 属性和 flex 属性进行设计。代码内容如下：

```
.wrapper{display:-webkit-box;display:-moz-box;display:-ms-flexbox;display:-webkit-flex;display:flex;-webkit-flex-flow:row wrap;font-weight:bold;text-align:center}
.wrapper > *{padding:10px;flex:1 100%}
.header{background:tomato}
.footer{background:lightgreen}
.main{text-align:left;background:deepskyblue}
.aside-1{background:gold}
.aside-2{background:hotpink}
@media all and (min-width:600px){.aside{flex:1 auto}}
@media all and (min-width:800px){
    .main{flex:2 0px}
    .aside-1{order:1}
    .main{order:2}
    .aside-2{order:3}
    .footer{order:4}
}
</style>
```

运行静态页面，具体效果如图 12-9 所示。该例子的代码具有自动适应性，如果是在移动客户端，那么三栏布局的格式会有所改变，如图 12-10 所示。

图 12-10　自适应的三栏布局

 ## 12.3　渐变属性

从早期的设计可以知道，渐变是两种或者两种以上颜色的平滑过渡。渐变背景在 Web 页面中是一种常见的视觉元素。一直以来，Web 设计师都是通过图形软件设计这些渐变效果，然后以图片形式或者背景图片的形式运用到页面中。Web 页面上实现的效果，仅从页面的视觉效果上来看，与软件设计并无任何差异。

随着 CSS 的发展，W3C 组织将渐变设计收入 CSS3 标准中，让广大的前端设计师直接受益，可以直接通过渐变属性制作类似渐变图片的效果。渐变属性慢慢得到了众多现代浏览器的兼容，甚至连兼容性较差的 IE 浏览器，其 IE 10 版本也支持这个属性。

12.3.1 线性渐变

在线性渐变过程中，颜色沿着一条直线过渡：从左侧到右侧、从右侧到左侧、从顶部到底部、从底部到顶部或者沿任意轴变化。如果设计人员曾经使用过制图软件（例如 Photoshop），那么对于线性渐变会非常熟悉。

用 CSS3 制作渐变效果，其实和使用制图软件中的渐变工具没有什么差别，都需要指定渐变的方向、渐变的起始颜色和渐变的结束颜色。具有这 3 个参数就可以制作一个最简单、最普通的渐变效果。如果需要制作复杂的多色渐变效果，就需要在同一个渐变方向增添多个色标。具备这些渐变参数（至少 3 个），各浏览器就会绘制与渐变线垂直的颜色来填充整个容器。浏览器渲染出来的效果类似于软件设计出来的渐变图像，即沿所指的线性渐变方向实现颜色渐变效果。

线性渐变的语法相对于其他 CSS3 属性的语法而言要复杂得多。早期 CSS 版本的语法在各浏览器内核下不尽相同，特别是在 Webkit 内核之下还分新旧两种版本。下面我们从各浏览器下的语法入手，介绍 CSS3 的线性渐变语法。

1. Webkit 引擎的线性渐变语法与属性参数

Webkit 是第一个支持 CSS3 渐变的浏览器引擎，不过其语法比其他浏览器引擎复杂，还分为新旧两个版本。

在旧版本中，线性渐变的语法如下

```
-webkit-gradient(type,x1 y1,x2 y2,form(color value),to(color value),[color-stop()*])
```

关于 -webkit-gradient() 方法的参数说明如下。
- **type** 表示渐变的类型，包括线性渐变（linear）和径向渐变（radial）。
- **x1 y1 和 x2 y2** 表示颜色渐变两个点的坐标。x1、y1、x2 和 y2 的取值范围为 0%~100%，当它们取极值的时候，x1 和 x2 可以取值 left(或 0%) 或 right(100%)，y1 和 y2 可以取值 top(0%) 或 bottom(或 100%)。
- **form(color value)** 表示渐变开始的颜色值。
- **to(color value)** 表示渐变结束的颜色值。
- **color-stop()** 定义颜色步长。color-stop() 函数包含两个参数，第一个参数指定色标位置，可以是数值或百分比，取值范围为 0~10(或者 0%~100%)，第二个参数指定任意的颜色值。一个渐变可以包含多个色标。

另外，关于参数 x1 y1 和 x2 y2，需要考虑以下 4 种情况。
- 如果 x1 等于 x2，y1 不等于 y2，实现径向渐变，调整 y1 和 y2 的值可以调整渐变半径的大小。
- 如果 y1 等于 y2，x1 不等于 x2，实现线性渐变，调整 x1 和 x2 的值可以调整渐变步长的大小。
- 如果 y1 不等于 y2，x1 不等于 x2，实现角度渐变（可以是线性渐变或径向渐变），当 x1、x2、y1 和 y2 取值为极值的时候接近径向渐变或水平渐变。
- 如果 x1 等于 x2，y1 等于 y2，没有渐变，取函数 form() 的颜色值。

在新版本中，线性渐变的语法如下：

```
-webkit-linear-gradient( [<point> || <angle>,]? <stop>, <stop> [, <stop>]* );
```

此种语法经常被用到，它通常需要传入 3 个或者更多的参数，第一个参数指定渐变的角度，即 top 是从上到下、left 是从左到右，如果定义成 left top，则表示从左上角到右下角；第二个参数和第三个参数分别是起点颜色和终点颜色，还可以在它们之间插入多个参数，表示多种颜色的渐变。

2.　其他浏览器的语法说明

在 Gecko 和 Presto 渲染引擎中，设计人员仍然需要为其指定私有属性，前者需要添加 -moz- 前缀，后者需要添加 -o- 前缀。语法如下：

```
-moz-linear-gradient( [<point> || <angle>,]? <stop>, <stop> [, <stop>]* );      //Gecko 引擎
-o-linear-gradient( [<point> || <angle>,]? <stop>, <stop> [, <stop>]* );         //Presto 引擎
```

从上述语法中可以看出，除了前缀不同，实际上它们的语法都与 Webkit 引擎的新版本语法一致，因此，这里不再详细解释它们的参数。

3.　线性渐变的常见应用

在实际网页应用中，线性渐变会经常用到，例如颜色从底部向顶部渐变、从顶部向底部渐变、从左向右渐变、从右向左渐变等。

【例 12-12】

制作从底部到顶部直线渐变最简单的方法是直接使用 to top 关键词，表示第一颜色向第二颜色渐变。要实现类似于 to top 的效果还可以使用角度值 0deg、360deg 和 −360deg。样式代码如下：

```
div {
      width: 400px; height: 150px; border: 1px solid #666; line-height: 150px; text-align: center; font-weight:
900; font-size: 30px; color: #fff; margin: 10px auto;
}
.toTop {
      background-image:-webkit-linear-gradient(to top, orange, green);
      background-image:linear-gradient(to top,orange,green);
}
.toTop-deg{
      background-image:-webkit-linear-gradient(0deg, orange, green);
      background-image:linear-gradient(0deg,orange,green);
}
.toTop-deg2{
      background-image:-webkit-linear-gradient(360deg, orange, green);
      background-image:linear-gradient(360deg,orange,green);
}
.toTop-deg3 {
      background-image:-webkit-linear-gradient(-360deg, orange, green);
      background-image:linear-gradient(-360deg,orange,green);
}
```

【例 12-13】

to top 实现颜色从底部向顶部渐变，而关键词 to bottom 刚好与 to top 实现的效果相反，

可以实现从顶部到底部的渐变效果。实现从顶部向底部渐变也可以使用角度值 180deg 和 −180deg。样式代码如下：

```
.toBottom {
    background-image:-webkit-linear-gradient(to bottom, orange, green);
    background-image:linear-gradient(to bottom,orange,green);
}
.toBottom-deg{
    background-image:-webkit-linear-gradient(180deg, orange, green);
    background-image:linear-gradient(180deg,orange,green);
}
.toBottom-deg2{
    background-image:-webkit-linear-gradient(-180deg, orange, green);
    background-image:linear-gradient(-180deg,orange,green);
}
```

【例 12-14】

to left 关键词实现从右向左颜色渐变，实现第一颜色从右向左到第二颜色的渐变。to left 实现的效果也可以使用角度值 90deg 和 270deg。样式代码如下：

```
.toLeft {
    background-image:-webkit-linear-gradient(to left, orange, green);
    background-image:linear-gradient(to left,orange,green);
}
.toLeft-deg{
    background-image:-webkit-linear-gradient(-90deg, orange, green);
    background-image:linear-gradient(-90deg,orange,green);
}
.toLeft-deg2{
    background-image:-webkit-linear-gradient(270deg, orange, green);
    background-image:linear-gradient(270deg,orange,green);
}
```

【例 12-15】

to right 实现的效果正好与 to left 相反，即颜色从左向右直线渐变，这种效果也可以使用角度值 90deg 和 −270deg 来实现。样式代码如下：

```
.toRight {
    background-image:-webkit-linear-gradient(to right, orange, green);
    background-image:linear-gradient(to right,orange,green);
}
.toRight-deg{
    background-image:-webkit-linear-gradient(90deg, orange, green);
```

```
        background-image:linear-gradient(90deg,orange,green);
}
.toRight-deg2{
        background-image:-webkit-linear-gradient(-270deg, orange, green);
        background-image:linear-gradient(-270deg,orange,green);
}
```

　　使用关键词实现的线性渐变效果可以从关键词的方向性来定，除了可以使用 to top、to bottom、to right、to left 关键字外，其他常用的关键字及其说明如表 12-3 所示。

表 12-3　线性渐变常用的关键字

关　键　字	说　　　明
to top left	颜色从右下角向左上角线性渐变
to top right	颜色从左下角向右上角线性渐变
to bottom left	颜色从右上角向左下角线性渐变
to bottom right	颜色从左上角向右下角线性渐变

【例 12-16】

　　前面的例子仅仅只演示了两种颜色的线性渐变，实际上，可以实现多种颜色的渐变。例如，网页中某一部分的背景渐变，具体步骤如下。

　　01　创建 HTML 静态页面，在页面中添加一个 div 元素。

```
<div class="test"></div>
```

　　02　为 div 元素添加样式代码：

```
.test{
width:600px; height:300px;
background:-webkit-linear-gradient(left,red,orange,yellow,green,blue,indigo,violet);
background:-o-linear-gradient(left,red,orange,yellow,green,blue,indigo,violet);
background:-moz-linear-gradient(left,red,orange,yellow,green,blue,indigo,violet);
background:linear-gradient(to right, red,orange,yellow,green,blue,indigo,violet);
}
```

　　03　运行 HTML 页面，具体效果图不再给出。

12.3.2　径向渐变

　　径向渐变是指从起点到终点、颜色从内到外进行圆形渐变（从中间向外拉）。在 Webkit 引擎中，径向渐变有两种语法，旧版本的语法如下：

```
-webkit-gradient(type,x1 y1,x2 y2,form(color value),to(color value),[color-stop()*])
```

　　将 type 的值设置为 radial 时表示绘制径向渐变，其他参数不再做具体说明，可以参考线性渐变。

HTML5+CSS3+JavaScript 网页设计

 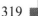

在新版本的语法中，通过 -webkit-radial-gradient() 绘制径向渐变。语法如下：

```
-webkit-radial-gradient( [<point> || <angle>, ]? [<shape> || <size>,] ? <start stop>,<end stop>[,<stop>]* )
```

关于上述语法中的参数，具体说明如下。
- **point** 表示渐变的起点和终点，可以使用坐标表示，也可以使用关键字，例如（0,0）或者（left top）等。
- **angle** 定义渐变的角度，主要包括 deg（度，一圈等于 360deg）、grad（梯度，90 度等于 100grad）、rad（弧度，一圈等于 2*PI rad）；默认为 0deg。
- **shape** 定义径向渐变的形状，包括 circle（圆）和 ellipse（椭圆），默认为 ellipse。
- **size** 用来定义圆或椭圆大小的点，其值主要包括 closest-side、closest-corner、farthest-side、farthest-corner、contain 和 cover 等。
- **start stop** 定义颜色起始值。
- **end stop** 定义颜色结束值。
- **stop** 定义步长，可以省略。其用法和上一节介绍的在 Webkit 引擎的 color-stop() 函数相似，但是该参数不需要调用函数，直接传递参数即可。第一个参数设置颜色，可以为任何合法的颜色值，第二个参数设置颜色的位置，取值为百分比或数值。

提示

在 Gecko 和 Presto 渲染引擎中，设计人员可以使用 radial-gradient() 绘制径向渐变，但是需要为其指定私有属性，前者需要添加 -moz- 前缀，后者需要添加 -o- 前缀。

【例 12-17】

对于径向渐变，在不指定渐变类型以及位置的情况下，其渐变距离和位置是由容器的尺寸决定的。在本例中，指定 div 元素的宽度和高度，背景颜色实现从黄色到红色的渐变。容器的宽高比是 2∶1，最终渐变呈现出来的形状也是一个 2∶1 的椭圆形，并且渐变颜色自动终止于容器的边缘。具体的样式代码如下

```
.radial-gradient {
    width: 400px; height: 200px;
    background: -webkit-radial-gradient(yellow, red);
    background: -moz-radial-gradient(yellow, red);
    background: -o-radial-gradient(yellow, red);
    background: radial-gradient(yellow, red);
}
```

运行上述代码可以发现，上述代码实现的是椭圆形渐变，如果要实现圆形渐变，需要在上述代码的基础上添加关键词 circle。部分样式代码如下：

```
.radial-gradient {
    width: 400px; height: 200px;
    background: -webkit-radial-gradient(circle,yellow, red);
}
```

【例 12-18】

　　除了可以使用关键词制作不同的径向渐变外，还可以用不同的渐变参数制作径向渐变效果。通过制作同心圆，并设置主要半径和次要半径来决定径向渐变的形状。例如，圆心位置都在"200px,150px"处，主要半径为 50px，次要半径为 150px，从 hsla(120,70%,60%,.9) 色到 hsla(360,60%,60%,.9) 色径向渐变。

```
div {
    width: 400px; height: 300px; margin: 50px auto; border: 5px solid hsla(60,50%,80%,.8);
    background-image: -webkit-radial-gradient(50px 150px at 200px 150px, hsla(120,70%,60%,.9),
hsla(360,60%,60%,.9));
    background-image: radial-gradient(50px 150px at 200px    150px, hsla(120,70%,60%,.9),
hsla(360,60%,60%,.9));
    }
```

【例 12-19】

　　在上个例子的代码中，主要实现的是内径小于外径制作的径向渐变效果。以下代码实现圆心相同、内外半径大小相同的渐变效果。

```
div {
    width: 400px; height: 300px; margin: 50px auto; border: 5px solid hsla(60,50%,80%,.8);
    background-image: -webkit-radial-gradient(200px 200px at 200px 150px,hsla(120,70%,60%,.9),
hsla(360,60%,60%,.9));
    background-image: radial-gradient(200px 200px at 200px    150px, hsla(120,70%,60%,.9),
hsla(360,60%,60%,.9));
    }
```

【例 12-20】

　　当内外圆的圆心相同，并且主要半径和次要半径相等时，就等同于制作了一个圆形径向渐变效果。以下代码表示圆心相同、主要半径大于次要的半径制作的径向渐变。

```
div {
    width: 400px; height: 300px; margin: 50px auto; border: 5px solid hsla(60,50%,80%,.8);
    background-image: -webkit-radial-gradient(300px 100px at 200px 150px,hsla(120,70%,60%,.9),
hsla(360,60%,60%,.9));
    background-image: radial-gradient(300px 100px at 200px    150px,hsla(120,70%,60%,.9),
hsla(360,60%,60%,.9));
    }
```

【例 12-21】

　　除了能实现一些简单的径向渐变效果之外，还可以使用渐变形状配合圆心定位，主要使用"at"加上关键词来定义径向渐变中心位置。

　　径向渐变中心的位置类似于设置 background-position 属性，可以使用一些关键词来定义。

HTML5+CSS3+JavaScript　网页设计

使用以下代码通过 center 设置径向渐变中心位置在容器的中心点，相当于 at 50% 50%，类似于 background-position:center。代码如下：

```css
.center .circle {
    background-image: -webkit-radial-gradient(circle at center, rgb(220, 75, 200),rgb(0, 0, 75));
    background-image: radial-gradient(circle at center, rgb(220, 75, 200),rgb(0, 0, 75));
}
.center .ellipse {
    background-image: -webkit-radial-gradient(ellipse at center, rgb(220, 75, 200),rgb(0, 0, 75));
    background-image: radial-gradient(ellipse at center, rgb(220, 75, 200),rgb(0, 0, 75));
}
```

除了 center 之外，其他关键字的说明如表 12-4 所示。

表 12-4 径向渐变常用的关键字

关键字	说 明
top	设置径向圆心点在容器的顶边中心点处，与 at 50% 0% 的效果相同
right	设置径向渐变圆心点在容器右边中心点处，与 at 100% 50% 的效果相同。类似于 background-position 的 right center
bottom	设置径向渐变圆心点在容器底边中心点处，刚好与 top 关键词位置相反，与 at 50% 100% 效果等同。类似于 background-position 中的 center bottom
left	设置径向渐变圆心点在容器左边中心点处，刚好与 right 关键词位置相反，与 at 0% 50% 效果等同。类似于 background-position 的 center left
top left	设置径向渐变圆心点在容器的左角顶点处，与关键词 let top 和 at 0 0 效果等同。类似于 background-position 的 left top
top right	设置径向渐变圆心点在容器右角顶点处，与 right top 关键词和 at 100% 0 效果等同。类似于 background-position 的 top right
bottom right	设置径向渐变的圆心点在容器右下角顶点处，与关键词 right bottom 和 at 100% 100% 效果等同。类似于 background-position 的 bottom right
bottom left	设置径向渐变圆心在容器左下角顶点处，与关键词 left bottom 和 at 0% 100% 效果等同。类似于 background-position 的 bottom left

在径向渐变中，除了能设置径向渐变的圆心位置、半径大小之外，还可以设置径向渐变的颜色。前面我们演示的都是简单的两种颜色制作的径向渐变，接下来通过 <color-stop> 属性参数来设置径向渐变使用多种颜色。

【例 12-22】

使用以下代码设计红色、绿色和蓝色的径向渐变。

```css
div {
    margin: 20px auto;width: 200px; height: 200px; border-radius: 100%;
```

```
    background-image: -wekbit-radial-gradient(red,green,blue);
    background-image: radial-gradient(red,green,blue);
}
```

【例 12-23】

上述示例是一个最简单的三色径向渐变，只是通过设置三种颜色，从容器的中心向外依次为红色（red）、绿色（green）和蓝色 (blue)。除此之外，设计者还可以给每个颜色设置具体的显示位置。

```
div {
    margin: 20px auto; width: 200px; height: 200px; border-radius: 100%;
    background-image: -wekbit-radial-gradient(red 20%,green 50%,blue 80%);
    background-image: radial-gradient(red 20%,green 50%,blue 80%);
}
```

12.3.3　重复渐变

线性渐变和径向渐变都属于 CSS 背景属性中的背景图片（background-image）属性。有时设计者希望创建一种在一个元素的背景上重复的渐变"模式"。在没有重复渐变的属性之前，主要通过重复背景图像（使用 background-repeat）创建线性重复渐变，但是没有创建重复的径向渐变的类似方式。

幸运的是，CSS3 提供了 repeating-linear-gradient 和 repeating-radial-gradient 语法，可以直接实现重复的渐变效果。

1.　重复线性渐变

设计者可以使用重复线性渐变 repeating-linear-gradient 属性来代替线性渐变 linear-gradient，它们采取相同的值，色标在两个方向上都无限重复。使用百分比设置色标的位置没有多大的意义，但使用像素和其他单位，重复线性渐变可以创建一些很酷的效果。

【例 12-24】

下面代码表示从红色（red）开始向 40px 处的绿色（green）渐变，然后向 80px 处的橙色（orange）渐变。由于是重复的线性渐变，因此将以这个模式从上向下重复平铺。样式代码如下：

```
div {
    width: 400px; height: 300px; margin: 20px auto;
    background-image: -webkit-repeating-linear-gradient(red,green 40px, orange 80px);
    background-image: repeating-linear-gradient(red,green 40px, orange 80px);
}
```

2.　重复径向渐变

设计者可以以同样的方式，使用相关属性来创建重复的径向渐变，其语法和 radial-gradient 类似，只是以一个径向渐变为基础进行重复渐变。

323

【例 12-25】

以下代码实现重复径向渐变。

```css
div {
    width: 400px; height: 300px; margin: 20px auto;
    background-image: -webkit-radial-linear-gradient(red,green 40px, orange 80px);
    background-image: repeating-radial-gradient(red,green 40px, orange 80px);
}
```

12.3.4　实践案例：用线性渐变实现图片闪光划过的效果

经常在网上听音乐的用户应该知道，在百度音乐上可以看到这么一个图片效果：当鼠标移至图片上的时候，会有一道闪光在图片上划过，效果挺酷炫的。如何实现这个效果呢？可以通过线性渐变。

01 在创建的静态页面中添加以下元素。

```html
<p class="overimg">
<a><img src="images/img1.jpg"></a>
<i class="light"></i>
</p>
```

02 为页面中的元素添加样式，代码如下：

```css
.overimg{
    position: relative;
    display: block;
    box-shadow: 0 0 10px #FFF;
}
.light{
    cursor:pointer; position: absolute; left: -180px; top: 0; width: 440px; height: 264px; background-image:
    -moz-linear-gradient(0deg,rgba(255,255,255,0),rgba(255,255,255,0.5),rgba(255,255,255,0));
    background-image: -webkit-linear-gradient(0deg,rgba(255,255,255,0),rgba(255,255,255,0.5),rgba(255,255,255,0));
    transform: skewx(-25deg);
    -o-transform: skewx(-25deg);
    -moz-transform: skewx(-25deg);
    -webkit-transform: skewx(-25deg);
}
.overimg:hover .light{
    left:180px; -moz-transition:0.5s; -o-transition:0.5s; -webkit-transition:0.5s; transition:0.5s;
}
```

03 运行 HTML 静态页面，如图 12-11 所示；将鼠标放到图片上，效果如图 12-12 所示。

图 12-11　初始效果

图 12-12　悬浮效果

12.3.5　实践案例：用径向渐变制作一张优惠券

径向渐变很常用，而且功能非常强大，例如，设计人员可以利用径向渐变做优惠券或者邮票等。本节将用径向渐变与其他样式做一张优惠券，具体实现步骤如下。

01 创建 HTML 静态页面，在页面中添加 4 个 div 元素，每个 div 元素包含主券和副券两部分。以第一个 div 元素为例，代码如下：

```
<div class="stamp stamp01">
<div class="par"><p>XXXXXX 折扣店 </p><sub class="sign"> ￥</sub><span>50.00</span><sub> 优惠券
</sub><p> 订单满 100.00 元 </p></div>
<div class="copy"> 副券 <p>2015-08-13<br>2016-08-13</p></div>
<i></i>
</div>
```

02 分别为网页中的 div 元素添加样式代码，公用的样式代码如下：

```
.stamp {width: 387px;height: 140px;padding: 0 10px;position: relative;overflow: hidden;}
.stamp:before {content: '';position: absolute;top:0;bottom:0;left:10px;right:10px;z-index: -1;}
.stamp:after {content: '';position: absolute;left: 10px;top: 10px;right: 10px;bottom: 10px;box-shadow: 0 0
20px 1px rgba(0, 0, 0, 0.5);z-index: -2;}
.stamp i{position: absolute;left: 20%;top: 45px;height: 190px;width: 390px;background-color:
rgba(255,255,255,.15); transform: rotate(-30deg);}
.stamp .par{float: left;padding: 16px 15px;width: 220px;border-right:2px dashed rgba(255,255,255,.3);text-
align: left;}
.stamp .par p{color:#fff;}
.stamp .par span{font-size: 50px;color:#fff;margin-right: 5px;}
.stamp .par .sign{font-size: 34px;}
.stamp .par sub{position: relative;top:-5px;color:rgba(255,255,255,.8);}
.stamp .copy{display: inline-block;padding:21px 14px;width:100px;vertical-align: text-bottom;font-size:
30px;color:rgb(255,255,255);}
.stamp .copy p{font-size: 16px;margin-top: 15px;}
```

HTML5+CSS3+JavaScript 网页设计

03 分别为每一个 div 元素添加样式，指定背景颜色、渐变颜色等内容。以第一个 div 元素为例，样式代码如下：

```
.stamp01{background: #F39B00;background: radial-gradient(rgba(0, 0, 0, 0) 0, rgba(0, 0, 0, 0) 5px, #F39B00 5px);background-size: 15px 15px;background-position: 9px 3px;}
.stamp01:before{background-color:#F39B00;}
```

04 运行静态页面观察效果，如图 12-13 所示。

图 12-13 径向渐变做优惠券

12.3.6 实践案例：用重复渐变制作记事本纸张效果

大家应该知道什么是记事本，记事本的每一张纸上都有横线条，左边有两条竖线从顶部延伸到底部。本节案例非常简单，利用重复渐变以及 background-size 属性来制作这样的纸张效果。

在本章的具体实现代码中，不使用任何图片，只使用 CSS3 的重复渐变在 body 中编写效果。代码如下：

```
html,body { margin: 0; padding: 0; height: 100%;}
body {
    background: -webkit-repeating-linear-gradient(to top, #f9f9f9, #f9f9f9 29px, #ccc 30px);
    background: repeating-linear-gradient( to top, #f9f9f9, #f9f9f9 29px, #ccc 30px );
    background-size: 100% 30px;
    position: relative;
}
body:before {
    content: ""; display: inline-block; height: 100%; width: 4px; border-left: 4px double #FCA1A1; position: absolute; left: 30px;
}
```

运行 HTML 页面，最终效果如图 12-14 所示。

图 12-14　记事本纸张效果

12.4　练习题

一、填空题

1.＿＿＿＿＿＿＿＿ 属性用于设置页面上单列显示的宽度。

2. 如果要设置页面对象显示的列数，可以使用 ＿＿＿＿＿＿＿＿ 属性。

3. 在新增的盒模型属性中，＿＿＿＿＿＿＿＿ 属性设置或检索伸缩盒对象的子元素在父容器中的位置。

4. justify-content 属性的默认取值是 ＿＿＿＿＿＿＿＿。

5.＿＿＿＿＿＿＿＿ 属性用于设置或检索弹性盒模型对象的子元素出现的顺序。

二、选择题

1. column-rule 属性是一个复合属性，该属性的子属性不包含 ＿＿＿＿＿＿＿＿。

A．用于设置列之间边框宽度的 column-rule-width 属性

B．用于设置列之间边框样式的 column-rule-style 属性

C．用于设置列之间边框颜色的 column-rule-color 属性

D．用于设置列之间边框高度的 column-rule-height 属性

2. flex-wrap 属性设置为 ＿＿＿＿＿＿＿＿ 时，表示 flex 子项溢出的部分会被放置到新行，子项内部会发生断行。

A．nowrap

B．wrap

C．wrap-reverse

D．normal

3. 下面关于渐变的说明，说法 ＿＿＿＿＿＿＿＿ 是错误的。

A．重复渐变可以分为重复线性渐变和重复径向渐变，它们是线性渐变和径向渐变的扩展。

B．线性渐变主要使用 -radial-gradient 属性，径向渐变主要使用 -linear-gradient 属性

C．如果用户使用 Firefox 浏览器并且想要实现线性渐变的功能，需要将代码书写成 -moz-linear-gradient 的形式

D．渐变可以分为线性渐变、径向渐变和重复渐变

4. 在定义渐变时，需要通过指定 _____ 设置颜色步长。

A. from

B. to

C. color-stop()

D. width

上机练习1：实现多列布局表单

本次练习要求读者主要利用本章的知识实现一个多列布局表单，最终效果如图12-15所示。图中的按钮实现渐变效果。

图 12-15　多列布局表单

上机练习2：设计不等高的多列布局效果

本次上机练习要求读者使用 column-count、 column-grap、column-fill 等属性设计不等高的多列布局效果，最终效果如图12-16所示。

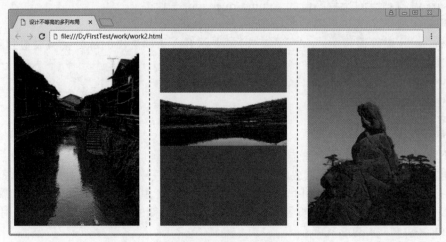

图 12-16　不等高的多列布局

第13章

JavaScript 脚本编程快速入门

对传统的 HTML 语言来说,很难开发出具有动态和交互性的网页,而 JavaScript 可以实现这一点。我们可以将 JavaScript 嵌入普通的 HTML 网页里并由浏览器执行,从而实现动态的效果。

本章将介绍 JavaScript 的基础知识,包括 JavaScript 语言的语法规则、运算符、流程控制语句、对话框语句、函数以及各种对象的用法等内容。

 本章学习要点

◎ 了解 **JavaScript** 与 **Java** 的区别
◎ 熟悉编写 **JavaScript** 脚本的方法及注意事项
◎ 掌握 **JavaScript** 的数据类型、变量与常量的声明以及运算符
◎ 掌握 **if** 和 **switch** 条件语句的使用
◎ 掌握 **while**、 **do while**、 **for** 和 **for in** 循环语句的使用
◎ 掌握对话框语句的使用
◎ 了解 **JavaScript** 常用系统函数
◎ 掌握自定义函数的创建和调用
◎ 熟悉 **JavaScript** 中的浏览器对象模型

13.1 JavaScript 语言简介

JavaScript 是一种基于对象的脚本语言。JavaScript 的使用方法，其实就是在页面的 HTML 文件中增加一个脚本，当浏览器打开这个页面时，它会读取这个脚本并执行其命令（需要浏览器支持 JavaScript）。另外，在页面中运用 JavaScript 可以使网页变得生动。

13.1.1 JavaScript 简介

JavaScript 语言最初称为 LiveScript，是由 Netscape 公司开发的。在 1995 年 12 月 Navigator 2 正式发布之前，Netscape 和 Sun 联合发表了一项声明才正式命名为 JavaScript。它是一种轻型的解释型的程序设计语言，而且具有面向对象的能力。JavaScript 语言的通用核心已经嵌入 Netscape、Internet Explorer 和其他常见的 Web 浏览器中。

虽然 JavaScript 语言起源于 Netscape，但是 Microsoft 公司看到了这种语言的性能和流行趋势，在其 Internet Explorer 3.0 版本的浏览器中实现了 JScript，它与 Netscape 公司的 JavaScript 基本相同，只是在一些细节上有出入，也是一种解释性的语言，这里我们可以把它看成 JavaScript 的分支。

JavaScript 已经被 Netscape 公司提交给 ECMA 制定为标准，称为 ECMAScript，标准编号为 ECMA-262。符合该标准的实现有：Microsoft 公司的 JScript、Mozilla 的 JavaScript-C（C 语言实现，现命名为 Spidermonkey）、Mozilla 的 Rhino（Java 实现），以及 Digital Mars 公司的 DMDScript 等。从 ECMAScript 的角度来看，JavaScript 和 JScript 就是 Netscape 公司和 Microsoft 公司分别对 ECMAScript 实现的不同技术。

JavaScript 的主要特点如下

- **简单性** JavaScript 是一种脚本语言，它采用小程序段的方式实现编程。JavaScript 也是一种解释性语言，它的基本结构形式与 C、C#、VB 等十分类似，但它不需要编译，而是在程序运行过程中被逐行地解释。
- **基于对象** JavaScript 是基于对象的语言，它可以运用自己创建的对象以及对象方法实现许多功能。
- **动态性** JavaScript 是动态的，它以事件驱动的方式直接对用户的输入做出响应。所谓事件驱动，就是指在主页中执行某种操作所产生的动作。当事件发生后，可能会引起相应的事件响应。
- **跨平台性** JavaScript 仅仅依赖于浏览器本身，而与操作环境无关，只要能运行支持 JavaScript 的浏览器就可以运行。

13.1.2 JavaScript 与 Java 的关系

说到 JavaScript，读者也许会把它与 Java 联系在一起，常见的误解是，认为它是 Java 语言的简化版本。其实，除了在语法结构上有一些相似，以及都能够提供网页中的可执行内容之外，它们是完全不相干的。主要区别有以下几个方面。

Java 是 SUN（现属于 Oracle）公司推出的面向对象的程序设计语言，特别适合 Internet 应用程序开发；而 JavaScript 是 Netscape 公司的产品，为了扩展 Netscape Navigator 功能而开发的一种可以嵌入 Web 页面中，基于对象和事件驱动的解释性语言。

1. 开发商不同

它们是两个公司开发的两个不同产品，

2. 语言类型不同

JavaScript 是基于对象的，而 Java 是面向对象的，即 Java 是一种真正的面向对象的语言，即使开发简单的程序，也必须设计对象。JavaScript 是一种脚本语言，可以用来制作与网络无关的，与用户交互作用的复杂功能。由于 JavaScript 是一种基于对象和事件驱动的编程语言，因此它本身提供了非常丰富的内部对象供设计人员使用。

3. 执行机制不同

两种语言在浏览器中所执行的方式不一样。Java 的源代码在传递到客户端执行之前，必须经过编译，因而客户端上必须具有相应平台上的仿真器或解释器，它可以通过编译器或解释器实现独立于某个特定的平台编译代码的束缚。JavaScript 是一种解释性编程语言，其源代码在发往客户端执行之前不需经过编译，而是将文本格式的字符代码发送给客户，由浏览器解释执行。

4. 变量使用方式不同

两种语言所采取的变量是不一样的。Java 采用强类型变量检查，即所有变量在编译之前必须做声明。JavaScript 采用弱类型，即变量在使用前不需做声明，而是解释器在运行时检查其数据类型。

5. 代码格式不同

Java 是一种与 HTML 无关的格式，必须通过像 HTML 中引用外媒体那样进行装载，其代码以字节代码的形式保存在独立的文档中。JavaScript 的代码是一种文本字符格式，可以直接嵌入 HTML 文档中，并且可以动态装载。编写 HTML 文档就像编辑文本文件一样方便。

6. 嵌入方式不同

在 HTML 文档中，两种编程语言使用的标记不同，JavaScript 使用 <script>...</script> 来标记，而 Java 使用 <applet> ... </applet> 来标记。

7. 绑定方式不同

Java 采用静态联编，即 Java 的对象引用必须在编译时进行，以使编译器能够实现强类型检查。JavaScript 采用动态联编，即 JavaScript 的对象引用在运行时进行检查，不经编译就无法实现对象引用的检查。

13.1.3　JavaScript 语法规则

所有的编程语言都有自己的语法规则，用来说明如何用这种语言编写程序，为了程序能够正确运行并减少错误的产生，必须遵守这些语法规则。由于 JavaScript 不是一种独立运行的语言，所以在编写 JavaScript 代码时，必须知晓 JavaScript 语法规则。下面介绍 JavaScript 的语法规则。

1. 变量和函数名称

当定义自己使用的变量、对象或函数时，名称可以由任意大小写字母、数字、下划线（_）、美元符号（$）组成，但不能以数字开头，也不能是 JavaScript 中的关键字。示例如下：

```
password, User_ID, _name    // 合法的
if, document, for, Date      // 非法的
```

2. 区分大小写

JavaScript 是严格区分大小写的，大写字母与小写字母不能相互替换，例如 name 和 Name 是两个不同的变量。基本规则如下。

- JavaScript 中的关键词，例如 for 和 if，永远都是小写。
- DOM 对象的名称通常都是小写，但是其方法通常都是大小写混合，第一个字母一般都小写，例如 getElementById、replaceWith 等。
- 内置对象通常以大写字母开头，例如 String、Date 等。

3. 代码的格式

在 JavaScript 程序中，每条功能执行的语句都要用分号（;）结束，各词之间用空格、

换行符或大括号、小括号这样的分隔符隔开就行了。

在 JavaScript 程序中，一行可以写一条语句，也可以写多条语句。一行中写一条语句时，要以分号（;）结束。一行中写多条语句时，语句之间使用逗号（,）分隔。例如，以下写法都正确：

```
var m=9;
var n=8;                // 以分号结束
```

或

```
var m=9,n=8;            // 以逗号分隔
```

4. 代码的注释

注释可以用来解释程序某些部分的功能和作用，提高程序的可读性。另外还可以用来暂时屏蔽某些语句，等到需要的时候，应取消注释标记。

其实，注释是脚本的主要组成部分，可以提高程序的可读性，而且可以利用它们来

理解和维护脚本，有利于团队开发。

JavaScript 可以使用单行注释和多行注释两种注释方式。

（1）单行注释。

在所有程序的开始部分都应有描述其功能的简单注释，或者是在某些参数需要加以说明的时候，这就用到了单行注释（"//"），单行注释以两个斜杠开头，并且只对本行内容有效。

示例如下：

```
//var i=1;              这是对单行代码的注释
```

（2）多行注释。

多行注释表示一段代码都是注释内容。多行注释以符号"/*"开头，并以"*/"结尾，中间为注释内容，可以跨多行，但不能嵌套使用。示例如下：

```
/* 这是一个多行注释
var i=1;
var j=2;
…*/
```

13.2 编写 JavaScript 程序

本节通过示例讲解如何在页面中编写 JavaScript 程序，如何使用外部的 JavaScript 文件，以及编写时的一些注意事项。

13.2.1 集成 JavaScript 程序

在创建 JavaScript 程序之前，需要掌握创建 JavaScript 程序的方法，以及如何在 HTML 文件中调用（执行）JavaScript 程序。

1. 直接调用

在 HTML 文件中，可以使用直接调用方式嵌入 JavaScript 程序。方法是：使用 <script> 和 </script> 标记在需要的位置编写 JavaScript 程序。

【例 13-1】

下面的代码直接调用 JavaScript 输出一段 HTML，效果如图 13-1 所示。

图 13-1　直接调用 JavaScript 程序

```
<h2> 直接调用 JavaScript 程序 </h2>
<h3>
<script language="JavaScript">
    var str=" 欢迎来到 JavaScript 世界 ...  ";
    document.write(str);
</script>
</h3>
```

2. 事件调用

在 HTML 标记的事件中调用 JavaScript 程序，例如单击事件 onclick、鼠标移动事件 onmousover 和载入事件 onload 等。

【例 13-2】

下面的代码使用单击事件调用 JavaScript 显示当前时间，效果如图 13-2 所示。

图 13-2　事件调用 JavaScript 程序

```
<h2> 事件调用 JavaScript 程序 </h2>
<script language="JavaScript">
function sayDate()
{
var dt=new Date();
var strdate=" 您好。\n 现在时间为："+dt;
alert(strdate);
}
</script>
<P onclick="sayDate();"> 单击这里查看当前时间 </P>
```

☞ 技巧

还有一种简约的调用 JavaScript 的格式，例如在链接标记中使用 `<a href="javascript:alert('Hello World') ">Click me</a>`。

🔊 13.2.2　使用外部 JavaScript 文件

外部文件就是只包含 JavaScript 的单独文件，这些外部文件名都以 .js 后缀结尾。使用时，只需在 < script > 标签中添加 src 属性指向文件，就可以调用，大大减少了每个页面上的代码，更重要的是，这会使站点更容易维护。当需要对脚本进行修改时，只需修改 .js 文件，所有引用这个文件的 HTML 页面会自动受到修改的影响。

【例 13-3】

有一名为 lib.js 的外部文件，该文件包含的 JavaScript 脚本如下。

```
// 显示中文提示的日期
function showDate(){
```

HTML5+CSS3+JavaScript 网页设计

```
                var y=new Date();
                var gy=y.getYear();
                var dName=new Array(" 星期天 "," 星期一 "," 星期二 "," 星期三 "," 星期四 "," 星期五 "," 星
期六 ");
                var mName=new Array("1 月 ","2 月 ","3 月 ","4 月 ","5 月 ","6 月 ","7 月 ","8 月 ","9 月 ","10
月 ","11 月 ","12 月 ");
                document.write("<FONT COLOR=\"black\" class=\"p1\">"+y.getYear()+" 年 " + mName[y.
getMonth()] + y.getDate() + " 日 " + dName[y.getDay()] + "" + "</FONT>");
        }
        showDate();
```

在上述代码中，创建了一个函数 showDate()，获取当前的日期和时间进行格式化后，以中文的形式输出日期。接下来创建 HTML 文件，引用 lib.js 文件，代码如下所示：

```
<h2> 链接外部 JS 文件 </h2>
<h3> 当前日期：
<script src="lib.js"></script>
</h3>
```

在浏览器中运行，具体效果如图 13-3 所示。

图 13-3　链接外部 JavaScript 文件

13.2.3　注意事项

在编写 JavaScript 程序时有些要点需要注意，如代码中的空格、换行以及分号问题，这些细小的问题通常会导致程序错误。

1. 空格

在 JavaScript 脚本语言中，如果代码中有多余的空格，则多余的空格将被忽略，但同一个标识符的所有字母必须连续。例如，下述的代码在 JavaScript 中被认为是正确的。

```
<script language="javascript">
<!--
    var a = 100;
    function fun()
    {
            var b= 10;
            document .write ("b 的值是：" +b );
    }
```

```
    fun();
    document.write("<br>");
    document.write ("a 的值是：" + a);
-->
</script>
```

2. 换行

在 JavaScript 中，一行代码可以分成多行进行书写，例如下面的这段代码。

```
<script>
    if(typeof a=='undefined')
            alert('a 未定义 ');
            var
            a=0;
    if(typeof a!='undefined')
            alert('a 已定义 ');
</script>
```

所有的代码写在一行时，用分号作为各语句的结束标志。例如，将上述代码写在一行中的效果如下：

```
<script language="javascript">
if(typeof a=='undefined') alert('a 未定义 ');var a=0;if(typeof a!='undefined') alert('a 已定义 ');
</script>
```

3. 分号

在 JavaScript 中，分号通常作为一个语句的结束标志。如果将多个语句写在一行中，则需要用分号来结束各个语句，这样看起来比较清晰，增强了代码的可读性。

当一行只有一个程序语句时，则该语句的结尾可以不使用分号，代码如下：

```
<script language="javascript">
<!--
var username= " 陈强 "
document.write(username)
document.write("<br>")
document.write('http://www.chenqiang.com')
-->
</script>
```

13.3　JavaScript 脚本语法

在掌握 JavaScript 程序的创建和执行方法之后，本节主要介绍与 JavaScript 有关的基础语法，包括 JavaScript 的数据类型、变量和运算符。

13.3.1　数据类型

JavaScript 允许使用三种基础的数据类型：整型、字符串和布尔值。此外，还支持两种复合的数据类型——对象和数组，它们都是基础数据类型的集合。对象作为一种通用数据类型，在 JavaScript 中也支持，而函数和数组都是特殊的对象类型。

此外，JavaScript 还为特殊的目的定义了其他特殊的对象类型，例如 Date 对象表示一个日期和时间类型。表 13-1 中列出了 JavaScript 支持的 6 种数据类型。

表 13-1　JavaScript 支持的数据类型

数据类型	数据类型名称	示　　例
number	数值类型	123，−0.129871,071,0X1fa
string	字符串类型	'Hello','get the &','b@911.com'
object	对象类型	Date,Window,Document
boolean	布尔类型	true , false
null	空类型	null
undefined	未定义类型	tmp,demo,today,gettime

下面是数值类型的一些示例。

HTML5+CSS3+JavaScript　网页设计

335

```
.0001, 0.0001, 1e-4, 1.0e-4          // 四个浮点数，它们互等
3.45e2                               // 一个浮点数，等于 345
42                                   // 一个整数
0377                                 // 一个八进制整数，等于 255
00.0001                              // 由于八进制数不能有小数部分，因此这个数等于 0
0378                                 // 一个整数，等于 378
0Xff                                 // 一个十六进制整数，等于 255
0x37CF                               // 一个十六进制整数，等于 14287
0x3e7                                // 一个十六进制整数，等于 999
0x3.45e2                             // 由于十六进制数不能有小数部分，因此这个数等于 3
```

下面再来看一些字符串类型的示例。

```
"Hi, this is HT."
'Where are we.    In the hospital'
"84"
"I don't know."
'"Three" she said.'
```

👉 **提示** — — — — — — — — — — — — — — —

JavaScript 语言为弱类型语言，不同类型之间的变量进行运算时，会优先考虑字符串类型。例如，表达式 8+"8" 的执行结果为 88。

13.3.2 变量与常量

在 JavaScript 中变量用来存放脚本中的值，一个变量可以是一个数字、文本或其他一些东西。JavaScript 是一种对数据类型变量要求不太严格的语言，所以不必声明每一个变量的类型，变量声明尽管不是必需的，但在使用变量之前先进行声明是一种好的习惯。

1. 声明变量

使用 var 语句来声明变量。

```
var men = true;                      // men 中存储的值为布尔类型
var intCount=1;                      //intCount 中存储的是整型数值
var strName='ZHT';                   //strName 中存储的是字符串类型值
```

在上面的示例中，我们命名了三个变量 men、intCount 和 strName，它们的类型分别是布尔型、整型和字符串类型。

2. 变量命名规则

在命名变量时，要注意 JavaScript 是一种区分大小写的语言，因此将一个变量命名为 men 和将其命名为 MEN 是不一样的。另外，变量名称的长度是任意的，但必须遵循以下规则。

- 第一个字符必须是一个字母（大小写均可）、一个下划线（_）或一个美元符（$）。
- 后续的字符可以是字母、数字、下划线或美元符。
- 变量名称不能是保留字。

3. 变量赋值

为变量命名之后，就可以对变量进行赋值了。JavaScript 里为变量赋值的语法如下：

```
var < 变量 > [= < 值 >];
```

这里的 var 是 JavaScript 的保留字，不可以修改。后面是要命名的变量名称，值是可选的，可以在命名时赋予变量初始值。要一次定义多个变量时，使用以下语法：

```
var 变量 1, 变量 2, 变量 3 变量 4, ... , 变量 n;
```

下面的几个示例：

```
var minScore=0, minScore=100 ;
var aString = ' ';
var anInteger = 0, ThisDay='2007-7-23';
var isChecker=false, aFarmer=true ;
```

4. 常量

常量是一种恒定的或者不可变的数值或者数据项。在 JavaScript 中，常量可以分为以下几种。

- **整型常量**　JavaScript 的常量通常又称字面常量，它是不能改变的数据。整型常量可以使用十六进制、八进制和十进制数值。
- **实型常量**　实型常量包含整数部分和小数部分，如 12.32、193.98。可以用科学或者标准方法表示，如 5E7、4e5 等。
- **布尔值**　布尔常量只有两种状态：True 或者 False。它主要用来说明或者代表一种状态或者标志，以说明操作流程。
- **字符型常量**　使用单引号（'）或者双引号（"）括起来的一个或者几个字符，　如 "This is a book of JavaScript" "3245" "ewrt234234" 等。
- **空值**　JavaScript 中有一个空值 null，表示什么也没有。如试图引用没有定义的变量，则返回一个 Null 值。

13.3.3　运算符

运算符用于将一个或者几个值变成结果值，使用运算符的值称为操作数，运算符及操作数的组合称为表达式。例如，下面的表达式：

```
i=j-100;
```

在这个表达式中，i 和 j 是两个变量，"－"是运算符，用于将两个操作数执行减运算，100 是一个数值。

1. 算术运算符

算术运算符是最简单、最常用的运算符，可以使用它们进行通用的数学计算，如表 13-2 所示。

表 13-2　算术运算符

运算符	表 达 式	说　明	示　例
+	x+y	返回 x 加 y 的值	X=5+3，结果为 8
－	x － y	返回 x 减 y 的值	X=5 － 3，结果为 2
*	x*y	返回 x 乘以 y 的值	X=5*3，结果为 15

HTML5+CSS3+JavaScript　网页设计

337

（续表）

运算符	表达式	说　明	示　例
/	x/y	返回 x 除以 y 的值	X=5/3，结果为 1
%	x%y	返回 x 与 y 的模（x 除以 y 的余数）	X=5%3，结果为 2
++	x++、++x	返回数值递增、递增并运回数值	5++、++5，结果为 5、6
--	x--、--x	返回数值递减、递减并运回数值	5--、--5，结果为 5、4

2. 逻辑运算符

逻辑运算符通常用于执行布尔运算，它们常和比较运算符一起使用，表示复杂比较运算，这些运算涉及的变量通常不止一个，而且常用于 if、while 和 for 语句中。表 13-3 列出了 JavaScript 支持的逻辑运算符。

表 13-3　逻辑运算符

运算符	表达式	说　明	示　例
&&	表达式 1 &&表达式 2	若两边表达式的值都为 true，则返回 true；任意一个值为 false，则返回 false	5>3&&5<6 返回 true 5>3&&5>6 返回 false
||	表达式 1 || 表达式 2	只有表达式的值都为 false 时，才返回 false	5>3||5>6 返回 true 5>7||5>6 返回 false
!	! 表达式	求反。若表达式的值为 true，则返回 false，否则返回 true	!(5>3) 返回 false !(5>6) 返回 true

3. 比较运算符

比较运算符用于对运算符的两个表达式进行比较，然后返回 boolean 类型的值，例如，比较两个值是否相同或比较数字值的大小等。表 13-4 列出了 JavaScript 支持的比较运算符。

表 13-4　比较运算符

运算符	表达式	说　明	示　例
==	表达式 1 ==表达式 2	判断左右两边表达式是否相等	Score == 100 // 比较 Score 的值是否等于 100
!=	表达式 1 !=表达式 2	判断左边表达式是否不等于右边表达式	Score != 00 // 比较 Score 的值是否不等于 0
>	表达式 1 >表达式 2	判断左边表达式是否大于右边表达式	Score > 100 // 比较 Score 的值是否大于 100
>=	表达式 1 >=表达式 2	判断左边表达式是否大于或等于右边表达式	Score >= 100 // 比较 Score 的值是否大于或等于 100
<	表达式 1 <表达式 2	判断左边表达式是否小于右边表达式	Score < 100 // 比较 Score 的值是否小于 100

（续表）

运算符	表 达 式	说 明	示 例
<=	表达式 1 <= 表达式 2	判断左边表达式是否小于或等于右边表达式	Score <= 100 // 比较 Score 的值是否小于或等于 100

4. 字符串运算符

JavaScript 支持使用字符串运算符（+）对两个或多个字符串进行连接操作，这个运算符的使用比较简单，下面给出几个应用示例。

```
var str1="Hello";
var str2="World";
var str3="Love";
var Result1=str1+str2 ;                         // 结果为 HelloWorld
var Result2=str1+" "+str2 ;                     // 结果为 Hello World
var Result3=str3+"   in   "+str2 ;              // 结果为 Love   in   World
var sqlstr="Select * from [user] where username='"+"ZHT"+"'"
// 结果为 Select * from [user] where username='ZHT'
var a="5",b="2", c=a+b;                         //c 的结果为 52
```

5. 位操作运算符

位操作运算符对数值的位进行操作，如向左或向右移位等。表 13-5 列出了 JavaScript 支持的位操作运算符。

表 13-5　位操作运算符

运算符	表 达 式	说 明
&	表达式 1 & 表达式 2	当两个表达式的值都为 true 时返回 1，否则返回 0
|	表达式 1 | 表达式 2	当两个表达式的值都为 false 时返回 0，否则返回 1
^	表达式 1 ^ 表达式 2	两个表达式中有且只有一个为 false 时返回 0，否则为 1
<<	表达式 1 << 表达式 2	将表达式 1 向左移动表达式 2 指定的位数
>>	表达式 1 >> 表达式 2	将表达式 1 向右移动表达式 2 指定的位数
>>>	表达式 1 >>> 表达式 2	将表达式 1 向右移动表达式 2 指定的位数，空位补 0
~	~表达式	将表达式的值按二进制逐位取反

6. 赋值运算符

赋值运算符用于更新变量的值，有些赋值运算符可以和其他运算符组合使用，对变量中包含的值进行计算，然后用新值更新变量。表 13-6 列出了赋值运算符。

表 13-6　赋值运算符

运 算 符	表 达 式	说 明
=	变量 = 表达式	将表达式的值赋予变量
+=	变量 += 表达式	将表达式的值与变量值执行 + 操作后赋予变量
− =	变量 − = 表达式	将表达式的值与变量值执行 − 操作后赋予变量
*=	变量 *= 表达式	将表达式的值与变量值执行 * 操作后赋予变量
/=	变量 /= 表达式	将表达式的值与变量值执行 / 操作后赋予变量
%=	变量 %= 表达式	将表达式的值与变量值执行 % 操作后赋予变量
<<=	变量 <<= 表达式	对变量按表达式的值向左移
>>=	变量 >>= 表达式	对变量按表达式的值向右移
>>>=	变量 >>>= 表达式	对变量按表达式的值向右移，空位补 0
&=	变量 &= 表达式	将表达式的值与变量值执行 & 操作后赋予变量
|=	变量 |= 表达式	将表达式的值与变量值执行 | 操作后赋予变量
^=	变量 ^= 表达式	将表达式的值与变量值执行 ^ 操作后赋予变量

7. 条件运算符

JavaScript 支持 Java、C 和 C++ 中的条件表达式运算符（?），这个运算符是二元运算符，它有三个部分：一个计算值的条件和两个根据条件返回的真假值。格式如下：

```
条件 ? 值 1 : 值 2
```

含义为，如果条件为真，则表达值使用值 1，否则使用值 2。例如

```
( x > y ) ? 30 : 31
```

如果 x 的值大于 y 值，则表达式的值为 30；如果 x 的值小于或等于 y 值时，表达式的值为 31。

13.4　脚本控制语句

为了使整个程序按照一定的方式执行，JavaScript 语言提供了控制脚本程序执行流程的语句，使程序按照某种顺序处理语句。这种顺序可以根据条件进行改变，或者循环执行语句，甚至弹出一个对话框提示用户等。

13.4.1　if 条件语句

if 语句是使用最多的条件分支语句，在 JavaScript 中，它有多种形式。每一种形式都需要一个条件表达式，然后再对分支进行选择。

1. 基本 if 语句

if 语句的最简语法格式如下，此时表示"如果满足某种条件，就进行某种处理"。

```
if ( 条件表达式 ) {
    语句块 ;
}
```

其中，条件表达式可以是任何一种逻辑表达式，如果返回结果为 true，则程序先执行后面大括号 ({}) 中的语句，然后执行它后面的其他语句。如果返回结果为 false，则程序跳过条件语句后面的语句，直接去执行程序后面的其他语句。

【例 13-4】

假设学生成绩的等级划分为： 80 ～ 100 为优秀，60~80 为及格，60 以下为不及格。下面使用 if 语句根据成绩显示对应的等级，代码如下：

```
var score=95;
if (m >= 80 && m <= 100)
```

```
    alert(" 优秀 ");
if (m >= 60 && m < 80)
    alert(" 及格 ");
if (m >= 0 && m < 60)
    alert(" 不及格 ");
if (m > 100)
    alert(" 不存在 ");
```

2. if else 语句

if else 语句的基本语法如下：

```
if ( 条件表达式 ) {
        语句块 1;
} else {
        语句块 2;
}
```

上面语句的执行过程是，先判断 if 语句后面的条件表达式，如果值为 true，则执行语句块 1；如果值为 false，则执行语句块 2。

⚠ 注意

if 和 else 语句中不包含分号。如果在 if 或者 else 之后输入了分号，那么将终止这个语句，并且无条件执行随后的所有语句。

【例 13-5】

在一个会员系统中需要根据当前用户的状态，即是否已经登录来显示一段提示文本和一个跳转链接。以下是区分登录用户与游客的代码。

```
if (userType == "user")
{
        document.write("<h3> 登录成功～ </h3>");
        document.write("<a href='http://www.baidu.com'> 新闻中心 </a>");
}
else
{
        document.write("<h3> 游客，欢迎你的光临。</h3>");
        document.write("<a href='http://www.baidu.com/reg'> 免费注册会员 </a>");
}
```

3. if else if 语句

if else if 多分支语句的语法结构如下：

```
if( 条件表达式 1){
        语句块 1;
    }else if( 条件表达式 2){
        语句块 2;
    }
    ...
    else if( 条件表达式 n) {
        语句块 n;
    }else {
```

```
        语句块 n+1;
    }
```

以上语句的执行过程是，依次判断表达式的值。当某个分支的条件表达式的值为 true 时，则执行该分支对应的语句块，然后跳到整个 if 语句之外继续执行程序。如果所有的表达式均为 false，则执行语句块 n+1，然后继续执行后续程序。

【例 13-6】

开发一个用户登录模块，需要能判断用户输入的用户名和密码是否正确。以下是使用 if else if 语句实现的代码片段。

```
if (name == " 王名 " && password == "123")
{
        Console.Write(" 用户名和密码正确，登录成功！ ");
}
else if (name == " 王名 " && password != "123")
{
        Console.Write(" 密码不正确，请重新输入！ ");
}
else if (name != " 王名 " && password == "123")
{
        Console.Write(" 用户名不正确，请重新输入！ ");
}
else
{
        Console.Write(" 用户名和密码都不正确，请重新输入！ ");
}
```

4. if else 嵌套语句

如果在 if 或者 else 子语句中又包含了 if else 语句，则称为嵌套 if else 语句，语法结构如下：

```
if( 条件表达式 1){
    if( 条件表达式 n) {
```

```
        语句块 n;
    }else {
        语句块 n+1;
    }
    }else{
    ...
    }
```

13.4.2　switch 条件语句

switch 语句提供了 if 语句的一个变通形式，可以从多个语句块中选择一个执行。switch 语句是多分支选择语句，常用来根据表达式的值选择要执行的语句。基本语法形式如下：

```
switch( 表达式 )
{
    case 值 1:
            语句块 1;
            break;
    case 值 2:
            语句块 2;
            break;
    ...
    case 值 n:
            语句块 n;
            break;
    default:
            语句块 n+1;
```

```
            break;
    }
```

switch 语句在开始处使用一个简单的表达式，表达式的结果将与结构中的每个 case 子句的值进行比较。如果匹配，则执行与该 case 关联的语句块。语句块以 case 语句开始，以 break 语句结尾，然后执行 switch 语句后面的语句。如果表达式的结果与所有 case 子句均不匹配，则执行 default 后面的语句。

【例 13-7】

等级考试系统将成绩分为 4 个等级：优、良、中和差。现在要实现知道等级之后，输出一个短评。用 switch 语句的实现如下：

```
switch (scoreLevel) {
        case " 优 ":
                document.write(" 很不错，注意保持成绩！ ");
                break;
        case " 良 ":
                document.write(" 继续加油！！！ ");
                break;
        case " 中 ":
                document.write(" 你是最棒的！ ");
                break;
        case " 差 ":
                document.write(" 不及格，要努力啦！ ");
                break;
        default:
                document.write(" 请确认你输入的等级：优、良、中、差。");
                break;
    }
```

13.4.3 while 循环语句

while 语句属于基本循环语句，用于在指定条件为真时重复执行一个代码片段。while 语句的语法如下：

```
while( 表达式 )
{
            // 代码片段
}
```

条件表达式也是一个布尔表达式，控制代码片段被执行的次数，当条件为假时跳出 while 循环。

【例 13-8】

通过循环依次输出从 h1 到 h6 标题的字体，下面是使用 while 语句的实现代码。

```
var i=1;
while(i<7)
{
    document.write("<h"+i+"> 这是 h"+i+" 号字体 "+"</h"+i+">");
    ++i;
}
```

13.4.4 do while 循环语句

do while 语句的功能和 while 语句类似，但它是在执行完第一次循环后才检测条件表达式的值。这意味着包含在大括号中的代码块至少要被执行一次。另外，do while 语句结尾处的 while 条件语句的括号后有一个分号（;）。该语句的基本格式如下：

```
do
{
    执行语句块
}while( 条件表达式 );
```

【例 13-9】

下面通过一个示例介绍 do while 语句的用法，以及与 while 语句的区别。

```
var i=1,j=1,a=0,b=0;
while(i<1)
{
    a=a+1;
    i++;
}
```

```
alert("while 语句循环执行了 "+a+" 次 ");
do
{
    b=b+1;
    j++
}
while(j<1);
alert("do while 语句循环执行了 "+b+" 次 ");
```

在上述代码中，变量 i、j 的初始值都为 1，do while 语句与 while 语句的条件都是小于 1，但是由于 do while 语句的条件检查放在循环的末尾，因此大括号内的语句执行了一次。

13.4.5 for 循环语句

for 语句也类似于 while 语句，它在条件为真时重复执行一组语句。其差别在于，for 语句用于每次循环之后更新变量值。

for 语句的语法如下：

```
for( 初始化表达式 : 循环条件表达式 ; 循环后的操作表达式 )
{
    执行语句块 ;
}
```

在使用 for 循环前要先设定一个计数器变量，可以在 for 循环之前预先定义，也可以在使用时直接进行定义。在上述应用格式中，"初始化表达式"表示计数器变量的初始值；"循环条件表达式"是一个计数器变量的表达式，决定了计数器的最大值；"循环后的操作表达式"表示循环的步长，也就是每循环一次，计数器变量值的变化，该变化可以是增大的，也可以是减小的，或进行其他运算。

【例 13-10】

使用 for 语句求 10 的阶乘，实现代码如下：

```
var i=1,j=1;
for(i=1;i<11;i++)
{
    j=j*i;
}
alert("10 的阶乘是 "+j) ;
```

【例 13-11】

使用 for 语句的嵌套形式实现打印九九乘法口诀表，代码如下：

```
var i=1
var j=1
for(i=1;i<10;i++)
{
    for(j=1;j<=i;j++)
    {
            document.write(j+"*"+i+"="+(i*j)+
"  ");
    }
    document.write("</br>")
}
```

13.4.6　for in 循环语句

for in 语句主要用来罗列对象属性的循环方式。它并不需要有明确的更新语句，因为循环重复数是由对象属性的数目决定的。它的语法如下：

```
for (var 变量 in 对象 )
{
        在此执行代码 ;
}
```

需要注意三点：第一，for in 循环中所检查的对象属性并不是按照可预测的顺序来进行的；第二，它只能列举用户自定义对象的属性，包括任何继承属性，但内置对象的一些属性以及它的方法就不会被列举；第三，

for in 循环不能列举出未定义，也就是没有默认值的文本域。

【例 13-12】

下面用 for in 循环输出数组中的元素。代码如下：

```
var myArray = new Array();
myArray [0] = "for";
myArray [1] = "for in";
myArray [2] = "hello";
for (var a in myArray)
{
        document.write(myArray [a] + "<br />");
}
```

13.4.7　对话框语句

前面已经多次用到了消息对话框，给用户传递信息。在 JavaScript 中，可以创建三种消息对话框：警告对话框、确认对话框和提示对话框。本小节将依次对这三种消息对话框进行详细的介绍。

1. 警告对话框

警告对话框经常用于确保用户可以得到某些信息。警告对话框出现后，用户需要单击"确定"按钮才能继续进行操作。警告对话框的语法如下：

```
alert(" 文本 ");
```

【例 13-13】

判断一个数字的奇偶性，并使用警告对话框显示判断结果，代码如下：

```
<script type="text/javascript">
var i=11;
if(i%2==0)
```

```
{
    alert(i+" 是偶数！ ");
}
else{
    alert(i+" 是奇数！ ");
}
</script>
```

 技巧

如果在警告对话框中显示的文本信息比较长，为了美观，可以使用 JavaScript 中的转义符 "\n" 对文本信息进行换行。

2. 确认对话框

确认对话框用于验证或者接受某些信息。当确认对话框出现后，用户根据确认对话框提示的信息选择单击 "确认" 或者 "取消" 按钮才可以继续进行操作。如果用户单击 "确定" 按钮，那么返回值为 true；如果用户单击 "取消" 按钮，那么返回值为 false。确认对话框的语法如下：

```
confirm(" 文本 ");
```

【例 13-14】

下面将通过一个具体实例来分析确认对话框的具体应用，代码如下：

```
<html>
<head>
<title> 使用 confirm 语句 </title>
<script type="text/javascript">
function disp_confirm()
        {
        var r=confirm(" 请选择确认或者取消 ");
        if (r==true)
                {
                alert(" 您选择了确认 ")
                }
        else
                {
                alert(" 您选择了取消 ")
        }
        }
</script>
</head>
<body>
<input type="button" onclick="disp_confirm()" value=" 单击这里 " />
```

```
</body>
</html>
```

在上述语句中，使用 if else 语句对用户选择的操作进行判断，并使用警告对话框输出用户的选择，当然也可以定义其他复杂的操作，具体的效果如图 13-4 所示。

图 13-4　确认对话框

3. 提示对话框

提示对话框经常用于提示用户在进入页面前输入某个值。出现提示框后，用户需要输入一个值，然后单击"确定"或者"取消"按钮才能继续操作。如果用户单击"确定"按钮，那么返回值为用户输入的值；如果用户单击"取消"按钮，那么返回值为 null。提示对话框的语法如下：

```
prompt(" 文本 "," 默认值 ");
```

【例 13-15】

下面将使用提示对话框创建一个示例，代码如下：

```
<html>
<head>
<title> 使用 prompt 语句 </title>
<script type="text/javascript">
function disp_prompt()
        {
        var name=prompt(" 请输入你的姓名 ","");
        var sex=prompt(" 请输入你的性别 "," 男 ");
        if (name!=null && name!="")
            {
            if(sex==" 男 ")
            {
                    var str=name+" 先生您好！ \n\n 今天天气不错，希望您玩得开心 ";
            alert(str);
            }
```

HTML5+CSS3+JavaScript　网页设计

```
                            else
                            {
                                    var str=name+" 女士您好！\n\n 今天天气不错，希望您玩得开心 ";
                                    alert(str);
                            }
                            }
                    }
        </script>
        </head>
        <body>
        <input type="button" onclick="disp_prompt()" value=" 单击这里 " />
        </body>
        </html>
```

在上述代码中，使用了两个提示对话框，分别让用户输入姓名和性别信息，然后根据用户的输入选择不同的问候语，如图 13-5 所示。

图 13-5　使用提示对话框

13.5　函数

在 JavaScript 语言中，函数是一个既重要又复杂的部分。JavaScript 函数可以封装在程序中可能要多次用到的模块，并可作为事件驱动的结果来调用程序，从而实现一个函数与相应的事件驱动相关联。

13.5.1　系统函数

JavaScript 中提供了一些内部函数，也称为系统函数、内部方法或内置函数等。这些函数与任何对象无关，在程序中可以直接调用来完成某些功能。表 13-7 列出了常用的系统函数。

表 13-7　常用的系统函数

函数名称	说　明
eval()	返回字符串表达式中的值
parseInt()	返回不同进制的数，默认是十进制，用于将一个字符串按指定的进制转换成一个整数
parseFloat()	返回实数，用于将一个字符串转换成对应的小数
escape()	返回对一个字符串进行编码后的结果字符串
encodeURI()	返回一个对 URI 字符串编码后的结果
decodeURI()	将一个已编码的 URI 字符串解码成原始的字符串返回
unescape ()	将一个用 escape 方法编码的结果字符串解码成原始字符串并返回
isNaN()	检测 parseInt() 和 parseFloat() 函数返回值是否为非数值型，如果是返回 true，否则返回 false
abs(x)	返回 x 的绝对值
acos(x)	返回 x 的反余弦值（余弦值等于 x 的角度），用弧度表示
asin(x)	返回 x 的反正弦值
atan(x)	返回 x 的反正切值
ceil(x)	返回大于或等于 x 的最小整数
cos(x)	返回 x 的余弦
exp(x)	返回 e 的 x 次幂 (ex)
floor(x)	返回小于或等于 x 的最大整数
log(x)	返回 x 的自然对数 (ln x)
max(a,b)	返回 a、b 中较大的数
min(a,b)	返回 a、b 中较小的数
pow(n,m)	返回 n 的 m 次幂
random()	返回大于 0 小于 1 的一个随机数
round(x)	返回 x 四舍五入后的值
sin(x)	返回 x 的正弦
sqrt(x)	返回 x 的平方根
tan(x)	返回 x 的正切
toString()	用法：< 对象 >.toString()；把对象转换成字符串。如果在括号中指定一个数值，则转换过程中所有数值被转换成特定进制

HTML5+CSS3+JavaScript

网 页 设 计

这里需要说明的是，系统函数不需要创建，也就是说，用户可以在任何需要的地方调用它们，如果函数有参数还需要在括号中指定传递的值。

13.5.2 自定义函数

在 JavaScript 中定义一个函数必须以 function 关键字开头，函数名跟在关键字的后面，接着是函数参数列表和函数所执行的程序代码段。定义函数的格式如下：

```
function 函数名 ( 参数列表 )
{
    程序代码；
    return 表达式；
}
```

在上述格式中，参数列表表示在程序中调用某个函数时传递给函数的某种类型的值或变量。如果这样的参数多于一个，那么两个参数之间需要用逗号隔开。虽然有些函数并不需要接收任何参数，但在定义函数时也不能省略函数名后面的小括号，保留小括号中的内容为空即可。

另外，函数中的程序代码必须位于一对大括号之间，如果主程序要求返回一个结果集，就必须使用 return 语句。当然，return 语句后也可以跟一个表达式，返回值将是表达式的运算结果。如果在函数程序代码中省略 return 语句后面的表达式，或者函数结束时没有 return 语句，这个函数就返回一个 undefined 的值。

【例 13-16】

下面通过示例演示如何定义函数。在该例中定义两个函数 Message() 和 Sum()，由于在 Message() 函数中没有 return 语句，所以没有返回值；在 Sum() 函数中，使用 return 语句返回三个数相加的和，具体实现代码如下：

```html
<html>
<head>
<title> 定义函数 </title>
</head>
<body>
<script type="text/javascript">
// 由于该函数没有 return 语句，所以它没有
返回值
function Message(msg)
{
    document.write(msg,'<br/>');
}
// 该函数是计算三个数的和
function Sum(a,b,c)
{
    return a+b+c;
}
Message("Hello World");
Message(" 三个数的和是："+Sum(1,2,3));
</script>
</body>
</html>
```

函数定义好以后，可以直接调用。在上述代码中，分别为 Message() 和 Sum() 函数传递参数，然后将代码保存为"调用函数 .html"，双击并打开后，可以在页面中看到两条输出语句，如下所示：

```
Hello World
三个数的和是：6
```

⚠️ 注意

参数变量只有在执行函数的时候才会被定义，如果函数返回，那么它们就不再存在。

13.6　常用对象

JavaScript 提供了内置的对象以实现特定的功能，其常用对象有数组对象、窗体对象和 DOM 对象等。本节详细介绍 JavaScript 内置对象的使用。

13.6.1　Array 对象

Array 对象是 JavaScript 中的数组对象，实现数组的相关操作。数组允许在单个变量中存储多个值，其创建语法如下：

```
new Array();
new Array(size);
new Array(element0, element1, ..., elementn);
```

上述代码中，参数 size 是期望的数组元素个数，参数 element 是参数列表。当使用这些参数来调用构造函数 Array() 时，新创建的数组的元素就会被初始化为这些值，它的长度（元素数量）也会被设置为参数的个数。

调用构造函数 Array() 时，如果没有使用参数，那么返回的数组为空，元素数量为 0。当调用构造函数时只传递给它一个数字参数，该构造函数将返回具有指定个数、元素为 undefined 的数组。当其他参数调用 Array() 时，该构造函数将用参数指定的值初始化数组。

当把构造函数作为函数调用，不使用 new 运算符时，它的行为与使用 new 运算符调用它时的行为完全一样。

Array 对象有以下三个属性。

- **constructor**　返回对创建此对象的数组函数的引用。
- **length**　设置或返回数组中元素的数量。
- **prototype**　使开发人员有能力为对象添加属性和方法。

实现 Array 对象对数组的操作，其包括的方法如表 13-8 所示。

表 13-8　Array 对象的方法

方法名称	说　明
concat()	连接两个或更多的数组，并返回结果
join()	把数组的所有元素放入一个字符串元素中，并通过指定的分隔符进行分隔
pop()	删除并返回数组的最后一个元素
push()	在数组的末尾添加一个或更多元素，并返回新的长度
reverse()	颠倒数组中元素的顺序
shift()	删除并返回数组的第一个元素
slice()	从某个已有的数组返回选定的元素
sort()	对数组的元素进行排序
splice()	删除元素，并在数组中添加新元素
toSource()	返回该对象的源代码
toString()	把数组转换为字符串，并返回结果
toLocaleString()	把数组转换为本地数组，并返回结果

HTML5+CSS3+JavaScript 网页设计

（续表）

方法名称	说　明
unshift()	在数组的开头添加一个或更多元素，并返回新的长度
valueOf()	返回数组对象的原始值

13.6.2　Document 对象

Document 对象使设计人员可以通过脚本对 HTML 页面中的元素进行访问。Document 对象是 Window 对象的子对象，可通过 window.document 属性对其进行访问。

Document 对象可以控制页面中的元素，也可以对多个元素统一处理。对多个元素统一处理需要使用集合，其包含的集合如表 13-9 所示。

表 13-9　Document 对象的集合

集合名称	说　明
all[]	提供对文档中所有 HTML 元素的访问
anchors[]	返回对文档中所有 Anchor 对象的引用
applets	返回对文档中所有 Applet 对象的引用
forms[]	返回对文档中所有 Form 对象的引用
images[]	返回对文档中所有 Image 对象的引用
links[]	返回对文档中所有 Area 和 Link 对象的引用

HTML Document 接口对 DOM Document 接口进行了扩展，定义 HTML 专用的属性和方法。

很多属性和方法都是 HTML Collection 对象拥有的，其中保存了对锚、表单、链接以及其他脚本元素的引用。其常用属性和方法如表 13-10 和表 13-11 所示。

表 13-10　Document 对象的属性

属性名称	说　明
body	提供对 <body> 元素的直接访问，对于定义了框架集的文档，该属性引用最外层的 <frameset>
cookie	设置或返回与当前文档有关的所有 Cookie
domain	返回当前文档的域名
lastModified	返回文档被最后修改的日期和时间
referer	返回载入当前文档的 URL
title	返回当前文档的标题
URL	返回当前文档的 URL

表 13-11 Document 对象的方法

方法名称	说 明
close()	关闭用 document.open() 方法打开的输出流,并显示选定的数据
getElementById()	返回对拥有指定 id 的第一个对象的引用
getElementsByName()	返回带有指定名称的对象集合
getElementsByTagName()	返回带有指定标签名的对象集合
open()	打开一个流,以收集来自任何 document.write() 或 document.writeln() 方法的输出
write()	在文档中写 HTML 表达式或 JavaScript 代码
writeln()	等同于 write() 方法,不同的是,在每个表达式之后写一个换行符

在文档载入和解析的时候,write() 方法允许脚本在文档中插入动态生成的内容。

13.6.3 Window 对象

Window 对象表示一个浏览器窗口或一个框架。在客户端的 JavaScript 中,Window 对象是全局对象,所有的表达式都在当前的环境中计算。也就是说,要引用当前窗口根本不需要特殊的语法,可以把窗口的属性作为全局变量来使用。例如,可以只写 document,而不必写成 window.document。同样,可以把当前窗口对象的方法当作函数来使用,如只写 alert(),而不必写成 Window.alert()。Window 对象的常用方法如表 13-12 所示。

表 13-12 Window 对象的方法

方法名称	说 明
alert()	显示带有一段消息和一个"确定"按钮的警告框
blur()	把键盘焦点从顶层窗口移开
clearInterval()	取消由 setInterval() 方法设置的 timeout
clearTimeout()	取消由 setTimeout() 方法设置的 timeout
close()	关闭浏览器窗口
confirm()	显示带有一段消息以及"确定"按钮和"取消"按钮的对话框
createPopup()	创建一个 pop-up 窗口
focus()	把键盘焦点给予一个窗口
moveBy()	可相对窗口的当前坐标移动指定的像素
moveTo()	把窗口的左上角移动到一个指定的坐标
open()	打开一个新的浏览器窗口或查找一个已命名的窗口
print()	打印当前窗口的内容

HTML5+CSS3+JavaScript 网页设计

（续表）

方法名称	说　明
prompt()	显示可提示用户输入的对话框
resizeBy()	按照指定的像素调整窗口的大小
resizeTo()	把窗口的大小调整到指定的宽度和高度
scrollBy()	按照指定的像素值滚动内容
scrollTo()	把内容滚动到指定的坐标
setInterval()	按照指定的周期（以毫秒计）调用函数或计算表达式
setTimeout()	在指定的毫秒数后调用函数或计算表达式

除了表 13-12 所列的方法外，Window 对象还实现了核心 JavaScript 定义的所有全局属性和方法。

Window 对象的 window 属性和 self 属性引用的都是它自己。当明确地引用当前窗口，而不仅仅是隐式地引用它时，可以使用这两个属性。除了这两个属性之外，parent 属性、top 属性以及 frame[] 数组都引用与当前 Window 对象相关的其他 Window 对象。

新的顶层浏览器窗口由方法 Window.open() 创建。当调用该方法时，应把 open() 调用的返回值存储在一个变量中，然后使用那个变量来引用新窗口。新窗口的 opener 属性反过来引用打开它的那个窗口。

一般来说，Window 对象的方法都是对浏览器窗口或框架进行某种操作。而 alert() 方法、confirm() 方法和 prompt 方法则不同，它们通过简单的对话框与用户进行交互。

13.7　实践案例：长方体几何计算

本章全面讲述了 JavaScript 的基础知识，包括 JavaScript 中的语法规则、语句、变量、运算符、对象和函数等。本节结合本章内容，创建长方体函数并对其进行实例化。具体要求如下。

- 创建长方体计算函数，有长方体的长、宽和高 3 个参数。
- 在函数中计算获取长方体的体积属性值和表面积属性值。
- 创建长 4、宽 3、高 2 的长方体和长宽高均为 3 的正方体。
- 计算长方体和正方体的表面积和体积并输出。
- 判断长方体和正方体的体积大小并输出。

实现上述要求的步骤如下。

01 创建长方体计算函数，由长方体的长、宽和高 3 个参数，在函数中计算获取长方体的体积属性值和表面积属性值，函数代码如下：

```
<script>
    function boxes(l, w, h) {
        this.l = l;
        this.w = w;
        this.h = h;
        this.area = 2 * (l * w + l * h + w * h);
        this.volume = l * h * w;
    }
</script>
```

02 创建长 4、宽 3、高 2 的长方体和长宽高均为 3 的正方体，计算长方体和正方体的表面积和体积并输出，代码如下：

```
var box1 = new boxes(2, 3, 4);
document.write(" 长方体表面积：" + box1.area + "<br/>");
document.write(" 长方体体积：" + box1.volume + "<br/>");
var box2 = new boxes(3, 3, 3);
document.write(" 正方体表面积：" + box2.area + "<br/>");
document.write(" 正方体体积：" + box2.volume + "<br/>");
```

03 判断长方体和正方体的体积大小并输出，代码如下：

```
if (box1.area > box2.area)
{
    document.write(" 长方体体积较大 ");
}
else if (box1.area == box2.area)
{
    document.write(" 体积一样大 ");
}
else
{
    document.write(" 正方体体积较大 ");
}
```

04 运行上述代码，其执行效果如图 13-6 所示。

图 13-6　长方体几何计算

13.8　练习题

一、填空题

1. JavaScript 中的多行注释以符号 "/*" 开头，并以 "_____" 结尾。
2. 假设要将外部的 lib.js 文件引入当前页面，应该使用语句 _____。
3. 假设要声明一个变量需要使用 _____ 关键字。
4. 表达式 "1+2*3" 的结果是 _____。
5. 通过使用 _____ 属性可以获取数组中元素的数量。

二、选择题

1. 下列关于 JavaScript 语言特点的描述，不正确的是 _____。

A. 简单性   B. 面向对象

C. 动态性   D. 跨平台性

2. 下列关于 JavaScript 语法的描述，不正确的是 _____。

A. 不区别大小写

B. 标识符不能以数字开头

C. 内置对象通常是首字母大写

D. 一行可以放多个语句

3. 下列不属于 JavaScript 数据类型的是 _____。

A. number   B. integer

C. string   D. null

4. 下列代码执行后，变量 i 的值是 _____。

```
var i=0,j=1;
for(j=1;j<10;i++)
{
    i=j*i;
}
```

A. 5050   B. 1

C. 55   D. 0

上机练习 1：输出直角梯形

使用一种符号，如 @、#、* 或 $ 等，输出一个直角梯形。要求在梯形每一行的中间位置使用另一种符号，达到如图 13-7 所示的效果。

图 13-7 直角梯形运行效果

上机练习 2：求阶乘

创建一个用户自定义函数，该函数带有一个参数用于指定求阶乘的数。例如，求 10 的阶乘的公式如下：

```
10!=1*2*3*4*5*6*7*8*9*10
```

再创建一个函数用于统计阶乘之和，例如计算 5 的阶乘之和的公式如下：

```
1!+2!+3!+4!+5!
```

第14章

JavaScript 事件和 DOM

JavaScript 最主要的作用就是允许开发者在页面和浏览器之间进行交互。为此，JavaScript 提供了事件模型来响应用户操作和改变浏览器的行为。另外，通过 DOM 可以快速地修改页面节点的内容、增加节点和删除节点。

本章从事件的概念开始介绍，讲解原始事件模型和标准事件模型，以及 JavaScript 常用事件。然后介绍 DOM 接口，以及对节点的遍历、插入、复制、替换和删除等操作。

 本章学习要点

◎ 了解事件的触发流程
◎ 掌握事件的指定和监听
◎ 熟悉常用的键盘事件、鼠标事件和页面事件
◎ 理解 **DOM** 树及节点的概念
◎ 了解 **DOM** 核心接口
◎ 掌握 HTML DOM 节点的操作

14.1 事件概述

事件是浏览器响应用户交互操作的一种机制。事件的处理过程是：发生事件→启动事件处理程序→事件处理程序做出响应。如果要启动事件处理程序，就必须告诉对象；如果发生了什么事情，就要启动什么处理程序，否则这个流程就不能进行下去。事件的处理程序可以是任意的 JavaScript 语句，但是一般使用自定义函数来处理。

14.1.1 事件简介

JavaScript 是基于对象的语言，这与 Java 和 C# 等语言不同，Java 是面向对象的编程语言。基于对象的基本特征，就是采用事件驱动。JavaScript 适用于图形界面的环境，使得一切输入变得简单化。通过鼠标或者热键的动作称为事件，由鼠标或者热键引发的一连串程序的动作，称为事件驱动；而对事件进行处理的程序或者函数，称为事件处理程序。

1. 触发事件的途径

事件不仅可以在用户交互过程中产生，而且浏览器自身的一些动作也可以产生事件。例如，当加载一个页面时会触发 load 事件，卸载一个页面时会触发 unload 事件。总体来说，触发事件有以下几种途径。

- 对由用户引发或者 JavaScript 引发的动作进行响应，由浏览器隐式触发。
- 由 JavaScript 使用 DOM 方法显式触发，

例如 document.forms[0].submit()。
- 使用诸如 IE 浏览器的 fireEvent() 这样的方法显式触发。
- 由 JavaScript 使用 DOM 的 dispatchEvent() 方法显式触发。

2. 使用事件的途径

事件定义了用户与页面交互时产生的各种操作，使用事件有以下几种途径。

- 使用传统的 XHTML 事件处理器属性，如 <form onsubmit="myFunction();">。
- 被关联至某个对象，如 document.getElementById("myForm").onsubmit = myFunction。
- 使用诸如 IE 浏览器的 attEvent() 私有方法。
- 使用标准 DOM 的内置方法，例如使用一个节点的 addEventListener() 方法来设置事件监听器。

14.1.2 指定事件

事件处理程序一般分为事件源和事件处理者。事件源即触发事件的源头，每一个 HTML 标记都可以成为触发事件的条件；事件处理者处理事件的 JavaScript 脚本程序，即处理对该事件做出响应的语句。当移动鼠标或者敲击键盘时都可能触发事件，将一个事件源指定到事件处理者可以通过三种方法。

1. 直接在 HTML 的标记中指定

直接在 HTML 标记中指定事件源是使用最普遍的一种方式。基本语法如下：

```
< 标记 事件 =" 事件处理程序 " [ 事件 =" 事件处理程序 "] ...]>
```

【例 14-1】

创建一个 HTML 页面，为 body 标记指定 onload 事件属性和 onUnload 事件属性，实现在页面读取完毕时弹出"网页读取完成"提示对话框。在用户退出文件、关闭窗口或者打开另一个页面时弹出"网页即将关闭"提示对话框。代码如下：

```
<body onLoad="alert(' 网页读取完成 ')" onUnload="alert(' 网页即将关闭 ')">
```

2. 在 JavaScript 脚本中指定

在 JavaScript 脚本中指定事件的基本语法如下：

```
< 事件主角 - 对象 >.< 事件 >=< 事件处理程序 >;
```

其中，"事件处理程序"是真正的代码，而不是字符串形式的代码。

【例 14-2】

创建一个实例，将 getHelloSay() 函数定义为 window 对象 onload 事件的处理程序，实现的效果是页面加载完毕后判断传入的参数名是否为 admin。代码如下：

```
function getHelloSay(name){
    if(name=="admin"){
```

```
            alert("right");
        }else{
            alert("wrong");
        }
    }
window.onload = getHelloSay("admin");
```

如果事件处理程序是一个自定义函数，在没有使用参数的需要时，就不需要加小括号。代码如下：

```
window.onload = function(){
    alert("hello");
}
```

3. 编写特定对象、特定事件的 JavaScript 脚本

这种方式使用得少，但是在某些场合会被用到。基本语法如下：

```
<script language="JavaScript" for=" 对象 " event=" 事件 ">
    // 事件处理程序代码
</script>
```

【例 14-3】

本例完成页面加载时弹出一个提示对话框的效果。代码如下：

```
<script language="javascript" for="window" event="onload">
    alert(" 欢迎光临 ");
</script>
```

14.2　原始事件模型

原始事件模型是最简单的一种事件处理方式，即基本事件处理。实际上，在前面的章节中已经多次用到。例如，按钮的 click 事件处理程序就是在单击时触发，具有该事件的还有 HTML 中的 a 标记、body 标记和 img 标记等，它们都是原始事件模型。本节将详细了解 JavaScript 中的原始事件模型。

359

14.2.1 事件类型

在原始事件模型中，事件是浏览器内置的，事件类型是指响应事件调用的处理程序名称。在这种模型中，通常使用 HTML 标记的事件属性来设置事件处理代码。表 14-1 中列出了常用的事件属性，并对这些属性的触发条件和支持标记进行了介绍。

表 14-1 常用的事件处理属性

事件名称	事件说明	支持标记
onabort	图像装载被中断时	\<img>
onblur	标记失去焦点时	\<button>、\<input>、\<label>、\<select>、\<textarea>、\<body>
onchange	选择 \<select> 标记中的选项或者其他表单标记失去了焦点，并且由于它获得了焦点而使值发生了改变时	\<input>、\<label>、\<select>、\<textarea>
onclick	鼠标按下并释放，发生在 mouseup 事件后。如果返回 false，则可以取消默认动作	大多数标记
ondbclick	双击鼠标时	大多数标记
onerror	在装载图像的过程中发生了错误时	\<img>
onfocus	标记得到输入焦点时	\<button>、\<input>、\<label>、\<select>、\<textarea>、\<body>
onkeydown	键盘键被按下时，如果返回 false，则可以取消默认动作	表单元素、\<body>
onkeypress	键盘键被按下并释放时，如果返回 false，则可以取消默认动作	表单元素、\<body>
onkeyup	键盘键被释放时，如果返回 false，则可以取消默认动作	表单元素、\<body>
onload	文件加载完成时	\<body>、\<frameset>、\<img>、\<iframe>、\<object>
onmousedown	按下鼠标左键时	大多数标记
onmousemove	鼠标移动时	大多数标记
onmouseout	鼠标离开标记时	大多数标记
onmouseover	鼠标移动到标记上。如果用于 a 元素，返回 true，可以防止 URL 出现在状态栏中	大多数标记
onmouseup	释放鼠标左键时	大多数标记
onreset	表单请求被重置时，如果返回 false，则阻止重置	\<form>
onresize	调整窗口大小时	\<body>、\<frameset>

（续表）

事件名称	事件说明	支持标记
onselect	选中文本时	\<input\>、\<textarea\>
onsubmit	请求提交表单时，如果返回 false，则阻止提交	\<form\>
onunload	卸载（关闭）文件或者框架集时	\<body\>、\<frameset\>

大体上，可以将表 14-1 列出的事件属性分为输入事件和语义事件两种类型。

1. 输入事件

输入事件有时被称为原始事件，这些事件是在用户移动鼠标、单击鼠标或者按键盘键时触发的。这些输入事件只描述用户的动作，没有其他含义。

2. 语义事件

语义事件的含义比较复杂，通常只有在特定的环境中才会被触发。例如，当用户单击按钮时会触发 3 个事件，依次是 onmousedown、onmouseup 和 onclick。

14.2.2　事件处理

在原始事件模型中，处理事件时有两种方式：第一种方式是将 JavaScript 代码作为 HTML 属性值；第二种方式是将事件处理程序作为 JavaScript 属性。

1. 将 JavaScript 代码作为 HTML 属性值

简单来说，事件处理程序作为 HTML 的属性值被设置为 JavaScript 脚本。以下内容为 \<input\> 标记指定 onClick 事件属性，单击按钮时弹出一个"谢谢"提示对话框。代码如下：

```
<input type="button" id="btnMessage" value=" 确定 " onClick="alert(' 谢谢 ')" />
```

如果处理程序由多个 JavaScript 语句组成，事件处理程序的属性值可以是任意的 JavaScript 脚本，那么必须在各个语句之间使用分号分隔。

【例 14-4】

下面为 type 属性值为 button 的 \<input\> 标记添加 onClick 事件属性，该属性包含两个 JavaScript 语句。代码如下：

```
<input type="button" id="btnSubmit" value=" 提交 " onClick="document.write(' 投票成功 ');alert(' 谢谢 ')" />
```

提示

HTML 中的标记不区分大小写，因此可以选择多种方式来命名事件处理属性。例如，onclick、onClick、OnClick 都是触发的 Click 事件。通常采用大小写混合的形式，即前缀小写为 on，如 onClick、onLoad 和 onMouseOver 等。

2. 将事件处理程序作为 JavaScript 属性

每一个 HTML 标记在文档树（DOM）中都有一个相应的 JavaScript 对象，这个 JavaScript

对象的属性对应于 HTML 标记的属性。因此，如果一个 `<input>` 标记具有 onClick 属性，那么该表单元素对象的 onClick 属性就可以引用它包含的事件处理程序。

【例 14-5】

下面通过一个例子演示将事件处理程序作为 JavaScript 属性时的方法。首先在页面中添加一个表单元素，向表单中插入一个 `<input>` 标记。代码如下：

```
<form name="f1">
            <input name="b1" type="button"
value="Click Me"/>
</form>
```

在 `<script></script>` 标记中添加下面代码

```
<script>
document.f1.b1.onclick=function(){
            alert("thanks");
};
</script>
```

上述代码中，document.f1 根据 name 属性值获取页面中的指定表单，document.f1.b1 用于获取表单中的指定 `<input>` 标记，document.f1.b1.onclick 表示为指定的 `<input>` 标记添加 onclick 事件属性。以上代码等价于下面的代码：

```
document.f1.b1.onclick=GetInfo;
function GetInfo(){
    alert"thanks";
}
```

把事件处理程序作为 JavaScript 脚本有两个好处：第一，减少了 HTML 和 JavaScript 脚本的混合，增强了代码的模块性，使代码更加简洁，也更加容易维护。第二，使事件处理函数进行动态处理。与 HTML 属性不同的是，它是文件的一个静态部分。HTML 属性只有在创建文件时才能对它进行处理，而 JavaScript 的属性可以在任何时候改变。在复杂的交互过程中，动态地改变注册到 HTML 标记的事件处理程序有时也非常有用。

14.2.3 使用事件返回值

事件的返回值通常由事件处理程序提供，但是 JavaScript 并不要求所有的事件都有返回值。如果事件处理程序没有返回值，浏览器会以默认的情况进行处理。不过，Web 开发者可以通过事件的返回值来判断事件处理程序是否正确处理了程序。在这种情况下，事件的返回值通常是布尔值。如果事件的返回值为 true，则浏览器会采用默认的操作；如果事件的返回值为 false，则浏览器会阻止默认的操作。

【例 14-6】

以提交表单为例，当用户单击提交表单时，浏览器会将表单内容提交到 `<form>` 标记的 action 属性所指定的 URL 上，这是浏览器默认的操作。在用户单击"提交"按钮时，将会触发按钮事件。如果按钮事件返回 false，则浏览器会阻止默认的操作，即不提交表单数据。实现步骤如下。

01 在页面中添加一个表单元素，在表单中创建一个输入框、两个密码框和一个提交按钮。

02 单击"提交"按钮时会触发按钮的 submit 事件，submit 事件会调用 checkData() 函数处理提交事件。页面主要代码如下：

```
<form   name="myForm"   action="submit.html" onsubmit="return checkData()" >
    <h1> 快速注册 </h1>
    <p>
```

```
        <label    data-icon="u"> 姓名 </label>
        <input    name="myName" type="text" placeholder=" 姓名 " />
    </p>
    <p>
        <label    class="youpasswd" data-icon="p"> 登录密码 </label>
        <input    name="myPassword1" type="password" placeholder=" 密码 "/>
    </p>
    <p>
        <label    class="youpasswd" data-icon="p"> 重复密码 </label>
        <input    name="myPassword2" type="password" placeholder=" 密码 "/>
    </p>
    <p class="signin button">
        <input type="submit" value=" 提交 "/>
    </p>
</form>
```

在上述代码中，将 onsubmit 属性的值设置为 return checkData()，说明要从 checkData() 函数中获取返回值。如果该函数的返回值为 false，则阻止提交操作；否则将数据提交到 submit.html 网页。

03 创建 checkData() 函数，在该函数中获取表单中的用户名、密码和确认密码框的内容。如果它们的值为空，则弹出提示信息，并且返回 false；如果输入框和密码框中都输入了内容，则返回 true。代码如下：

```
function checkData()
{
        if (myForm.myName.value=="")
        {
                alert(" 请输入姓名 ");
        }
        else if (myForm.myPassword1.value=="")
        {
                alert(" 请输入密码 ");
        }
        else if (myForm.myPassword2.value=="")
        {
                alert(" 请重复密码 ");
        }
        else if (myForm.myPassword1.value!=myForm.myPassword2.value)
        {
                alert(" 两次密码输入不一致，请重新输入 ");
        }
        else
        {
```

HTML5+CSS3+JavaScript 网页设计

```
                    return true;
        }
        return false;
}
```

04 在浏览器中运行上述页面，在页面的输入框中输入部分内容，然后单击"提交"按钮进行测试，如图 14-1 所示。

图 14-1 使用事件的返回值

14.3 标准事件模型

前面介绍的事件处理方法都是 0 级 DOM 的一部分，即所有启用 JavaScript 的浏览器都支持标准 API。DOM 标准定义了高级事件处理的 API，它与 0 级有很大的不同，而且功能更加强大。下面详细介绍与 DOM 标准事件模型有关的知识。

14.3.1 事件传播

在原始事件模型中，浏览器把事件指派给发生事件的文件标记。如果某个对象具有适合的事件处理程序，就运行这个程序。除此之外，不用执行其他的程序。但是在 2 级 DOM 事件模型中，事件处理程序比较复杂，当事件发生时，目标节点的事件处理程序就会被触发执行，但是目标节点的父节点也有机会来处理这个事件。

一般情况下，事件的传播分为三个阶段：捕捉阶段、事件阶段和起泡阶段。

（1）捕捉阶段。

在捕捉阶段，事件从 Document 对象沿着 DOM 树向下传播到目标节点，如果目标的任何一个父节点注册了捕捉事件的处理程序，那么事件在传播的过程中就会首先运行这个程序。

（2）事件阶段。

事件阶段是事件传播的第二个阶段，它发生在目标节点本身，直接注册在目标上的适合事件处理程序将运行，这与 0 级事件模型提供的事件处理方法类似。

（3）起泡阶段。

起泡阶段是最后一个阶段，在这个阶段，事件将从目标节点向上传播或起泡回Document 对象的文件层次。虽然所有事件都受事件传播捕捉阶段的支配，但是并非所有类型的事件都起泡。例如，把提交事件从 <form> 标记向上传播到控制它的文件标记没有任何意义。

> ⚠ **注意**
>
> 在 IE 浏览器中，没有捕捉阶段，但是有起泡阶段。

在事件传播过程中，任何事件处理程序都可以调用表示那个事件的 Event 对象的stopPropagating() 方法来停止事件传播。有些事件还会触发浏览器执行相关的默认动作。

例如，在单击 <a> 标记时，浏览器的默认动作是进行超链接，这样的默认动作只在事件传播的三个阶段完成之后才会执行，事件传播过程中调用的任何处理程序都能通过调用 Event 对象的 preventDefault() 方法阻止默认动作的发生。在 IE 6 浏览器中，就是把 cancelBubble 的值设置为 true。

14.3.2　注册事件处理程序

在原始事件模型的 0 级 API 中，通过在 HTML 中设置属性或者在 JavaScript 脚本中设置对象的属性来注册事件处理程序。但是在标准事件模型中，可以调用对象的 addEventListener() 方法为特定标记注册事件处理程序。基本语法如下：

```
EventTarget.addEventListener(String type,EcentListener listener,blooean useCapture)
```

从上述语法可以看出，addEventListener() 方法需要传入 3 个参数，参数说明如下。

- **type**　要注册处理程序的事件类型名称，这个名称应该是包含小写 HTML 属性的字符串，而且没有前缀 "on"，如 click、mouseover 和 keydown 等。
- **listener**　处理函数，在指定类型的事件发生时调用该函数。在调用这个函数时，传递给它的唯一参数是 Event 对象，这个对象存放了有关事件（例如鼠标被按下或者移动）的详情，并定义了 stopPropagation() 方法。
- **useCapture**　该参数的值是一个布尔值，它决定注册程序在传播的哪一个过程被调用。如果该参数值为 true，则指定的事件处理程序将在事件传播的捕捉阶段用于捕捉事件；如果该参数的值为 false，则事件处理程序就是默认的，当事件直接发生在对象上或发生在标记的父节点上，又向上起泡到该标记时，该处理程序将被触发。

【例 14-7】

以下代码简单调用了 addEventListener() 方法。

```
document.addEventListener("mousemove",moveHandler,true);
```

上述代码表示在 mousemove 事件发生的时候调用 moveHandler 函数，并且可以捕捉这个事件。

可以用 addEventListener 为一个事件注册多个事件处理程序，那么当该类型的事件在这个对象上发生时，所有被注册的函数都将被调用，但是这些函数的执行顺序是不确定的。

> **提示**
>
> 在 Firefox 中用 addEventListener 注册一个事件处理程序时，this 关键字表示调用事件处理程序的文档元素，但是其他浏览器并不一定是这样，因为这不是 DOM 标准，正确的做法是用 currentTarget 属性来引用调用事件处理程序的文档元素。

与 addEventListener() 方法对应的是 removeEventListener() 方法，这两个方法都是由 EventTarget 接口定义的。在支持标准 DOM 事件模型的浏览器中，所有 Document 节点都实现了这个接口。

使用 removeEventListener() 方法时需要传入 3 个参数，这 3 个参数的含义与 addEventListener() 方法的相同，不过 removeEventListener() 方法的作用是从对象中删除事件处理函数，而不是添加。通常在实际应用时，临时注册一个事件处理函数，用过之后再快速删除它。

以下代码演示了 removeEventListener() 方法的使用。

```
document.removeEventListener("mouseup", handleMouseUp, true);
```

【例 14-8】

创建一个完整的示例演示 addEventListener() 方法的使用。完整代码如下：

```html
<html>
    <head>
        <meta content="text/html; charset=Big5" http-equiv="content-type">
        <script type="text/javascript">
            window.addEventListener('load', function() {
                function handler() {
                    document.getElementById('console').innerHTML = 'Who\'s clicked: ' + this.id;
                }
                document.getElementById('btn1').addEventListener('click', handler, false);
                document.getElementById('btn2').addEventListener('click', handler, false);
            }, false);
        </script>
    </head>
    <body>
        <button id="btn1"> 按　一 </button><br>
        <button id="btn2"> 按　二 </button><br>
        <div id="console"></div>
    </body>
</html>
```

在上述代码的事件处理器中使用的 this 关键字，表示获取目前触发事件的元素。

14.4 常用事件

JavaScript 的事件很多，为了给大家减轻学习负担，本节只讲常用的事件，如键盘事件、鼠标事件和页面事件。这些事件是我们今后开发中常用的事件，也是必须掌握的。

14.4.1 键盘事件

键盘事件，顾名思义就是按键触发的事件，即当我们操作键盘时会触发执行。它大体上分为以下三种。

- **onkeypress** 这个事件在用户按下并放开任何字母、数字键时发生。但是，系统按钮（如箭头键和功能键）无法得到识别。
- **onkeyup** 这个事件在用户放开任何先前按下的键盘键时发生。
- **onkeydown** 这个事件在用户按下任何键盘键（包括系统按钮，如箭头键和功能键）时发生。

【例 14-9】

下面我们来看看键盘事件的具体应用，代码如下：

```
<script type="text/javascript">
function document.onkeydown()
{
    if ( event.keyCode=='39' ) //-> 右箭头
    {
                window.open("http://www.baidu.com");
    }
}
```

```
function document.onkeypress()
{
    if ( event.keyCode=='43')
    {
                alert( ' 你输入了键盘的 " + " 键 ');
    }
}
</script>
```

上述代码在 document 对象上添加了 onkeydown 和 onkeypress 两个事件。按下右键可以打开一个页面，按下"+"键弹出一个对话框显示"你输入了键盘的'+'键"。

14.4.2　鼠标事件

鼠标事件很多，如鼠标单击事件、鼠标双击事件、鼠标移动事件、鼠标拖动事件、鼠标离开事件、鼠标滚动事件等，如表 14-2 所示。

表 14-2　鼠标常见事件列表

事件名称	说　明
onblur()	在表单元素中使用，当元素失去焦点的时候执行
onchange()	在表单元素中使用，当某些东西改变时执行
onclick()	鼠标单击一个元素时执行
ondblclick()	鼠标双击一个元素时执行
onfocus()	在表单元素中使用，当元素获得焦点时执行
onkeydown()	按下某个按键时执行
onkeypress()	按下并释放某个按键时执行
onkeyup()	释放某个按键时执行
onload()	在 body 标签中使用，载入页面的时候执行
onmousedown()	按下鼠标按键时执行
onmousemove()	鼠标光标在元素上移动时执行
onmouseout()	鼠标光标移开元素时执行
onmouseover()	鼠标光标移到元素上时执行
onmouseup()	释放鼠标按键时执行
onreset()	在表单元素中使用，当表单重置时执行
onselect()	在表单元素中使用，当元素被选择时执行

HTML5+CSS3+JavaScript　网页设计

（续表）

事件名称	说　明
onsubmit()	在表单元素中使用，当表单提交时执行
onunload()	在 body 标签中使用，当关闭页面时执行

【例 14-10】

下面是一个简单而常用的鼠标单击事件示例。

```html
<html>
  <head>
    <script type="text/javascript">
        function whichButton(event)
        {
                if (event.button==2)
                {
                        alert(" 你单击了鼠标右键 !")
                }
                else{
                        alert(" 你单击了鼠标左键 !")
                }
        }
    </script>
  </head>
  <body onmousedown="whichButton(event)">          // 在 body 上添加了 onmousedown 事件
    请单击鼠标的左键或右键
  </body>
</html>
```

上述代码在 body 元素上添加了 onmousedown 事件，当单击鼠标键时触发该事件执行 whichButton(event) 方法。

14.4.3 页面事件

JavaScript 还有另一种常用的事件——页面事件，它是页面加载或改变浏览器大小、位置，以及对页面中的滚动条进行操作时所触发的事件处理程序。我们先来看看页面相关事件都有哪些，如表 14-3 所示。

表 14-3　页面事件列表

事 件 名	浏览器支持	事件说明
onAbort()	IE4|N3|0	图片在下载时被用户中断
onBeforeUnload()	IE4|N|0	当前页面的内容将要被改变时触发的事件

（续表）

事 件 名	浏览器支持	事件说明
onError()	IE3|N2|O3	捕捉当前页面因为某个问题而出现的错误，如脚本错误，外部数据引用错误
onLoad()	IE3|N2|O3	页面内容完成传送到浏览器时触发的事件，包括外部文件引入完成
onMove()	IE|N4|O	当浏览器的窗口被移动时触发的事件
onResize()	IE4|N4|O	当浏览器的窗口大小被改变时触发的事件
onScroll()	IE4|N|O	浏览器的滚动条位置发生变化时触发的事件
onStop()	IE5|N|O	浏览器的停止按钮被按下或者正在下载的文件被中断时触发的事件
onUnload()	IE3|N2|O3	当前页面将被改变时触发的事件

学习了页面事件之后，我们使用页面事件中的 onbeforeunload 事件来实现一个考试系统防止用户中途退出考试（有意或者无意）的功能。当用户退出考试时，给出是否"确定放弃考试"的提示。onunload 事件也可以实现这个功能，不过它与 onbeforeunload 事件有一定的区别。具体区别将在实例代码之后进行讲解，实例代码如下：

```
<body onbeforeunload=" checkLeave()">
<script>
function checkLeave(){
    event.returnValue=" 确定放弃考试？（考试作废，不记录成绩）";
}
</script>
```

这样可以让用户确认是否要退出考试，如果不保存而跳转到其他页面，也会有一个确认的提示（防止误操作），也是使用 onbeforeunload。

另外还可以在页面关闭的时候用于关闭 Session，代码如下（注：用 window.screenLeft > 10000 来区分关闭和刷新操作）：

```
<body onbeforeunload="closeSession()">
<script>
function closeSession (){
    // 关闭（刷新的时候不关闭 Session）
    if(window.screenLeft>10000){
    // 关闭 Session 的操作（可以运用 Ajax）
    }
```

```
}
</script>
```

onbeforeunload 是在页面刷新或关闭时调用，即正要去服务器读取新的页面时调用，此时还没开始读取；而 onunload 则是已经从服务器上读到了需要加载的新页面，在即将替换掉当前页面时调用。onunload 是无法阻止页面的更新和关闭的，而 onbeforeunload 可以阻止。

onunload 也是在页面刷新或关闭时调用，可以在 script 脚本中通过 window.onunload 来指定或者在 body 里指定。区别在于，onbeforeunload 在 onunload 之前执行，它还可以阻止 onunload 执行。

HTML5+CSS3+JavaScript 网页设计

369

14.5 DOM 简介

DOM 即 Document Object Model（文档对象模型）的简称。根据 W3C DOM 规范，DOM 是一个独立于语言、浏览器以及平台的应用程序编程接口。通过该接口，应用程序可以访问并更改文档的内容、结构和样式。

DOM 按照标准不同被分为不同的部分：DOM Core、XML DOM 和 HTML DOM 等。其中，Core DOM 定义了一套标准的针对任何结构化文档的对象，XML DOM 定义了一套标准的针对 XML 文档的对象，HTML DOM 定义了一套标准的针对 HTML 文档的对象。下面以 HTML DOM 为例介绍 DOM 的节点关系和核心接口。

14.5.1 HTML DOM 中的节点树

在 DOM 中，HTML 文档的层次结构都被映射为一个树形结构，文档的每一个成分都是这棵树中的节点（node）。整个文档是一个文档节点（Document），每个 HTML 标签是一个元素节点（Element），每个标签中的属性是一个属性节点（Attr），文本是一个文本节点（Text），注释属于注释节点（Comment）。图 14-2 是一个标准的 HTML 文档树。

图 14-2　HTML 文档树

这棵树就像家谱一样，有父节点、兄弟节点和子节点，节点与节点之间都是有关系的。在图 14-2 所示的树中，除了文档节点外，其他每个节点都有一个父节点，例如 <head> 和 <body> 的父节点是 <html>。除了文本节点和属性节点外，其他大部分节点都有子节点，例如 <p> 节点有一个文本节点 "my content"。当一个节点和其他节点有一个共同的父节点时，我们就称这个节点为其他节点的兄弟节点，例如 <head> 就是 <body> 的兄弟节点。当然，节点也可以拥有后代和先辈。对一个节点来说，它的所有子节点，以及子节点的子节点都是它的后代；它的父节点，以及父节点的父节点都是它的先辈。例如 <title>、<head>、<a>，以及所有的文本节点都是 <html> 节点的后代；同时，<html> 节点反过来就是它们的先辈。

任何一个格式良好的 HTML 文件中，每一个元素均有 DOM 文档中的一个节点类型与之对应。因此利用 DOM 接口将 HTML 文件转化成 DOM 文档后，就可以通过程序自由地处理 HTML 文件的内容和样式了。

14.5.2 DOM 核心接口

DOM 利用对象把文档模型化，这些模型不仅描述了文档的结构，还定义了模型中对象的行为。也就是说，在 DOM 中节点不仅仅是数据结构中的节点，而是对象，对象中包含属性和方法。在 DOM 中，对象模型要实现表示和操作文档的接口、接口的行为和属性、接口之间的关系以及互操作。

在 DOM 接口规范中，有 4 个核心接口：Document、Node、NodeList 以及 NamedNodeMap。下面分别对这 4 个接口做简单的介绍。

1. Document 接口

Document 接口代表了整个文档，它是整棵文档树的根，提供了对文档树中的节点进行访问和操作的入口。

由于元素、文本、注释、处理指令等节点都不能脱离文档树的上下文关系而独立存在，所以在 Document 接口中提供了创建这些节点对象的方法。通过该方法创建的节点对象都有一个 ownerDocument 属性，用来表明当前节点是由谁创建的，以及节点同 Document 之间的联系。

表 14-4 和表 14-5 分别列出了 Document 对象常用的属性和方法。

表 14-4　Document 对象常用属性

属性名称	说　明
documentElement	返回存在于 XML 文档以及 HTML 文档中的根元素节点，在 HTML 文档中它便是 html 节点
Body	该属性是对 HTML 文档的特殊扩展，它返回的是 body 节点

表 14-5　Document 对象常用方法

方法名称	说　明
createComment()	用指定的字符串创建新的 Comment 节点
createElement()	用指定的标记名创建新的 Element 节点
createTextNode()	用指定的文本创建新的 Text 节点
createAttribute()	用指定的名字创建新的 Attr 节点
getElementById()	返回文档中具有指定 id 属性的 Element 节点
getElementsByTagName()	返回文档中具有指定标记名的所有 Element 节点

2. Node 接口

Node 接口在整个 DOM 树中具有举足轻重的地位，DOM 接口中有很大一部分是从 Node 接口继承过来的，例如，Element、Attr、CDATASection 等接口都是从 Node 继承过来的。在 DOM 树中，Node 接口代表了树中的每一个节点，提供了访问 DOM 树中各个节点的属性和方法，并给出了对 DOM 树中的元素进行遍历的支持。

表 14-6 和表 14-7 分别列出了 Node 对象常用的属性和方法。

表 14-6　Node 对象常用属性

属性名称	说　明
nodeName	返回节点的名字。Element 节点返回标记名称，Text 节点返回 #text，Document 节点返回 #Document

（续表）

属性名称	说　明
nodeValue	返回节点的值
nodeType	返回节点的类型。Element、Attr、Text、Comment、Document、DocumentFragment 节点的 nodeType 值分别为 1、2、3、8、9、11
firstChild	返回当前节点的第一个子节点。如果没有子节点，则为 null
lastChild	返回当前节点的最后一个子节点。如果没有子节点，则为 null
childNodes	以数组形式存放当前节点的子节点。如果没有子节点，则返回空数组
nextSibling	返回当前节点的下一个兄弟节点。如果没有这样的节点，则返回 null
parentNode	返回当前节点的父节点。如果没有父节点，则为 null
previousSibling	返回紧挨当前节点、位于它之前的兄弟节点。如果没有这样的节点，则返回 null
Attributes	如果该节点是一个 Element，则以 NamedNodeMap 形式返回该元素的属性

表 14-7　Node 对象常用方法

方法名称	说　明
appendChild()	把一个节点增加到当前节点的 childNodes[] 组，给文档树增加节点
cloneNode()	复制当前节点，或者复制当前节点以及它的所有子孙节点
insertBefore()	给文档树插入一个节点，位置在当前节点的指定子节点之前。如果该节点已经存在，则先删除再插入到它的位置
removeChild()	从文档树中删除并返回指定的子节点
replaceChild()	从文档树中删除并返回指定的子节点，用另一个节点替换它
hasChildNodes()	如果当前节点拥有子节点，则返回 true

3. NodeList 接口

NodeList 接口提供了对节点集合的抽象定义，它并不包含如何实现这个节点集的定义。NodeList 用于表示有顺序关系的一组节点，比如某个节点的子节点序列。另外，它还出现在一些方法的返回值中，如 getElementsByTagName()。

在 DOM 中，NodeList 的对象是动态的。换句话说，对文档的改变会直接反映到相关的 NodeList 对象中。例如，通过 DOM 获得某个元素节点的一个 NodeList 对象，该对象包含这个元素节点的所有子节点，那么，当再通过 DOM 对该元素节点进行操作（添加、删除、移动节点）时，这些改变将会自动反映到 NodeList 对象中，而不需要 DOM 应用程序做其他额外的操作。

NodeList 中的每个 item 都可以通过一个索引来访问，该索引值从 0 开始。

4.　NamedNodeMap 接口

通过 NamedNodeMap 接口可以建立节点名和节点之间的一一映射关系，从而可以利用节点名直接访问特定的节点。这个接口主要用在属性节点的表示上。

14.6　实践案例：使用 DOM 操作节点

通过上一节的学习，我们知道 DOM 把一个 HTML 文档看成是一棵树。对一个树形结构来说，常见的操作无非就是遍历、查找、添加、删除节点等。然而，HTML 文档树不是一棵普普通通的树形结构树，因此在访问和操作它的节点时，与普通树的操作有相同的地方，也有不同的地方。下面通过案例依次讲解节点的具体操作。

14.6.1　访问节点

要想遍历一棵树，首先要做的是访问树中的节点。要访问树中的节点可以通过 Node 接口的 firstChild、lastChild、childNode、parentNode、previousSibling 和 nextSibling 属性进行访问，还可以通过 DOM 提供的 getElementById() 和 getElementsByTagName() 方法直接访问。

下面是一个标准的 HTML 文档。

```
<html>
    <head>
        <title>DOM</title>
    </head>
    <body>
        <h1> 第 2 章　关于 DOM</h1>
        <p id="p1" name="firstP">DOM 简介 </p>
        <p> 如何使用 <a href="#">DOM</a> </p>
        <input type="button" onClick="testBtn()" value=" 测试 " />
    </body>
</html>
```

要访问 HTML 文档中的节点，最好的出发点就是该文档的根节点 document。由于根节点没有 parentNode，但是有唯一一个子节点 <html> 因此可以通过访问 <html> 节点的父节点来访问它。

下面的例子说明如何访问 HTML 文档中的 document 节点。

```
<script type="text/javascript">
Function    testBtn() {
        var documentNode = document.childNodes[0].parentNode;
        alert( "document 文档节点的 nodeName 属性值为：" +   documentNode.nodeName + "" );
}
</script>
```

将上面的代码插入网页中,在浏览器中打开,单击"测试"按钮,页面会弹出一句"document 文档节点的 nodeName 属性值为:#document"。

如果将下面这段代码插入页面中,测试时,页面会弹出一句"document 文档节点的 nodeType 属性值为:9"。 这说明两种方法都访问了 document 节点。

```
function testBtn(){
    var documentType = document.nodeType;
    alert( "document 文档节点的 nodeType 属性值为:" + documentType + "");
}
```

接下来访问 HTML 文档中第一个段落节点中的文本节点。先来分析一下,该文本节点在 HTML 文档树中的位置。该文本节点是 p 节点的子节点,而 p 节点又是 body 节点的第二个 子节点,body 节点又是 html 节点的第二个子节点,因此我们可以通过 html 节点访问该文本 节点。

下面的例子说明如何访问 HTML 文档中的文本节点。

```
function testBtn(){
    var htmlNode = document.childNodes[0];
    var bodyNode = htmlNode.childNodes[1];
    var pNode = bodyNode.childNodes[1];
    var textNode = pNode.childNodes[0];
    alert( " 第一个段落节点的文本节点值为:" + textNode.nodeValue + "");
}
```

将上面这段代码插入网页中,测试时,页面会弹出一句"第一个段落节点的文本节点值为: DOM 简介"。

⚠️ 注意

在把文档解析为 DOM 的过程中,不同的浏览器解析出来的结果可能是不同的。有的浏览器会 把"空格"和"回车"看成一个节点,比如说火狐;有的则把"空格"和"回车"省略掉了,比如 说 IE。因此以上代码在不同的浏览器下运行的结果是不一样的。

在 JavaScript 中可以将对象引用链接在一起,因此上段代码中声明变量的部分也可以用 以下代码替换。

```
var textNode = document.childNodes[0].childNodes[1].childNodes[1].childNodes[0];
```

这样,代码就简练多了,然而读起来似乎有些难懂。在节点的属性中还可以使用 fistChild 和 lastChild 来访问节点。在 HTML 文档中,html 节点是 document 节点的 firstChild;body 节 点又是 html 节点的 lastChild。因此上面的代码还可以这样写:

```
var textNode = document.firstChild.lastChild.childNodes[1].firstChild;
```

现在代码变得清晰多了,但是还不够简练。在 DOM 中,文档还有两个特殊的属性来访 问节点,它们是 document.documentElement 和 document.body。其中, 第一个属性可返回存在于 XML 文档以及 HTML 文档中的根元素节点，在 HTML 文档中，它便是 html 节点；第二个属性是对 HTML 文档的特殊扩展，它返回的是 body 节点。因此上面的代码还可以这样简练：

```
var textNode = document.body.childNodes[1].firstChild;
```

不过，我们还有更轻松的访问方法，并且还能解决浏览器不兼容的问题，即 DOM 提供的两个更强大的方法：getElementById() 和 getElementsByTagName()。通过这两个方法可以查找 HTML 文档中的任何一个 HTML 元素。因此上面的代码还可以这样写：

```
var textNode = document.getElementById("p1").firstChild;
```

或者

```
var textNode = document.getElementsByTagName("p")[0].firstChild;
```

另外再做一点小小的扩充，上面的代码还可以这样写

```
var textNode = document.getElementById("p1");
alert( " 第一个段落节点的文本节点值为： " + textNode.innerHTML + "");
```

上面代码中用到了节点的 innerHTML 属性，这个属性是 IE 小组开发的特色属性，并且被目前的所有主流浏览器所支持。它可以获取或设置 HTML 文档中一个元素节点下的所有子节点。也就是说，如果一个元素节点中只包含一个文本节点，那么就可以通过 innerHTML 属性来获取这个文本节点的内容。

上面的例子暂告一段落，下面来了解 getElementById() 和 getElementsByTagName() 这两个方法。它们的语法格式如下。

getElementById() 语法：

```
document.getElementById("ID");
```

getElementsByTagName() 语法：

```
document.getElementsByTagName(" 标签名称 ");
```

或者

```
document.getElementById('ID').getElementsByTagName(" 标签名称 ");
```

在运行的时候，这两种方法会忽略文档的结构。假如希望查找文档中所有的 <p> 元素，getElementsByTagName（"p"）会把它们全部找到并返回一个数组，不管 <p> 元素处于文档中的哪个层次。同时，由于 ID 具有唯一性，getElementById（"id"）方法返回的是一个元素而不是一个数组，不论这个元素隐藏在文档结构中的什么位置，只要你指定了它的 ID。

另外，在使用的时候大家需要注意，getElementById() 只能运行在 document 对象下，而 getElementsByTagName() 可以运行在任何元素下。getElementById() 无法工作在 XML 中。要想在 XML 文档中使用它，必须通过拥有类型 ID 的属性来进行搜索，而此类型必须在 XML DTD 中进行声明。

最后还要提一下，对 HTML 文档来说，DOM 还定义了一个方法 getElementsByName() 来访问节点。该方法和 getElementById() 方法相似，但是它们还是有些不同。首先，检索条

HTML5+CSS3+JavaScript 网 页 设 计

件不同。一个是利用元素的 ID 属性，另一个是利用元素的 name 属性。其次，返回值类型不同。由于在 HTML 文档中，元素的 name 属性并不是唯一的，所以 getElementsByName() 方法返回的是一个元素数组而不是一个元素。例如，下面这段代码会弹出一个文档中 name 属性值为 myTextbox 的所有元素的个数。

```
var x=document.getElementsByName("myTextbox");
alert(x.length);
```

 ## 14.6.2　遍历节点

在前面的学习中，我们知道 DOM 把一个 HTML 文档看成一棵节点树，并且讨论了访问这棵树中节点的多种方法。对一个树形结构来说，遍历树中的节点就是家常便饭。下面通过两个实例来讲述如何遍历 HTML 文档中的节点。

下面这个例子说明如何统计 HTML 文档中元素节点的个数。在这个例子中，首先自定义一个函数 countTotalElement（node）。该函数通过循环遍历一个给定节点的子节点即 childNodes[] 数组中的每一个元素，然后再递归调用自身，结果访问到的就是给定节点的所有子节点。由于本实例要求统计的是元素节点的个数，因此还要通过 nodeType 对节点的类型加以判断。本实例的代码如下：

```html
<html xmlns="http://www.w3.org/1999/xhtml">
<head>
<meta http-equiv="Content-Type" content="text/html; charset=utf-8" />
<title>DOM</title>
<script language="javascript">
var elementName = "";                                    // 定义全局变量，保存元素标记名
function countTotalElement(node) {                        // 参数 node 是一个节点对象
 var total = 0;                                           // 定义一个计数器
 if(node.nodeType == 1) {                                 // 检查 node 是否为 Element 对象
     total++;                                             // 如果是，计数器加 1
     elementName = elementName + node.nodeName + "\r\n";  // 保存 Element 标记名
   }
 var childrens = node.childNodes;                         // 获取 node 的全部子节点
 for(var i=0;i<childrens.length;i++)
 {
     total += countTotalElement(childrens[i]);            // 在每个子节点上进行递归操作
 }
 return total;
 }
 function countBtn() {
     alert(' 本文档中元素节点的总数为：' + countTotalElement(document) + '\r\n 它们分别是：\r\n' +
elementName);
     elementName=' ';                                     // 清空全局变量
 }
```

```
</script>
  </head>
  <body>
    <h1> 第 2 章关于 DOM</h1>
    <p id="p1">DOM 简介 </p>
    <p> 如何使用 <a href="#" name="link">DOM</a></p>
    <input type="button" onClick="countBtn()" value=" 测试 " />
  </body>
</html>
```

在浏览器中打开该网页，会在弹出的对话框中显示文档元素节点的数量和标记信息，效果如图 14-3 所示。

图 14-3　获取元素节点的个数和信息

当然，还可以通过下面的函数来完成这个功能。

```
function countTotalElement(node) {                              // 参数 node 是一个 Node 对象
    var total = 0;
    if(node.nodeType == 1) {                                   // 检查 node 是否为 Element 对象
        total++;                                               // 如果是，计数器加 1
        elementName = elementName + node.tagName + "\r\n";     // 保存标记名
    }
    for(var m=node.firstChild; m!=null;m=m.nextSibling) {
        total += countTotalElement(m);                         // 在每个子节点上进行递归操作
    }
    return total;
}
```

上面这个函数大致一看和前面实例中的函数差不多，不过还是有不同的地方。前面的函数遍历节点时用的是 childNodes[] 数组，上面的函数是通过节点的 firstChild 属性和 nextSibling 属性来完成。需要注意的是，在使用 DOM 的时候只有当页面中的元素加载完成后，才能进行遍历和访问节点的操作。

既然能够遍历文档中的元素节点，那么获取文本节点中的文本也一定能实现。下面这个例子说明如何获取 HTML 文档中的文本。

这个例子其实非常简单，只需对上面的函数做适当的改动便可实现。由于要访问文本节点，这里只需判断 node.nodeType 是否等于 3 即可（文本节点的 nodeType 值为 3）。本实例的关键代码如下：

```javascript
<script language="javascript">
var textContent = "";                                    // 全局变量，保存文本
function countTotalText(node) {                           // 参数 node 是一个 Node 对象
    var total = 0;                                        // 计数器
    if(node.nodeType == 3 && !/\s/.test(node.nodeValue)) { // 检查 node 是否为 Text 对象，并且不包含空格
        total++;                                          // 如果是，计数器加 1
        textContent = textContent + node.nodeValue + " 、 ";  // 保存文本
    }
    for(var m=node.firstChild; m!=null;m=m.nextSibling) {
        total += countTotalText(m);                       // 在每个子节点上进行递归操作
    }
    return total;
}
function countBtn()
{
    alert(' 本文档中 body 元素节点下的文本节点总数为：' + countTotalText(document.body) + '\r\n 它们分别是：\r\n' + textContent);
    textContent='';                                       // 清空全局变量
}
</script>
```

在浏览器中打开该网页并测试，页面会弹出一个对话框，显示文档文本节点的数量和文本信息，效果如图 14-4 所示。

图 14-4 获取文档中的文本内容

在上面的函数中，大家可能会注意到，在判断一个节点是否为文本节点的时候，上面的函数与以前的函数有所不同。

```
if(node.nodeType == 1)                          // 判断节点是否为元素节点
if(node.nodeType == 3 && !/\s/.test(node.nodeValue))    // 判断节点是否为文本节点
```

为什么要多加一个 "&& !/\s/.test(node.nodeValue)" 条件呢？很简单，因为不同的浏览器在对待 "空格" 和 "回车" 时的处理办法不同，加上这个条件则有效地处理了这个问题。

14.6.3　操作属性节点

在 DOM 中，Attr 节点是一个特殊的节点。它表示元素节点的属性，有 id、name、value 等属性。它虽然是一个节点，但是通过类似于 childNodes、firstChild 等一系列属性访问不到它。然而我们可以通过 Node 对象的 attributes 属性，或者调用 Element 对象的 getAttribute() 或 getAttributeNode() 方法来访问。

对属性节点的操作，我们还可以通过 createAttribute() 方法来创建，通过 setAttribute() 或 setAttributeNode() 方法来修改或添加，通过 removeAttribute() 或 removeAttributeNode() 方法来删除。其中，经常用到的是 getAttribute() 和 setAttitude() 方法。

在上面这些方法中，getAttributeNode()、setAttributeNode() 和 removeAttributeNode() 三个方法操作的对象都是一个属性节点，其他的则是属性或属性值。对于 attributes 属性，它的功能是将一个节点的属性检索到一个集合中。下面通过实例来理解这些方法或属性是如何使用的。

下面的例子说明如何访问一个属性节点。

```
<html xmlns="http://www.w3.org/1999/xhtml">
<head>
<meta http-equiv="Content-Type" content="text/html; charset=utf-8" />
<title>DOM</title>
<script language="javascript">
function testBtn(){
    var myNode = document.getElementById("btn");        // 得到一个 Element 节点
    var x=myNode.attributes["id"].nodeType;             // 通过 attributes 属性获取 Attr 节点
    if(x==2){alert(" 您访问到的是一个属性节点！ ");}
}
</script>
</head>
<body>
    <h1> 第 14 章关于 DOM</h1>
    <p id="p1">DOM 简介 </p>
    <p> 如何使用 <a href="#" name="link">DOM</a></p>
    <input type="button" onClick="testBtn()" value=" 测试 " id="btn"/>
</body>
</html>
```

测试以上代码会在网页中弹出一句 "您访问到的是一个属性节点"。如果要访问属性节点的属性值，可以通过节点属性 nodeValue 来获取。

```
var myAttrNodeValue=myNode.getAttributeNode("id").nodeValue;
```

当然，还有更简单的方法。

```
var myAttrNodeValue=myNode.getAttribute("id");
```

在掌握了如何访问属性节点的方法后，再来学习如何修改和创建属性节点就轻松多了。在这里要用到 setAttribute() 或 setAtributeNode() 方法。

setAttribute() 方法是把指定的属性设置为指定的字符串值，有两个参数"属性"和"属性值"，如果该属性不存在，则添加一个新属性，其语法格式如下：

```
myNode.setAttribute("attribute","value");
```

setAttributeNode() 方法是把指定的 Attr 节点添加到该元素的属性列表中，参数为一个属性节点。如果当前属性列表中已经有一个同名的属性，则该方法将用新属性替换原属性，并返回被替换的属性；如果不存在这样的属性，则该方法将向属性列表中添加一个新属性，其语法格式如下：

```
myNode.setAttributeNode(att_node)
```

下面的例子说明了如何修改 HTML 文档中元素节点的属性值。本实例的关键代码如下：

```
<script type="text/javascript">
function testBtn(){
    var myNode = document.getElementById("btn");
    var x=myNode.getAttribute("value");                // 获取原来的属性值
    myNode.setAttribute("value","test");               // 设置属性值
    var y=myNode.getAttribute("value");... .           // 获取新的属性值
    alert( "value 的属性值由 ""+x+"" 变成了 ""+y+"" ！ ");
    }
</script>
```

把上面的代码插入页面中，在浏览器中测试时，网页会弹出一句：value 的属性值由"测试"变成了"test"！这说明方法 setAttribute() 测试成功。下面再来看看 setAttributeNode() 方法如何使用。

下面的例子说明了如何在元素节点中添加属性节点。本实例的思路如下，首先用 createAttribute() 创建一个 name 属性，然后设属性值为 table1，最后调用 setAttributeNode() 方法。关键代码如下：

```
<script type="text/javascript">
function testBtn(){
    var myNode = document.getElementById("btn");
    var newAtt=document.createAttribute("name");       // 创建属性节点
    newAtt.nodeValue="table1";                         // 设置属性值
    myNode.setAttributeNode(newAtt);                   // 在属性列表中添加新属性
    if(hasAttribute("name")){                          // 判断是否添加成功
```

```
            alert(" 新属性添加成功！ ");
            }
        }
    </script>
```

把上面的代码插入页面中，在浏览器中测试时，网页会弹出一句"新属性添加成功"。在上面的函数中用到了 Element 对象的 hasAttribute() 方法。该方法用于判断一个属性节点是否存在，有一个参数，表示待判断属性是否存在的属性名称，其语法如下：

```
myNode.hasAttribute("attribute");
```

然而，IE 浏览器没有提供 hasAttribute() 方法，所以以上代码在 IE 中运行是看不到效果的。不过，IE 支持 getAttributeNode() 方法。这就需要动一下脑筋，自定义一个函数 hasAttribute 来兼容各种浏览器。代码如下：

```
function hasAttribute(elmNode,attribute){          // 传入两个参数，元素节点和属性
    return elmNode.getAttributeNode(attribute) != null;   // 判断属性节点是否为空
}
```

要判断新属性是否添加成功，可以用以下代码来实现。

```
function testBtn(){
    // 添加节点代码省略
    if(hasAttribute(myNode,"name")){alert(" 新属性添加成功！ ");}
}
function hasAttribute(elmNode,name){
    return elmNode.getAttributeNode("name")!=null;
}
```

在对属性节点的操作中，删除也是常见的操作之一。要删除属性，就要用到 removeAttribute() 和 removeAttributeNode() 方法。

removeAttribute() 方法的功能是从元素节点的属性列表中删除指定的属性，它的参数是一个属性名，其语法格式如下：

```
myNode.removeAttribute("attribute");
```

removeAttributeNode() 方法的功能是从元素节点的属性列表中删除指定的属性节点，它的参数是一个属性节点，其语法格式如下：

```
myNode.removeAttributeNode(att_node);
```

下面的例子说明如何删除元素节点的属性节点。本实例的关键代码如下：

```
function testBtn(){
    var myNode = document.getElementById("btn");
    myNode.removeAttribute("class");                // 或者用 removeAttributeNode() 方法
```

```
//var delNode=myNode.getAttributeNode("class");
//myNode.removeAttributeNode(delNode);
if( myNode.getAttribute("class")==null){alert(" 属性成功删除 !");}
}
```

把上面的代码插入页面中，在浏览器中测试时，页面会弹出一句"属性成功删除"，这说明我们删除节点的操作是正确的。

14.6.4 创建和插入节点

DOM 提供了非常丰富的创建节点的方法，如 createElement()、createTextNode()、createAttribute()、createDocumentFragment() 等。由于节点的类型不一样，每个方法的功能也就不同，我们在使用的时候应根据实际需求调用合适的方法。其中，createAttribute() 方法在上一节讲过，下面来看一下其他常用方法的含义和用法。

createElement() 方法用于创建一个元素节点，参数为要创建的元素名，其语法格式如下：

```
document.createElement("tagName");
```

createTextNode() 方法用于创建一个文本节点，参数为要创建文本节点的文本内容，其语法格式如下：

```
tdocument.createTextNode("text");
```

下面的例子说明了如何在 HTML 文档中动态插入标签和文本，关键代码如下：

```
function testBtn(){
    var divNode=document.createElement("div");                // 创建一个元素节点
    var textNode=document.createTextNode("DOM 很强大！ "); // 创建一个文本节点
    divNode.appendChild(textNode);          // 将文本节点作为最后一个子节点插入元素节点中
    document.body.appendChild(divNode);                       // 将元素节点及其子节点插入文档中
}
```

将上面代码插入网页中并运行，单击"测试"按钮，页面效果如图 14-5 所示。

在上面的代码中用到了在文档中插入节点的方法 appendChild()，该方法的作用是把目标节点插入当前引用节点的 childNodes[] 数组的末尾。参数只有一个，表示目标节点，其语法格式如下：

```
parentNode.appendChild(nodeToInsert);
```

讲到插入节点，当然不能忘了 insertBefore() 方法，该方法的作用是把目标节点插入引用节点指定的子节点之前。如果

图 14-5　动态插入文本后

该节点已经存在，则先删除再插入。参数有两个，第一个为目标节点，第二个为指定子节点用于控制位置，该参数为 null 时效果与 appendChild() 方法相同，其语法格式如下：

```
parentOfBfeoreNode.appendChild(nodeToInsert,beforeInsert);
```

在 HTML 文档中插入节点的功能还可以用以下代码来实现。

```
function testBtn(){
    var divNode=document.createElement("div");
    var textNode=document.createTextNode("DOM 很强大！ ");
    var tagNode=document.getElementById("btn");
    divNode.insertBefore(textNode,null);
    document.body.insertBefore(divNode,tagNode);
}
```

将上面的代码插入网页中并运行，单击"测试"按钮，页面效果如图 14-6 所示。

图 14-6　用另外一种方法插入文本

在浏览器中，我们一旦把节点插入 document.body（或者后代节点）中，页面便会更新并反映这个变化，对于少量的更新，实例中的方法是最常用的方法。但是，当我们有大量的数据要在文档中添加，或者要多次调用 document.body.appendChild() 时，页面的加载效率就大打折扣。这个时候使用文档片段就非常实用。

createDocumentFragment() 方法的作用是创建一个文档碎片，把要插入的新节点先附加在它上面，然后再一次性添加到文档中，这就意味着页面内容只更新一次，效率大大提高。代码如下：

```
function testBtn(){
var newFragmeng = document.createDocumentFragment();     // 先创建文档碎片
 for(var i=0;i<10000;i++){
     var divNode = document.createElement("div");
     var textNode = document.createTextNode("DOM 很强大！ ");
     divNode.appendChild(textNode);
     newFragmeng.appendChild(divNode);                     // 先将元素节点插入文档碎片中
 }
 document.body.appendChild(newFragmeng);                   // 最后一次性插入文档中
 }
```

大家可以自己测试一下，看看页面的加载效果在时间上有什么不同。

另外，我们可以实现在文档中添加内容，还可以直接在文档中插入 HTML 代码。这就要用到前面介绍的节点属性 innerHTML。这个属性在使用的时候非常简便，下面来看它是如何在文档中添加内容的。假设 HTML 文档中有一个 id 为 p2 的空标记 <p>，关键代码如下：

```
function testBtn(){
    var myNode=document.getElementById("p2");
    myNode.innerHTML="<div>DOM 很强大！ </div>";
}
```

在上一节，我们知道对属性节点的操作是一个非常棘手的问题。事实上，innerHTML 的强大之处在于它能很好地避开这个问题，直观地设置属性节点。

假设 HTML 文档中有一个 id 为 div1 的空标记 <div>，下面的示例代码说明如何动态地向 div1 中插入表格。

```
function testBtn(){
    var myNode=document.getElementById("div1");
    var strHTML="<table border='1' bordercolor='#000000' ><tr>";
    strHTML+="<td bgcolor='#99CCFF' width='200' height='30'>innerHTML 很好用 </td>";
    strHTML+="<td bgcolor='#99CCFF' width='200' height='30'>innerHTML 很好用 </td>";
    strHTML+="</tr><tr>";
    strHTML+="<td bgcolor='#99CCFF' >innerHTML 很好用 </td>";
    strHTML+="<td bgcolor='#99CCFF' >innerHTML 很好用 </td>";
    strHTML+="</tr></table>";
    myNode.innerHTML=strHTML;
}
```

把上面的代码插入网页中并运行，效果如图 14-7 所示，单击"测试"按钮后页面效果如图 14-8 所示。

图 14-7　单击"测试"按钮前的页面效果

图 14-8　单击"测试"按钮后的页面效果

然而，innetHTML 并没有我们想象中的那么完美。首先，它只存在于 HTML DOM 中，与 XML 文档没有关系；其次，它在使用的过程中，如果原来的元素节点中有子节点，它会用新内容完全替换这些子节点，这一点没有直接插入节点灵活。当然，它们各有各的长处和优势，我们在使用的时候根据实际情况选择合适的方法即可。

14.6.5　复制节点

在向 HTML 文档中添加节点的过程中，有时并不需要创建新的节点，而是在文档中添加一个已经存在的节点。这时要用到 cloneNode() 方法，该方法的作用是创建一个指定节点的副本。它有一个参数（true 或 false），该参数指示被复制的节点是否包括原节点的所有属性和子节点，其语法格式如下：

```
myNode.cloneNode(true|false);
```

复制后的新节点和 createElement() 一样，不会被自动插入文档。要插入文档，还需要用到 appendChild() 等方法。

下面的例子说明如何复制 HTML 文档中的按钮控件。本实例的关键代码如下：

```
function testBtn(){
    for(i=1;i<=20;i++){
    var myNode=document.getElementById("btn");        // 根据 id 查找要复制的节点
    var newNode=myNode.cloneNode(true);               // 复制节点
    newNode.setAttribute("id","btn"+i);               // 为新节点设置 id
    newNode.setAttribute("onClick","");               // 将新节点的事件设置为空
    document.body.appendChild(newNode);               // 将新节点插入文档
    }
}
```

把上面的代码插入网页中并运行，单击"测试"按钮后页面效果如图 14-9 所示。

图 14-9　动态添加按钮

14.6.6　替换节点

在对 HTML 节点的操作中，替换操作也是一个不容忽视的操作。关于不同类型的节点，DOM 分别为之提供了不同的方法，如 replaceChild()、replaceData()。关于属性节点，setAttribute() 方法和 setAttributeNode() 方法自身就带有替换的功能，这在前面已经介绍过了。下面来看其他方法。

replaceChild() 方法用于替换指定节点。参数有两个，第一个为要替换的新节点，第二个为被替换的老节点，其语法格式如下：

```
myNode.replaceChild(newNode,oldNode);
```

下面的例子说明如何替换 HTML 文档中的元素节点。本实例中，先创建一个元素节点，再创建一个文本节点，并将文本节点插入元素节点之后，最后用元素节点替换 id 为 p1 的元素节点。关键代码如下：

```
function testBtn(){
    var divNode=document.createElement("div");
    var textNode=document.createTextNode("DOM 的功能很强大，一定要掌握它的用法。");
    divNode.appendChild(textNode);                  // 将文本节点插入元素节点形成一个新节点
    var myNode=document.body;                                          // 父节点
    var oldNode=document.getElementById("p1");                        // 被替换的节点
    myNode.replaceChild(divNode,oldNode);                             // 替换元素节点
}
```

把上面的代码插入网页中并运行，单击"测试"按钮后页面效果如图 14-10 所示。

图 14-10　替换元素节点

replaceData() 方法用于替换文本节点中的数据。该方法有三个参数：offset 表示在何处开始替换字符，值以"0"开始；length 表示要替换多少字符；string 表示要插入的字符串，其语法格式如下：

```
myNodereplaceData(offset,length,string);
```

下面的例子说明如何替换 HTML 文档中动态生成文本节点。在上个实例中，替换元素节点的过程中，动态添加了一个文本节点。下面来看看如何改变这个文本节点的值，关键代码如下：

```
function testBtn(){
    var divNode=document.createElement("div");
    var textNode=document.createTextNode("DOM 的功能很强大，一定要掌握它的用法。");
    divNode.appendChild(textNode);                  // 将文本节点插入元素节点形成一个新节点
    var myNode=document.body;                                          // 父节点
    var oldNode=document.getElementById("p1");                        // 被替换的节点
    myNode.replaceChild(divNode,oldNode);                             // 替换元素节点
    textNode.replaceData(0,15," 使用 replaceData() 替换动态生成的文本！ "); // 替换文本节点
}
```

把上面的代码插入网页中并运行，单击"测试"按钮后页面效果如图 14-11 所示，大家可以和图 14-10 进行比较。

当然，关于替换文本节点还可以通过重设节点的属性 nodeValue 的值来进行设定，代码如下：

```
textNode.nodeValue=" 使用节点的 nodeValue 属性替换文本内容！ ";
```

图 14-12 所示就是上段代码插入网页后的运行效果。

图 14-11　使用 replaceData() 替换文本

图 14-12　使用节点属性替换文本

14.6.7　删除节点

在 DOM 中，同创建和插入节点操作一样，删除操作也是十分重要和频繁的。用户在用 DOM 对 HTML 文档进行操作的过程中，页面难免会生成一些无用的节点，这个时候就很有必要将它们删除。删除节点常见的方法就是 removeChild()，其语法格式如下：

```
myNode.removeChild(delNode);
```

下面的例子说明如何通过删除和插入操作来颠倒 HTML 文档的节点顺序。本实例在调用的过程中先传入一个节点参数，并获取节点的所有子节点，用一个 for 循环逆向遍历子节点，依次删除子节点，并将其插入节点列表的尾部。关键代码如下：

```
function testBtn(node){
    var delNode=node||document.body;            // 为节点 delNode 赋值，传入参数为空时用默认值
    var myNodes=delNode.childNodes;             // 获取节点的子节点
    for(var i=myNodes.length-1;i>=0;i-- ){      // 遍历子节点
        var newNode=delNode.removeChild(myNodes[i]);  // 删除子节点
        node.appendChild(newNode);              // 将删除的子节点插入节点列表的尾部
    }
}
```

14.7　练习题

一、填空题

1. 在标准事件模型中，注册事件处理程序需要使用 _____ 方法。

HTML5+CSS3+JavaScript　网页设计

2．单击按钮时会触发 3 个事件，依次是 onmousedown、onmouseup 和 _____。

3．在 DOM 中每个 HTML 标签是一个 _____ 节点。

4．要使用 DOM 获取节点的值应该调用 _____ 属性。

二、选择题

1．图像装载被中断时触发 _____ 事件。

A．onload

B．onunload

C．onabort

D．onclick

2．事件传播的 3 个阶段不包括 _____。

A．起泡阶段

B．冒泡阶段

C．捕捉阶段

D．事件阶段

3．在 DOM 树中使用 _____ 表示整个文档。

A．Document

B．Node

C．NodeList

D．Element

4．要从 HTML 中删除一个节点，可以使用 _____ 方法。

A．removeChild()

B．removeNode()

C．removeAttr()

D．removeElement()

上机练习：实现分类管理

　　本次上机练习的要求是，通过一个文本框和按钮动态地在页面中添加新的分类信息，同时还可以删除分类。使用的知识点包括创建节点、插入节点、删除节点、设置元素节点属性等操作。案例最终运行效果如图 14-13 所示。

图 14-13　分类管理

第 15 章
综合案例

在本章之前，我们已经通过大量的知识和案例介绍了 HTML5、CSS3 以及 JavaScript 的相关内容。通过 HTML5、CSS3 和 JavaScript 脚本技术的结合，不仅可以制作美观、功能强大的网页，还可以制作经典的游戏，绘制经典的动画。

俄罗斯方块、手机泡泡龙、开心消消乐、切水果、贪吃蛇、中国象棋、五子棋、超级玛丽等经典游戏都可以通过本书介绍的内容实现。本章将通过多个经典案例演示 HTML5、CSS3 以及 JavaScript 脚本的应用。

本章学习要点

◎ 掌握游戏动画的静态页面设计
◎ 掌握 canvas 元素绘制的游戏界面
◎ 掌握 border-radius 属性的使用
◎ 掌握 CSS 3 新增加的属性选择器
◎ 掌握 CSS 3 新增加的渐变属性
◎ 掌握 box-shadow 属性的使用
◎ 掌握 animation 属性的使用
◎ 掌握 transition 属性的使用
◎ 掌握 transform 属性的使用
◎ 掌握 @keyframe 动画帧的使用
◎ 掌握 opacity 属性的使用

15.1 打地鼠游戏

提到打地鼠，不管是街边的游戏机还是手机上的游戏，相信大家一定玩过或者见识过。本节案例将结合 JavaScript、CSS 和 HTML 等内容编写一个简单的打地鼠游戏。

15.1.1 打地鼠游戏简介

打地鼠是大家耳熟能详的一款经典的小游戏。本游戏基于 Windows 7 操作系统，最终将以 HTML 文件的形式完成，需要使用 Chrome 或 Firefox 等浏览器打开才能看到游戏的最终效果。另外，本游戏将采用 JavaScript 实现整个逻辑流程，所以建议没有 JavaScript 基础的读者好好学习 JavaScript 教程。

本节实现的打地鼠游戏的功能包含：得分统计、计算命中率、地鼠图片的显示和隐藏、判断是否打中地鼠、错误提示和最终的结果显示。

游戏流程设计包含以下几点。

● 单击"开始游戏"按钮游戏开始，否则将提示"请点击开始游戏"字样。

● 游戏开始时，分数、命中率显示重置为"0"，倒计时开始（默认为 30 秒）。

● 在玩游戏的过程中，地鼠图片需要不断显示、隐藏。

● 玩家可单击鼠标左键进行游戏。

● 当 30 秒倒计时结束或者玩家主动单击"结束游戏"按钮时，游戏结束并显示游戏结果。

图 15-1 所示为单击"开始游戏"按钮开始时的截图。

图 15-1　打地鼠游戏截图

15.1.2 界面设计

打地鼠游戏非常简单，并未添加其他丰富的游戏设计，也没有添加动画、声音等特殊效果，其目的是想带领大家从简洁的游戏逻辑设计中清楚地体会到从设计到开发、完善的乐趣。

根据图 15-1 所示的效果开发游戏。首先需要设计 HTML 网页，游戏通过 HTML 文件实现，自然离不开 html 标签。常见的打地鼠游戏都是规整的几个固定位置随机出现老鼠，因此在设计游戏页面时，将采用 <table> 标签来布局，得分、命中率等结果显示将使用 <input> 标签。网页主体代码如下：

```html
<div id="content">
<input type="button" value=" 开始游戏 " onClick="GameStart()">
<input type="button" value=" 结束游戏 " onClick="GameOver()">
<form name="form1">
<label> 分数： </label>
<input type="text" name="score" size="5">
<label> 命中率： </label>
<input type="text" name="success" size="10">
<label> 倒计时： </label>
<input type="text" name="remtime" size="5">
</form>
<table>
<tr>
<td id="td[0]" onClick="hit(0)"></td>
<td id="td[1]"onClick="hit(1)"></td>
<td id="td[2]" onClick="hit(2)"></td>
<td id="td[3]" onClick="hit(3)"></td>
<td id="td[4]" onClick="hit(4)"></td>
</tr>
<!-- 省略其他代码 -->
</table>
</div>
```

网页设计完成后，需要为网页中的标签元素添加样式代码，主要设计游戏容器的宽度、表格的宽度、高度、背景颜色等内容。CSS 代码如下：

```css
<style type="text/css">
    #content {
        width: 960px;
        margin: 0 auto;
        text-align: center;
    }
    table { margin: 0 auto; }
    table:hover { cursor:url('img/chuizi.png'),auto;/* 此处图片路径要依据自己的路径来修改 */}
td {
```

```
        width: 95px;
        height: 95px;
        background-color: #00ff33;
        }
    </style>
```

🔊 15.1.3 实现脚本

HTML 网页主体代码和样式代码设计完毕后，还需要添加 JavaScript 脚本代码，实现地鼠的显示、隐藏、命中率计算等功能。

01 在 JavaScript 脚本中声明多个变量，分别用于保存每个格子的地鼠、游戏是否开始、分数、鼠标单击次数、命中率等内容。声明代码如下：

```
<script>
var td = new Array(),              // 保存每个格子的地鼠
    playing = false,               // 游戏是否开始
    score = 0,                     // 分数
    beat = 0,                      // 鼠标单击次数
    success = 0,                   // 命中率
    knock = 0,                     // 鼠标点中老鼠图片次数
    countDown = 30,                // 倒计时
    interId = null,                // 指定 setInterval() 的变量
    timeId = null;                 // 指定 setTimeout() 的变量
    /* 其他实现代码 */
<script>
```

02 创建 GameOver() 函数，当游戏结束时会调用该函数，在该函数中需要提示游戏结束，并且显示得分和命中率，同时指定 success、score、knock 等变量的值。代码如下：

```
functionGameOver(){
    timeStop();
    playing = false;
    clearMouse();
    alert(" 游戏结束！ \n 你获得的分数为： "+score+"\n 命中率为： "+success);
    success = 0;
    score = 0;
    knock = 0;
    beat = 0;
    countDown = 30;
}
```

03 创建 timeShow() 函数，该函数显示当前倒计时所剩的时间。如果剩余时间为 0，则

调用 GameOver() 函数，并返回，否则将 countDown 变量的值减少 1，并指定 timeId 变量的值。
代码如下：

```
functiontimeShow(){
    document.form1.remtime.value = countDown;
    if(countDown == 0){
        GameOver();
         return;
    }else{
        countDown = countDown-1;
        timeId = setTimeout("timeShow()",1000);
    }
}
```

在设计 timeId 变量的值时，调用 setTimeout() 函数。该函数用于在指定的毫秒数后调用
函数或计算表达式（只执行一次，可通过创建一个函数循环重复调用 setTimeout() 来实现重
复操作）。

04 创建 timeStop() 函数，该函数主动停止所有计时。代码如下：

```
functiontimeStop(){
    clearInterval(interId);//clearInterval() 方法返回 setInterval() 方法的 id
    clearTimeout(timeId);//clearTime() 方法返回 setTimeout() 的 id
}
```

05 创建 show() 函数，该函数随机循环显示老鼠图片。代码如下：

```
function show(){
    if(playing) {
        var current = Math.floor(Math.random()*25);
        document.getElementById("td["+current+"]").innerHTML = '<imgsrc="img/mouse.png">';
        // 使用 setTimeout() 实现 3 秒后隐藏老鼠图片
        setTimeout("document.getElementById('td["+current+"]').innerHTML=''",3000);
    }
}
```

06 创建 clearMouse() 函数，清除所有图片。代码如下：

```
functionclearMouse(){
    for(var i=0;i<=24;i++) {
        document.getElementById("td["+i+"]").innerHTML="";
    }
}
```

393

07 创建单击事件函数 hit()，用于判断玩家是否点中地鼠。代码如下：

```
function hit(id){
if(playing==false) {
        alert(" 请点击开始游戏 ");
        return;
    } else {
        beat +=1;                                    // 点击次数 +1
        if(document.getElementById("td["+id+"]").innerHTML!="") {
            score += 1;                                        // 得分 +1
            knock +=1;                               // 点中地鼠次数 +1
            success = knock/beat;                     // 计算命中率
            document.form1.success.value = success;
            document.form1.score.value = score;
            document.getElementById("td["+id+"]").innerHTML="";
        } else {
            score += -1;
            success = knock/beat;
            document.form1.success.value = success;
            document.form1.score.value = score;
        }
    }
}
```

在该函数中，首先判断玩家是否开始游戏，如果没有单击"开始游戏"按钮，需要给出相应提示。如果游戏已开始，将鼠标单击次数加 1，然后判断是否击中地鼠。如果地鼠被击中，得分和地鼠击中次数都加 1，计算命中率，并为网页中的提示框赋值；如果地鼠未被击中，得分减 1，计算命中率，并重新为提示框赋值。

08 创建游戏开始函数 GameStart()，在该函数中指定 playing 和 interId 变量的值，并为页面中的提示框赋值。代码如下：

```
functionGameStart(){
    playing = true;
    interId = setInterval("show()",1000);
    document.form1.score.value = score;
    document.form1.success.value = success;
    timeShow();
}
```

到这里，打地鼠游戏的代码已全部介绍完毕。运行 HTML 网页并单击按钮进行测试，具体的效果图不再显示。

15.2　经典贪吃蛇游戏

贪吃蛇游戏是一款非常经典的益智游戏，有 PC 和手机等多平台版本，既简单又耐玩。该游戏通过控制蛇头方向吃蛋，从而使得蛇变得越来越长。本节通过 HTML+CSS 设计网页，同时结合 JavaScript 脚本实现贪吃蛇的吃"子"功能。

15.2.1　贪吃蛇游戏简介

从贪吃蛇开发的最初到现在，该游戏已经经历多个版本。本节案例实现相对简单的一个版本，通过 HTML 文件显示最终效果，用 CSS 设置网页标签的样式，用 JavaScript 控制贪吃蛇的动作行为。

贪吃蛇游戏的设计过程如下。

- 通过单击页面的按钮或者按键盘的上下左右四个键控制蛇移动的方向。
- 贪吃蛇寻找吃的东西，每吃一口就能得到一定的积分，而且蛇的身子会越吃越长。
- 贪吃蛇吃"子"越多，身子就会越长，身子越长玩的难度就越大，不能碰墙，不能咬到自己的身体，更不能咬自己的尾巴，否则游戏结束。

图 15-2 所示为贪吃蛇游戏运行过程中单击 Pause 时的截图。

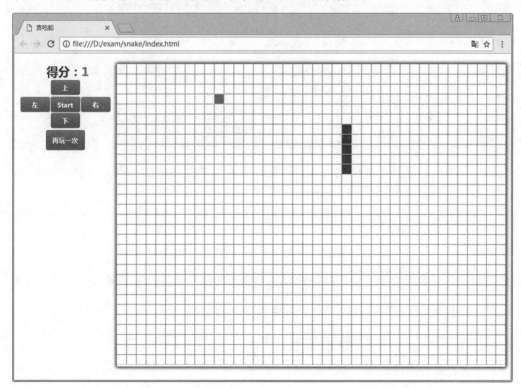

图 15-2　贪吃蛇游戏

15.2.2　页面设计

读者需要根据图 15-2 所示的效果设计 HTML 网页。与打地鼠游戏一样，该游戏通过 HTML 文件实现，当然需要用到 html 标签。在网页的主体部分，包含一个 div 总容器，该容器包含两个 div 子容器。第一个 div 子容器用于绘制贪吃蛇图形，第二个 div 子容器包含得分和操作贪吃蛇的功能按钮。

HTML 静态网页的代码如下：

```
<div id="page">
<div id="yard"><canvas id="canvas" height="600px" width="800px"></canvas></div>
<div id="help">
<div id="mark"><center> 得分： <span id="mark_con"></span></center></div>
<div id="helper">
<table>
<tr><td></td><td><button onClick="keydown(38);"> 上 </button></td><td></td></tr>
<tr><td colspan="3"></td></tr>
<tr>
<td><button onClick="keydown(37);"> 左 </button></td>
<td><button onClick="keydown(80);" id="pause">Pause</button></td>
<td><button onClick="keydown(39);"> 右 </button></td>
</tr>
<tr><td></td><td><button onClick="keydown(40);"> 下 </button></td><td></td></tr>
<tr><td colspan="3"></td></tr>
<tr><td colspan="3"><center><button onClick="window.location.href='index.html'" > 再玩一次 </button></center></td></tr>
</table>
</div>
</div>
</div>
```

为上个页面中的标签添加样式代码，首先设置网页的整体样式，例如字体、间距等。代码如下：

```
*{margin:0;padding: 0;font-family: "Microsoft YaHei";}
```

接着设置总容器的宽度、高度、到顶部的距离等样式。代码如下：

```
#page{margin-right:auto;margin-left: auto; margin-top: 20px;height: 600px; width: 1000px; }
```

设置绘制贪吃蛇图形的容器的宽度、阴影样式、边框样式等内容。代码如下：

```
#yard{ width: 800px;border: 1px solid gray;box-shadow: 0 0 10px black; float: right;}
```

为显示贪吃蛇的得分的 div 容器添加以下样式：

```
#mark{font-size:24px;font-weight: 800;}
#mark_con{ color: red; }
```

最后设计操作贪吃蛇按钮的样式，如按钮的宽度、高度、颜色、加粗样式、圆角、边框以及背景颜色等。代码如下：

```css
button{
    width: 60px; height:30px; color:white;font-weight:bold; border:#A032F9 solid 1px;
    border-radius:4px; display:inline-block;
    background:-moz-linear-gradient(top, #BF6BFE, #9114F5);
    background:-o-linear-gradient(top, #BF6BFE, #9114F5);
    background:-webkit-gradient(linear, 0 0, 0 bottom, from(#BF6BFE), to(#9114F5));
    background:linear-gradient(top, #BF6BFE, #9114F5);
}
button:hover{background:#A032F9; filter:none; text-decoration:none;}
```

15.2.3 脚本实现

上一小节已经设计了贪吃蛇游戏的 HTML 页面和 CSS 样式代码，本节在前面的基础上添加 JavaScript 脚本实现代码，主要步骤如下。

01 声明 3 个伪常量，BLOCK_SIZE 表示绘制的格子的大小，COLS 和 ROWS 分别表示绘制的列数和行数。代码如下：

```javascript
<script>
    var BLOCK_SIZE = 20;            // 格子大小
    var COLS = 40;                  // 列数
    var ROWS = 30;                  // 行数
    /* 省略其他代码 */
</script>
```

02 继续声明一系列的变量，分别用于保存蛇坐标、绘制对象、行进方向、蛇身数量等内容。声明代码如下：

```javascript
var snakes = [];                   // 保存蛇坐标
var c = null;                      // 绘图对象
vartoGo = 3;                       // 行进方向
varsnakecount = 4;                 // 蛇身数量
var interval = null;               // 计时器
varfoodX = 0;                      // 食物 X 轴坐标
varfoodY = 0;                      // 食物 Y 轴坐标
varoMark = null;                   // 分数显示框
varisPause = false;                // 是否暂停
```

03 自定义 draw() 函数，该函数包含 4 部分，第一部分绘制横向，第二部分绘制竖线，第三部分绘制蛇身，第四部分绘制食物。完整代码如下：

```javascript
function draw(){
    c.clearRect(0,0,BLOCK_SIZE * COLS, BLOCK_SIZE * ROWS);
    // 画出横线
    for(var i = 1; i <= ROWS; i++ ) {
```

```
        c.beginPath();
        c.moveTo(0, i * BLOCK_SIZE);
        c.lineTo(BLOCK_SIZE * COLS, i * BLOCK_SIZE);
        c.strokeStyle = "gray";
        c.stroke();
    }
    // 画出竖线
    for(var i = 1; i <= COLS; i++){
        c.beginPath();
        c.moveTo(i * BLOCK_SIZE, 0);
        c.lineTo(i * BLOCK_SIZE, BLOCK_SIZE * ROWS);
        c.stroke();
    }
    // 画出蛇
    for (var i = 0; i <snakes.length; i++){
        c.beginPath();
        c.fillStyle = "blue";
        c.fillRect(snakes[i].x, snakes[i].y, BLOCK_SIZE, BLOCK_SIZE);
        c.moveTo(snakes[i].x, snakes[i].y);
        c.lineTo(snakes[i].x + BLOCK_SIZE, snakes[i].y);
        c.lineTo(snakes[i].x + BLOCK_SIZE, snakes[i].y + BLOCK_SIZE);
        c.lineTo(snakes[i].x, snakes[i].y + BLOCK_SIZE);
        c.closePath();
        c.strokeStyle = "white";
        c.stroke();
    }
    // 画出食物
    c.beginPath();
    c.fillStyle = "red";
    c.fillRect(foodX, foodY, BLOCK_SIZE, BLOCK_SIZE);
    c.moveTo(foodX, foodY);
    c.lineTo(foodX + BLOCK_SIZE, foodY);
    c.lineTo(foodX + BLOCK_SIZE, foodY + BLOCK_SIZE);
    c.lineTo(foodX, foodY + BLOCK_SIZE);
    c.closePath();
    c.stroke();
}
```

04 自定义 start() 函数，游戏初始化时会调用该函数。在该函数中，指定蛇头坐标并且添加食物，调用绘制图形的 draw() 函数，将最终的结果显示到页面。代码如下：

```
function start(){
    for(var i = 0; i <snakecount; i++){
```

```
            snakes[i] = {x: i * BLOCK_SIZE, y: 0};
        }
        addFood();                              // 添加食物
        draw();                                 // 绘制图形
        oMark.innerHTML = 0;                    // 显示绘制的内容
    }
```

05　自定义 move() 移动函数，判断贪吃蛇的移动方向，根据上下左右四个方向进行不同的操作。代码如下：

```
function move(){
    switch(toGo){
        case 1:                    // 左边
            snakes.push({x: snakes[snakecount - 1].x - BLOCK_SIZE, y: snakes[snakecount - 1].y});
            break;
        case 2:                    // 上边
            snakes.push({x: snakes[snakecount - 1].x, y: snakes[snakecount - 1].y - BLOCK_SIZE});
            break;
        case 3:                    // 右边
            snakes.push({x: snakes[snakecount - 1].x + BLOCK_SIZE, y: snakes[snakecount - 1].y});
            break;
        case 4:                    // 下边
            snakes.push({x: snakes[snakecount - 1].x, y: snakes[snakecount - 1].y + BLOCK_SIZE});
            break;
        default:;
    }
    snakes.shift();
    isEat();
    isDie();
    draw();
}
```

06　自定义 isEat() 函数，该函数用于判断贪吃蛇是否吃到食物，如果吃到食物，更改贪吃蛇的长度并添加新的食物。代码如下：

```
function isEat(){
    if (snakes[snakecount - 1].x == foodX&& snakes[snakecount - 1].y == foodY) {
        oMark.innerHTML = (parseInt(oMark.innerHTML) + 1).toString();
        addFood();
        addSnake();
    }
}
```

07　自定义表示蛇身的 addSnake() 函数，蛇身由一系列方格组成，初始设定蛇身的长度是 4，以后每吃到一次食物就增加 1。代码如下：

```
function addSnake(){
    snakecount++;
    snakes.unshift({x:BLOCK_SIZE * COLS, y:BLOCK_SIZE * ROWS});
}
```

08 自定义 keydown() 函数，它是一个交互响应函数，当用户按下键盘上的上、下、左、右、开始、暂停中的任何一个键时，会触发该函数，执行相应的操作。代码如下：

```
function keydown(keyCode){
    switch(keyCode){
        case 37: // 左边
            if(toGo != 1 &&toGo != 3)
            toGo = 1;
            break;
        case 38: // 上边
            if(toGo != 2 &&toGo != 4)
            toGo = 2;
            break;
        case 39: // 右边
            if(toGo != 3 &&toGo != 1)
            toGo = 3;
            break;
        case 40: // 下的
            if(toGo != 4 &&toGo != 2)
            toGo = 4;
            break;
        case 80: // 开始 / 暂停
            if(isPause){
                interval = setInterval(move,100);
                isPause = false;
                document.getElementById('pause').innerHTML = "Pause";
            }else{
                clearInterval(interval);
                isPause = true;
                document.getElementById('pause').innerHTML = "Start";
            }
            break;
    }
}
```

09 自定义 addFood() 函数，该函数表示制造食物，foodX 和 foodY 分别表示食物的 X 轴坐标和 Y 轴坐标，这两个坐标是随机生成的。代码如下：

```
function addFood(){
    foodX = Math.floor(Math.random() * (COLS - 1)) * BLOCK_SIZE;
    foodY = Math.floor(Math.random() * (ROWS - 1)) * BLOCK_SIZE;
}
```

10 自定义 isDie() 函数，判断贪吃蛇是否死亡，并给出相应的提示信息。代码如下：

```
function isDie(){
    if(snakes[snakecount - 1].x == -20 || snakes[snakecount - 1].x == BLOCK_SIZE * COLS
        || snakes[snakecount - 1].y == -20 || snakes[snakecount - 1].y == BLOCK_SIZE * ROWS){
            alert("Game Over!");
            clearInterval(interval);
    }
    for(var i = 0; i <snakecount - 1; i++){
        if(snakes[snakecount - 1].x == snakes[i].x && snakes[snakecount - 1].y == snakes[i].y){
            clearInterval(interval);
            alert("Game Over!");
        }
    }
}
```

11 调用 HTML 网页的加载事件，当页面启动时调用该事件中的代码，绘制图像，并且调用对应的函数显示内容。代码如下：

```
window.onload = function(){
    c = document.getElementById('canvas').getContext('2d');
    oMark = document.getElementById('mark_con');
    start();
    interval = setInterval(move,100);
    document.onkeydown = function(event){
        var event = event || window.event;
        keydown(event.keyCode);
    }
}
```

到这里，关于贪吃蛇的所有代码已经编写结束，读者可以运行页面进行测试，具体的效果可以参考图 15-2，其他效果图不再显示。

 ## 15.3 绘制呆萌的小猫笑脸

CSS3 的强大之处在于，设计者不需要写 JavaScript 代码即可绘制任意图形，甚至是实现一些简单的动画特效。本节主要通过 CSS3 属性绘制呆萌的小猫笑脸，这是 CSS3 非常典型的案例。

15.3.1 效果展示

本例通过 HTML 文件的标签设计静态页面，用 CSS3 的相关属性美化标签样式，制作出呆萌可爱的小猫。本例不仅用 CSS3 绘制了小猫的脸部，而且小猫的眼睛和耳朵还会动，十分可爱。

图 15-3 所示为页面的运行效果。

图 15-3　呆萌的小猫

15.3.2 静态页面

读者可以根据图 15-3 所示的效果设计页面。在页面的主体部分包含一个 div 总容器，在总容器下包含绘制小猫的 div 容器，该容器下包含多个子容器，每个子容器中包含不同的内容。

例如，id 为 mao_head 的 div 容器用于绘制小猫头部；id 为 erduo 的 div 容器用于绘制小猫耳朵，id 为 yanjing 的 div 容器用于绘制小猫的眼睛等。以下为完整的静态内容：

```
<div class="mao_box">
    <div class="mao">
        <!-- 头部 -->
        <div class="mao_head"><div class="huawen"><div><!-- 头部花纹—左边橙色 --></div></div>
        </div>
        <!-- 耳朵 -->
        <div class="erduo"><div></div><div></div></div>
        <!-- 眼睛 -->
        <div class="yanjing">
                <div>
                        <div class="yanquan"><div></div></div>
                        <div class="yanquan_hedding"></div>
                        <div class="hong"></div>
                </div>
```

```html
            <div class="yan_right">
                    <div class="yanquan"><div></div></div>
                    <div class="yanquan_hedding"></div>
                    <div class="hong"></div>
            </div>
            <div style="clear:both"></div>
        </div>
        <!-- 花纹 -->
        <div class="face_huawen">
                <div class="face_huawen_huawenhuawen_left">
                        <div></div><div></div><div></div><div></div><div></div>
                </div>
                <div class="face_huawen_huawenhuawen_right">
                        <div></div><div></div><div></div><div></div><div></div>
                </div>
                <div style="clear:both"></div>
        </div>
        <!-- 鼻子 -->
        <div class="bizi"><div></div><div></div><div></div><div></div></div>
        <!-- 嘴巴 -->
        <div class="zuiba_box"><div class="zuiba"><div></div><div></div><div></div></div></div>
    </div>
</div>
```

🔊 15.3.3 样式代码

HTML 静态页面设计完毕后，可以为页面中的有关标签设计样式，通过设计样式达到绘制小猫笑脸的效果，主要实现步骤如下。

01 设计 HTML 网页和页面主体部分总容器的样式代码，具体如下：

```css
body { margin: 0px; background: #F6F7A7; }
.mao_box{ position: relative; top: 50px; }
.mao{ margin: 0 auto; width: 400px; }
```

02 设计小猫头部的样式，指定猫咪头部的宽度、高度、背景颜色、边框样式、圆角样式以及显示顺序等。代码如下：

```css
.mao_head {
    margin: 0 auto; position: relative; overflow: hidden;
    width: 400px;                               /* 宽度 */
    height: 340px;                              /* 高度 */
    background: #F6F7F2;                        /* 背景颜色 */
    border-radius: 50% 50% 35% 35%;            /* 圆角效果 */
```

```
    border: solid 2px #2e2e2e;                          /* 边框样式 */
    z-index: 10;                                         /* 显示顺序 */
}
```

03 设计小猫头部的花纹，指定花纹的宽度、高度、背景颜色、圆角等，另外，需要指定头部花纹的左边颜色为橙色，会用到 E:first-child 属性选择器。代码如下：

```
.huawen {
    position: absolute; overflow: hidden; left: 110px;
    height: 160px;                                      /* 高度 */
    width: 180px;                                       /* 宽度 */
    background: #8D8D8D;                                /* 背景颜色 */
    border-radius: 0% 0% 50% 50%;                       /* 圆角效果 */
}
.huawen>div:first-child {
    height: 160px;                                      /* 高度 */
    width: 90px;                                        /* 宽度 */
    background: #F0AC6B;                                /* 背景颜色 */
}
```

04 设计小猫耳朵的通用样式，指定宽度、高度、圆角等属性。代码如下：

```
.erduo {
    width: 374px; height: 120px; position: absolute; top: -6px; left: 50%; margin-left: -187px;
    border-radius: 0% 0% 0% 0%;
}
```

05 使用 E:first-child 选择器设置小猫左耳的样式，使用 E:last-child 选择器设置小猫右耳的样式，如宽度、高度、边框、圆角、位置、背景等。以小猫左耳为例，主要样式代码如下：

```
.erduo>div:first-child {
height: 200px; width: 160px; border: 2px solid #2e2e2e; position: absolute; left: -20px; top: 0px;
background: #f3f3f3;border-radius: 4% 80% 0% 50%;
    -ms-transform: rotate(-15deg);
    -moz-transform: rotate(-15deg);
    -webkit-transform: rotate(-15deg);
    -o-transform: rotate(-15deg);
transform: rotate(-15deg);
transition: transform 1s,left 1s;
}
```

06 设置鼠标浮动时小猫耳朵的样式，以左耳为例，代码如下：

```
.mao:hover .erduo>div:first-child {
```

```
    left: -10px; border-radius: 4% 80% 0% 60%;
transform: rotate(0deg);
        -ms-transform: rotate(0deg);
        -moz-transform: rotate(0deg);
        -webkit-transform: rotate(0deg);
        -o-transform: rotate(0deg);
    }
```

07 以左眼为例，设置眼睛的样式，如左眼睛、眼珠子、浮动时的眼睛效果等。样式代码如下：

```
.yanjing {
        height: 60px; width: 300px; position: absolute;top: 200px; z-index: 20;
        left: 50%; margin-left: -150px; overflow: hidden;
}
/* 左眼 */
.yanquan {
        height: 100px; width: 100px; border: 2px solid #2e2e2e;
        border-radius: 50% 50% 50% 50%;overflow: hidden; position: absolute;
}
/* 眼珠子左 */
.yanquan>div:first-child {
    height: 100px; width: 30px;background-color: #2e2e2e; margin-left: 35px;transition:all 1s;
}
.mao:hover .yanquan>div:first-child {width:40px;margin-left: 30px;}
.yanquan_hedding {
        height: 100px; width: 180px; border-top: 2px solid #2e2e2e; border-radius: 50% 50% 50% 50%;
        background: #F6F7F2; margin-top: 50px; margin-left: -40px; position: absolute;
        transition: margin-top 1s;
}
.hong {
        position: absolute; height: 28px; width: 70px; background: red; top: 34px; left: 18px; opacity: 0.0;
        border-radius: 50% 50% 50% 50%;
        background-image: -moz-radial-gradient( 50% 50%, rgba(253,214,240,0.8) 0%, rgba(253,224,244,0.8)
66%, rgba(253,234,247,0.8) 100%);
        background-image: -webkit-radial-gradient( 50% 50%, rgba(253,214,240,0.8) 0%, rgba(253,224,244,0.8)
66%, rgba(253,234,247,0.8) 100%);
        background-image: -ms-radial-gradient( 50% 50%, rgba(253,214,240,0.8) 0%, rgba(253,224,244,0.8)
66%, rgba(253,234,247,0.8) 100%);

    }
```

08 设计小猫脸部花纹的样式，如花纹的高度、宽度、位置、旋转角度等。以左脸为例，

HTML5+CSS3+JavaScript　网页设计

部分代码如下：

```
.face_huawen {
    height: 80px; width: 380px; position: absolute; top: 190px; z-index: 20; left: 50%; margin-left: -190px;
}
.face_huawen_huawen>div:first-child {
width: 30px; height: 10px; border-top: 6px #E53941 solid; border-radius: 30% 80% 20% 50%;
transform: rotate(25deg);
    -ms-transform: rotate(25deg);
    -moz-transform: rotate(25deg);
    -webkit-transform: rotate(25deg);
    -o-transform: rotate(25deg);
margin-left: 20px;
}
```

09 设计小猫鼻子的样式，如鼻子的宽度、高度、位置、圆角效果等。代码如下：

```
.bizi {
width: 30px;height: 36px;position: absolute;left: 50%;margin-left: -15px;top: 260px;z-index: 30;
}
.bizi>div:first-child {
width: 30px;height: 10px;border-bottom: 8px solid #2e2e2e;border-radius: 0% 0% 50% 50%;
margin-top: -10px;
}
```

10 设置小猫嘴巴的样式，例如嘴巴的宽度、高度、位置、圆角特性等。完整代码如下：

```
.zuiba_box {
width: 200px;height: 36px;position: absolute;overflow: hidden;left: 50%;margin-left: -100px;
top: 260px;z-index: 30;
}
.zuiba{margin-left: 85px;margin-top: 6px;}
.zuiba>div:first-child { width: 4px;height: 8px;background: #2e2e2e;margin-left: 13px;}
/* 右半边嘴巴 */
.zuiba>div:nth-child(2) {
width: 50px; height: 40px; border-bottom: 4px solid #2e2e2e; border-left: 4px solid #2e2e2e;
border-radius:40% 0% 20% 50%; margin-left: 13px; margin-top: -26px; position:absolute;
transition:    border-radius    1s;
}
/* 左半边嘴巴 */
.zuiba>div:nth-child(3) {
width: 50px; height: 40px; border-bottom: 4px solid #2e2e2e; border-right: 4px solid #2e2e2e;
border-radius:0% 40% 50% 20%; margin-left: -38px; margin-top: -26px; position:absolute;
```

```
transition: border-radius 1s;
}
```

11 设置鼠标悬浮时左半嘴巴和右半嘴巴的效果。代码如下：

```
.mao:hover .zuiba>div:nth-child(2) {
border-radius: 50% 50% 50% 50%;
width: 40px;
}
.mao:hover .zuiba>div:nth-child(3) {
width: 40px; margin-left: -30px; border-radius: 50% 50% 50% 50%;
}
```

到这里，呆萌的小猫笑脸动画案例已经绘制完毕。读者可以运行页面观察效果，根据效果图对代码进行调整和优化。

15.4　图片轮播效果展示

CSS3 增加的动画属性在一定程度上降低了动画效果的实现难度，有利于设计者的前端开发学习，其精简的代码量可以把读者从烦人的 JavaScript 调试中解放出来。

细心的读者可以发现，目前许多企业网站的首页都有图片轮流播放显示的功能，该功能可以直接利用 CSS3 动画代码实现。本节案例主要实现图片轮播效果。

15.4.1　效果展示

图片轮播非常容易理解，即当前网站上存在多张图片，图片从第一张开始显示，间隔一定时间后自动显示第二张、第三张等，到最后一张图片后重新从第一张图片开始显示，轮播效果如图 15-4 所示。

图 15-4　图片轮播效果

15.4.2 静态页面

创建 HTML 静态页面，该页面包含两部分：第一部分对应图片，第二部分表示图片对应的轮播焦点。完整代码如下：

```html
<div class="github"><a href="#"> 网站首页 </a></div>
    <section class="slider-container">
            <ul class="slider">
                        <li class="slider-item slider-item1"></li>
                        <li class="slider-item slider-item2"></li>
                        <li class="slider-item slider-item3"></li>
                        <li class="slider-item slider-item4"></li>
                        <li class="slider-item slider-item5"></li>
            </ul>
            <div class="focus-container">
                <ul class="floatfix">
                        <li><div class="focus-item focus-item1"></div></li>
                        <li><div class="focus-item focus-item2"></div></li>
                        <li><div class="focus-item focus-item3"></div></li>
                        <li><div class="focus-item focus-item4"></div></li>
                        <li><div class="focus-item focus-item5"></div></li>
                </ul>
            </div>
    </section>
</div>
```

15.4.3 样式代码

根据上述的页面代码，为网页中的标签添加样式，主要实现步骤如下。

01 设置网页标签的统一样式代码。

```css
* { margin: 0; padding: 0; }
ul, li { list-style: none; }
a { text-decoration: none; color: #fff; }
body { padding-top: 10px; background: #51B1D9; font: Helvetica, Arial, sans-serif; }
```

02 设置"网站首页"链接的整体样式，包含文字板块的宽度、文字大小、颜色、边框等，还包含文字超链接的样式以及鼠标悬浮时的样式。代码如下：

```css
.github {
    width: 200px; text-align: center; height: 60px;line-height: 60px; font-size: 24px;color: #fff;
    border: 1px solid; border-color: rgba(255, 255, 255, 0.5); margin: 0 auto;
    cursor: pointer; margin-bottom: 10px;
}
```

```
.github:hover { background: #29599B; }
.github a { color: #fff; text-decoration: none; }
```

03 设置图片总容器的样式，包含容器的宽度和位置，图片的透明度、宽度、位置、过渡效果等。代码如下：

```
.slider-container{ width: 100%; position: relative; }
.slider-item + .slider-item { opacity: 0; }
.slider-item {
    width: 100%; position: absolute; background-size: 100%;
    animation-timing-function: linear;
    animation-name: fade;
    animation-iteration-count: infinite;
}
```

04 设置图片轮播焦点及其单个项目的样式。代码如下：

```
.focus-container { position: absolute; z-index: 7; margin: 0 auto; left: 0; right: 0; }
.focus-container li {
    width: 10px; height: 10px; border-radius: 50%; float: left; margin-right: 10px; background: #fff;
}
.focus-item {
    width: 100%; height: 100%; border-radius: inherit;
    animation-timing-function: linear;
    animation-name: fade;
    animation-iteration-count: infinite;
}
.focus-item2, .focus-item3, .focus-item4, .focus-item5 { opacity: 0; }
.focus-container ul{ margin-left: 46%; 0}
```

05 设置轮播焦点的位置和当前图片焦点的颜色代码。

```
/* 设置轮播焦点的位置 */
.focus-container {bottom: 2%; }
/* 设置当前图片焦点的颜色 */
.focus-item { background: #51B1D9; }
```

06 设置图片和图片焦点的动画特效，使图片和焦点的动画效果保持一致。代码如下：

```
.slider-item, .focus-item { animation-duration: 20s; }
.slider-item1, .focus-item1 { animation-delay: -1s; }
.slider-item2, .focus-item2 { animation-delay: 3s; }
.slider-item3, .focus-item3 { animation-delay: 7s; }
.slider-item4, .focus-item4 { animation-delay: 11s; }
```

HTML5+CSS3+JavaScript 网页设计

```
.slider-item5, .focus-item5 { animation-delay: 15s; }
@keyframes fade {
    0% { opacity: 0; z-index: 2; }
    5% { opacity: 1; z-index: 1; }
    20% { opacity: 1; z-index: 1; }
    25% { opacity: 0;     z-index: 0;}
    100% { opacity: 0; z-index: 0; }
}
```

07 设置图片项目的背景图片，代码如下：

```
.slider-item1 { background-image: url(imgs/1.jpg); }
.slider-item2 { background-image: url(imgs/2.jpg); }
.slider-item3 { background-image: url(imgs/3.jpg); }
.slider-item4 { background-image: url(imgs/4.jpg); }
.slider-item5 { background-image: url(imgs/5.jpg); }
```

08 设置图片的高度，读者可以根据具体需要修改百分比，比如元素的底部填充。代码如下：

```
.slider, .slider-item {
    padding-bottom: 40%;
}
```

到这里，所有关于图片轮播的网页代码和样式代码已经添加完毕。读者可以运行页面观察效果，根据效果图调整代码，以达到自己需要的效果。

虽然图片轮播效果已经实现，但是这种效果并不是万能的，缺点也不言而喻。单击轮换和自动轮换两者只能选其一，不过自动轮换可以用在手机端，这是一个不错的选择。另外，现在的网站大都是通栏设计，网页文字很少，尤其是网站首页更是如此，有时比的不是网站设计的优劣，反而是谁选的图片好看，谁就有可能受到青睐。这种情况读者可以考虑将轮播图变为背景的轮换，这时轮播焦点就可以不用了。如果博客首页或者产品首页使用背景轮换，效果会非常不错。

练习题答案

第1章

一、填空题

1. HyperText Markup Language
2. <meta charset= "UTF-8" />
3. linear-gradient
4. -webkit-

二、选择题

1. D
2. B
3. A
4. D
5. A

第2章

一、填空题

1. html
2. header
3. meta
4. datetime
5. summary
6. progress
7. true

二、选择题

1. D
2. D
3. C
4. A

第3章

一、填空题

1. multiple
2. off
3. tel
4. range
5. checkValidity()

二、选择题

1. D
2. A
3. D
4. A
5. D
6. C

第4章

一、填空题

1. muted
2. autoplay
3. source
4. Loop
5. volumechange

二、选择题

1. C
2. D
3. B
4. B
5. C
6. C

第5章

一、填空题

1. getContext()
2. arc()
3. save()
4. strokeRect()
5. font
6. translate()

二、选择题

1. A
2. D
3. A
4. C
5. C
6. C

7. A

第 6 章

一、填空题

1. localStorage
2. sessionStorage
3. clear()
4. stringify()
5. executeSql()

二、选择题

1. B
2. A
3. D
4. B
5. B

第 7 章

一、填空题

1. name
2. ABORT_ERR
3. readAsText()
4. manifest
5. CACHE

二、选择题

1. D
2. C
3. A
4. C
5. B
6. B
7. D

第 8 章

一、填空题

1. getCurrentPosition()
2. postMessage()
3. setData()

二、选择题

1. D
2. C
3. B
4. B

第 9 章

一、填空题

1. E[att^="val"]
2. E:last-child
3. E:not(s)
4. E::selection
5. url
6. content

二、选择题

1. B
2. B
3. A
4. B
5. D

第 10 章

一、填空题

1. opacity
2. font-stretch
3. border-radius
4. box-shadow
5. inset
6. content-box

二、选择题

1. A
2. C
3. A
4. D
5. B

第 11 章

一、填空题

1. translate()
2. transform-origin
3. transition-delay
4. animation-duration
5. infinite
6. @keyframes

二、选择题

1. A
2. C
3. A
4. D
5. B

第 12 章

一、填空题

1. column-width
2. column-count
3. flex-direction
4. flex-start
5. order

二、选择题

1. D
2. B
3. B
4. D

第 13 章

一、填空题

1. */
2. <script src= "lib.js" ></script>
3. var
4. 7
5. length

二、选择题

1. B
2. A
3. B
4. D

第 14 章

一、填空题

1. addEventListener()
2. onclick
3. Element
4. nodeValue

二、选择题

1. C
2. B
3. A
4. A